新世纪计算机课程系列精品教材

网络工程设计与项目实训

主编　李学锋　郑　毅

东南大学出版社
SOUTHEAST UNIVERSITY PRESS
·南京·

内 容 提 要

　　本书由浅入深、循序渐进地介绍了网络工程设计的原理、方法和技术。主要内容包括网络工程设计的设计方法、交换网络设计、路由设计、广域网设计、网络安全与访问控制设计、NAT 与 VPN、网络可靠性设计、防火墙、综合项目训练等。在编写过程中,笔者总结了多年计算机网络工程实践及高校教学经验,努力做到理论基础、案例指导、项目训练的有机结合,通过工程案例解析网络理论在实际中的应用之道,让读者可以快速地学以致用;通过工程项目训练,增强读者的工程综合能力。解决了其他教材中存在的理论与实际应用脱节的问题。

　　本书结构清晰,通俗易懂,实用性强。本书既可作为高等院校计算机科学与技术、网络工程、软件工程、电子信息工程、电子信息科学技术、信息管理与信息系统、教育技术等专业的教材,也可作为从事校园网、企业网设计和实施的网络工程技术人员的技术参考书和必备的工具书。

图书在版编目(CIP)数据

网络工程设计与项目实训 / 李学锋,郑毅主编. ——
南京:东南大学出版社,2016.6
新世纪计算机课程系列精品教材

ISBN 978-7-5641-6572-7

Ⅰ.①网… Ⅱ.①李… ②郑… Ⅲ.①计算机网络—
网络设计—高等学校—教材　Ⅳ.①TP393

中国版本图书馆 CIP 数据核字(2016)第 132913 号

网络工程设计与项目实训

出版发行	东南大学出版社	
出 版 人	江建中	
社　　址	南京市四牌楼 2 号	
邮　　编	210096	
经　　销	全国各地新华书店	
印　　刷	南京京新印刷厂	
开　　本	787mm×1092mm　1/16	
印　　张	15.25	
字　　数	390 千字	
版　　次	2016 年 6 月第 1 版	
印　　次	2016 年 6 月第 1 次印刷	
书　　号	ISBN 978-7-5641-6572-7	
印　　数	1—2000 册	
定　　价	35.00 元	

（本社图书若有印装质量问题,请直接与营销部联系。电话:025-83791830）

前　言

随着计算机网络技术的普及应用,计算机网络已成为人们生活的一个重要组成部分,高水平的计算机网络工程技术人才成为当今信息社会发展的迫切需要。网络工程设计是一门理论性与实践性都非常强的课程,也是网络工程专业的核心课程之一。要想真正地掌握网络工程设计与应用技术,必须在掌握一定理论知识的基础上,通过大量的实践训练,理论与实践相结合,方能取得理想的学习效果。

本书编写过程中,笔者总结了多年计算机网络工程实践及高校教学经验,在内容组织上,注重理论与实际紧密结合,与网络理论与技术应用相关的每一节都由理论基础、实践操作与配置案例、项目实训等三部分组成,让学生了解每个网络理论在实际中的应用背景,解决的问题,以及运用方法。在配置案例和实训项目设计上,以项目为导向,以任务为驱动,注重有意识地启发、引导和培养学生运用网络理论与技术解决实际问题的能力,让学生真正地做到学以致用。

本书共10章,其中第1章到第5章是网络工程的基本部分,主要包括计算机网络工程设计概述、交换机及其基本配置、交换网络设计、路由设计、广域网设计等内容。第6章到第10章是提高部分,主要包括网络安全与访问控制设计、NAT与VPN、网络可靠性设计、防火墙、综合项目训练等。在附录中给出GNS3的配置指南。

本书有以下特色:

(1) 以应用型本科人才培养为目标

按照应用型本科人才培养目标的要求,在夯实学生基本知识和技能的基础上,进一步将理论与实践相融合,开发工程思维,提升分析问题、解决问题的能力。

(2) 案例贴近工程实际,让学生可以快速地学以致用

本教材中所有的应用案例、实训项目,都是实际工程案例,或者是从实际工程项目提取、优化而来,让学生切实地体会到所学知识在工程中的具体应用。

(3) 以"项目引导,任务驱动"方式组织实训内容

在案例及实训内容的具体设计上,注重采用"项目引导、任务驱动"的方式进行设计。用案例项目的真实性的应用背景来激发与引导学生的学习兴趣,以任务明确的目的与指向性来驱动学生不断前进。

（4）由易到难渐进式的任务设计，让学生可以步步为营、平滑过渡。

在项目以及项目中的任务的设计上，注重背景描述清晰，任务要求明确，由易到难渐进式递增，让学生可以步步为营，平滑过渡，在项目实训中让技能不断地提升。

（5）与职业岗位相结合，让学生可以快速就职上岗

本书内容与网络工程师职业岗位所需的知识与技能相契合。学生通过本教程的学习与训练，能够熟练掌握网络工程项目设计与实施的各个环节方法与技能，提高职业素养和就业竞争力。学生就职后，可快速地上岗工作。

本书得到了湖北文理学院特色教材项目专项资金的资助，在编写过程中，得到湖北文理学院数学与计算机科学学院的领导与同事们的关心、支持与帮助，在此表示衷心的感谢。东南大学出版社朱珉编辑为此书的出版付出了大量辛苦而细致的工作，在此谨致以诚挚的感谢。

编者
2016 年 1 月

目　录

1 网络工程设计概述

本章内容

学习目标

➤理解网络工程与网络工程设计
➤理解并掌握网络工程设计方法
➤理解网络体系结构

1.1　网络工程概述

本节内容

➤网络工程与网络工程设计
➤网络工程的特点
➤网络工程的组织机构及其职责

学习目标

➤理解网络工程与网络工程设计
➤理解网络工程的特点
➤理解网络工程的组织机构及其职责

1.1.1　网络工程与网络工程设计

计算机网络是利用通信设备、通信线路,将分布在不同地点、独立的计算机互连起来,通过通信协议以及网络软件,实现网络资源共享和信息传输的系统。

计算机网络自 20 世纪 70 年代以来得到了飞速发展,特别是 Internet 在 90 年代以后蓬勃兴起,现在已成为覆盖全球的计算机网络。采用 TCP/IP 体系结构的互联网已成为企业、国家及至全球的信息基础设施,为人们的学习、工作和生活提供了快捷、方便的交流途径和服务平台。

计算机网络工程是指遵循信息系统工程方法,在完善的组织机构指导下,根据用户的需求和投资规模,按照计算机网络系统的标准、规范和技术,详细规划设计可行方案,将计算机网络硬件设备、软件和技术系统性地集成在一起,建成满足用户需求、具有良好性能价格比的计算机网络系统的过程。简单地说,计算机网络工程就是根据需求组建计算机网络的工作,凡是与组建计算机网络有关的事情都可以归纳在计算机网络工程中。

　　从严格意义上讲,计算机网络工程与网络工程在概念上还有差异,本书中为了方便,我们把计算机网络工程简称为网络工程。

　　网络工程设计是根据用户的需求、目标与投资规模,依据国际标准、国家标准以及相关的规范要求,选用符合要求的网络技术和成熟产品,为用户规划设计出科学、合理、实用、好用、够用的网络系统解决方案的过程。网络工程设计提出的解决方案为网络工程的实施提供技术文档和工程依据。

　　网络工程设计是保障网络工程项目实施的首要环节。网络工程设计是一件受多种因素影响的复杂性的事务,其复杂性体现在多种实现技术的集成性、成员目标的复杂性、应用环境的不确定性、约束条件的多样性等方面,它们之间互为依存关系。

　　网络工程设计要求设计者必须具备网络系统集成的基本知识,掌握网络工程方案设计理论与方法。

1.1.2　网络工程的特点与要求

　　网络工程是研究网络系统的规划、设计与管理的工程学科,要求工程技术人员根据既定的目标,严格依照行业规范,制定网络建设的方案,协助工程投票、设计、实施、管理与维护等活动。

　　网络工程除了具备一般工程的内涵与特点外,还有以下特点:

　　(1)工程设计人员要全面了解计算机网络的原理、技术、系统、协议、安全和系统布线的基本知识,了解计算机网络的发展过程和发展趋势。

　　(2)总体设计人员要熟练掌握网络规划与设计的步骤、要点、流程、案例、技术设备选型及发展方向。对于硬件设备,能了解并解决不同产品之间的兼容性问题。对网络系统能解决不同系统之间的信号交换和路由问题。对于软件产品能解决不同软件之间输出数据格式的转换问题。

　　(3)工程主管人员要懂得网络工程的组织实施过程,能把握网络工程的评审、监理和验收等环节。

　　(4)工程开发人员要掌握网络开发技术、网站设计和 Web 制作技术、信息发布技术及安全防御技术。

　　(5)工程竣工后,网络管理人员使用网管工具对网络实施有效的管理维护,使网络工程产生应有的效益。

1.1.3　网络工程的组织机构及其职责

　　网络工程要由一个机构来负责组织、协调、实施和管理。健全、高效的组织机构是网络工程有序实施的有力保证。由于计算机网络工程的实际情况各不相同,因此具体的组织机构也不可能完全相同。对所有的网络工程进行抽象,归纳出一种通用的组织形式,即甲方、乙方、监理方,也称为三方结构。

　　1)甲方

　　甲方是网络工程的提出者与投资方。

　　甲方的人员组成主要是行政联络人和技术联络人。行政联络人是甲方的工程负责人,一般由甲方的行政领导担任,负责甲方的组织协调工作。技术联络人是甲方的工程技术负责人,就工程中的有关技术问题,乙方和监理方可以与甲方技术联系人协调。

甲方的主要职责如下：

（1）进行网络需求分析，编制用户网络需求书

网络需求分析是网络建设的重要过程，甲方要对自身目前的网络现状、建网的目的和目标、新建网络要实现的功能和应用、未来对网络的需求和性能，以及所需网络设备的性能参数等进行仔细分析，为招标和乙方投标提供重要的依据。

（2）编制招标书

招标书要根据用户网络需求书，详细说明甲方要求的网络工程任务、网络工程技术指标参数和网络工程建设要求等内容。

（3）组织或委托招标公司进行工程项目招标

甲方将编制好的招标书送交主管部门审定后，自己组织或委托招标公司向社会进行工程项目公开招标。有时也可以进行邀标，即只向少数专业公司公布，只请他们来投标。投标公司按照招标书的要求和指标参数，提出自己的实现方案，形成投标书，并按甲方规定的时间，将投标书送到指定的地点。

甲方在收到所有的投标书后，要按时组织专家对投标书进行评审，比较投标书中方案的优劣，对投标方进行综合评定，最终确定中标方。宣布毫不相干结果，这一过程称为开标。

（4）验收产品、协助施工、工程质量监督

甲方有对网络工程进行全面监督的权利和责任。对于技术力量相对薄弱的甲方，其监督工作的重点一般放在工程的进度和资金上，而对有关工程技术方面的监督工作可以请专业的监理公司来负责。

（5）组织工程竣工验收

在网络工程建设工作全部完成后，甲方要成立由专家组、甲方、乙方和监理方组成的工程验收小组对新建的网络进行竣工验收。

（6）组织管理和技术人员参加乙方组织的培训，对网络系统进行试运行

2）乙方

乙方是网络工程的承建者。有时由于网络工程的规模较大，可以由多个公司共同承担网络工程的建设任务，此时就存在多个乙方。

乙方在承建网络工程时，一般采用项目经理制。项目经理制是指网络工程由一名乙方任命的经理来具体负责工程的实施，项目经理下设人员一般包括网络规划设计工程师、网络综合布线工程师、设备安装调试工程师，以及相应的设计技术人员和技术工人。

项目经理制的人员结构中的网络规划设计工程师负责网络的规划与设计、网络设备的造型、网络应用软件的开发等。网络综合布线工程师负责网络工程中的网络布线。设备安装设计工程师负责设备的安装、配置、调试和试运行。

乙方的职责如下：

（1）与用户交流，进行需求分析，制订初步的技术方案设计，撰写投标书

乙方在得到甲方的招标书后，与用户进行沟通交流，了解用户的需求，进行实地勘察现场，提出网络工程设计的初步技术方案。将初步技术方案与系统集成商的资质、业绩、技术、管理和人员等资料结合形成一份完整的投标书。然后参与甲方或招标公司组织的公开招标。

（2）确定网络工程设计详细方案

乙方在中标后，还要与甲方进一步地沟通，细致深入地了解需要，并根据需求分析的结果，对所建的网络系统进行规划设计，形成一个详细的网络工程方案。

（3）制订网络工程实施方案

在网络工程实施方案中，对网络工程的工期、分工、具体施工方法、资金使用、网络测试、竣工验收、网络运行、技术培训等，进行详细规划说明。实施方案是网络工程具体施工的依据，是网络工程建设的具体指导工作性文件。

（4）商务洽谈与签订合同

乙方中标后，在确定网络工程设计详细方案、网络工程实施方案的同时，与甲方进行商务洽谈。商务洽谈的内容主要围绕价格、培训、服务、维护期以及付款方式等内容展开，当甲乙双方达到一致后，签订合同。

（5）网络工程实施

签订合同后，乙方就可以按照网络工程实施方案开展工作。

（6）网络系统试运行，人员培训

网络工程完成后，乙方对甲方的网络技术人员和管理人员进行培训，同时双方共同对建成的网络系统进行试运行。

（7）工程竣工验收

网络系统试运行结束后，乙方要准备网络工程竣工验收的所有材料，配合甲方对工程进行验收。

3）监理方

网络工程监理，是指具有法人资格的监理单位受建设单位的委托，依据有关工程建设的法律、法规、项目批准文件、监理合同及其他工程建设合同，对工程建设实施的投资、工程质量和建设工期进行控制的监督管理。提供工程监理服务的机构就是监理方。监理方一般是具有丰富的网络工程经验、掌握网络技术发展方向、了解市场动态的专业公司。

监理方的人员组织包括总监理工程师、监理工程师，监理技术人员等。

总监理工程师负责协调各方面的关系，组织监理工作，任命委派监理工程师，定期检查监理工作的进展情况，并且针对监理过程的工作问题提出指导性意见，审查施工方提供的需求分析、系统分析、网络设计等重要文档，并提出改进意见，主持甲乙双方重大争议纠纷，协调双方关系。

监理工程师接受总监理工程师的领导，负责协调各方面的日常事务，具体负责监理工作，审核施工方需要按照合同提交的网络工程、软件文档，检查施工方工程进度与计划是否吻合；主持甲乙双方争议的解决，针对施工中的问题进行检查和督导，起到解决问题、正常工作的目的；监理工程师有权向总监理工程师提出合理化建议，并且在工程的每个阶段向总监理工程师提交监理报告，使总监理工程师及时了解工程进展情况。

监理技术人员负责具体的监理工作，接受监理工程师的领导；负责具体硬件设备验收、具体布线、网络施工督导，并且编写监理日志向监理工程师汇报。

监理方的职责如下：

（1）质量控制

对重点工程要派建设监理人员驻点跟踪监理，签署重要的分项工程、分部工程和单位工程质量评定表。对施工测量进行检查，对发现的质量问题应及时通知施工单位纠正，并做好建设监理记录。检查确认运到现场的工程材料、构件和设备质量，并应查验试验、化验报告单、出厂合格证是否齐全、合格，建设监理工程师有权禁止不符合质量要求的材料、设备进入工地和投入使用。

监督施工单位严格按照施工规范、设计图纸要求进行施工，严格执行施工合同。对工程主要部位、主要环节及技术复杂工程加强检查。检查施工单位的工程自检工作,数据是否齐全,填写是否正确,并对施工单位质量评定自检工作作出综合评价。对施工单位的检验测试仪器、设备、度量衡定期检验,不定期地进行抽验,保证度量资料的准确。

监督施工单位认真处理施工中发生的一般质量事故,并认真做好监理记录。对大、重大质量事故以及其他紧急情况,应及时报告建设单位。

(2) 进度控制

监督施工单位严格按施工合同规定的工期组织施工。对控制工期的重点工程,审查施工单位提出的保证进度的具体措施,如发生延误,应及时分析原因,采取对策。建立工程进度台账,核对工程形象进度,按月、季向建设单位报告施工计划执行情况,工程进度及存在的问题。

(3) 投资控制

审查施工单位申报的月、季度计量报表,认真核对其工程数量,不超计、不漏计,严格按合同规定进行计量支付签证。保证支付签证的各项工程质量合格、数量准确。建立计量支付签证台账,定期与施工单位核对清算。按建设单位授权和施工合同的规定审核变更设计。

(4) 安全建设监理

发现存在安全事故隐患的,要求施工单位整改或停工处理。施工单位不整改或不停止施工的,及时向有关部门报告。

1.2　网络工程规划与设计

本节内容

> 网络工程设计
> 网络工程需求分析
> 网络工程逻辑设计
> 网络工程物理设计
> 网络配置与实施
> 网络测试与优化
> 网络工程设计中应注意的问题

学习目标

> 掌握网络工程设计方法
> 掌握网络工程需求分析
> 掌握网络工程逻辑设计
> 掌握网络工程物理设计
> 掌握网络配置与实施
> 掌握网络测试与优化
> 了解网络工程设计中应注意的问题

1.2.1　网络工程设计方法

在网络发展的早期,网络设计工作往往局限于小型局域网设计,由于网络中主机数量不多,采用简单的拓扑结构进行组合就可以满足网络设计工作的需要。随着网络规模的不断扩大,网络中的主机数量可能达到几千台,有限带宽和无限需求方面的矛盾越来越突出;网络的覆盖范围从一个园区发展到多个园区时,网络之间的互联变得更加复杂;网络安全问题也变得越来越严峻。依靠网络拓扑结构的简单组合,已经不能满足大型网络工程设计的需求了。在这种情况下,Cisco公司和其他网络厂商提出了层次化网络设计的概念,在网络设计中引入核心层、汇聚层和接入层,也即网络分层设计模型。

网络分层设计模型目前已成为行业约定俗成的设计规范,在网络分层设计模型中,每一层的作用如下:

核心层:核心层是互连网络的高速骨干,提供两个站点之间的最优传送路径。核心层应该具有如下几个特性:可靠性、高效性、冗余性、容错性、可管理性、适应性、低延时性等。在核心层中,应该采用高带宽的千兆以上交换机。因为核心层是网络的枢纽中心,重要性突出。核心层设备采用双机冗余热备份是非常必要的,也可以使用负载均衡功能,来改善网络性能。网络的控制功能最好尽量少在骨干层上实施。核心层一直被认为是所有流量的最终承受者和汇聚者,所以对核心层的设计以及网络设备的要求十分严格。核心层设备将占投资的主要部分。

汇聚层:汇聚层是网络接入层和核心层的"中介",就是在工作站接入核心层前先做汇聚,以减轻核心层设备的负荷。汇聚层必须能够处理来自接入层设备的所有通信量,并提供到核心层的上行链路,因此汇聚层交换机与接入层交换机比较,需要更高的性能、更少的接口和更高的交换速率。汇聚层具有实施策略、安全、工作组接入、虚拟局域网(VLAN)之间的路由、源地址或目的地址过滤等多种功能。在汇聚层中,应该采用支持三层交换技术和VLAN的交换机,以达到网络隔离和分段的目的。

接入层:通常将网络中直接面向用户连接或访问网络的部分称为接入层,接入层目的是允许终端用户连接到网络,因此接入层交换机具有低成本和高端口密度特性。我们在接入层设计上主张使用性能价格比高的设备。接入层是最终用户(教师、学生)与网络的接口,它应该提供即插即用的特性,同时应该非常易于使用和维护,同时要考虑端口密度的问题。

接入层为用户提供了在本地网段访问应用系统的能力,主要解决相邻用户之间的互访需求,并且为这些访问提供足够的带宽,接入层还应当适当负责一些用户管理功能(如地址认证、用户认证、计费管理等),以及用户信息收集工作(如用户的IP地址、MAC地址、访问日志等)。

为了方便管理、提高网络性能,大中型网络应按照标准的三层结构设计。但是,对于网络规模小、联网距离较短的环境,可以采用"收缩核心"设计。忽略汇聚层,核心层设备可以直接连接接入层,这样一定程度上可以省去部分汇聚层费用,还可以减轻维护负担,更容易监控网络状况。

网络工程一般包括网络需求分析、逻辑设计、物理设计、网络配置与实施、网络测试与优化等五个阶段。

1.2.2　网络工程需求分析

网络工程需求分析可分为两个大的方面:网络基础设施需求分析和网络应用需求分析。

网络基础设施需求分析包括以下内容:

(1) 环境需求分析:该需求分析侧重了解企业的园区地理分布情况,企业的信息环境的基本情况等,如园区的平面图、鸟瞰图等,以及现有计算机和网络设备的分布情况,是网络逻辑设计和综合布线的重要数据来源。

(2) 网络拓扑需求:网络拓扑是网络项目的重要设计环节,而且受地理环境的制约,要充分考虑网络的接入点数量及分布、网络设备间位置、网络中各种连接的距离参数、综合布线系统的各项指标等信息。

（3）网络规模需求：该环节确定网络的规模，网络规模分为工作组网络、部门级网络、骨干网络、企业级网络等，主要考虑有哪些部门需接入网络，有哪些资源需上网，有多少网络用户，应采用什么档次的设备及设备的数量。

（4）外联需求：该环节侧重了解网络的外联状况，比如是接入互联网还是教育网，是拨号上网还是专线上网，带宽是多少，是否需要网络专线，有无用户授权及网络计费的需求。

（5）综合布线需求：该环节侧重了解物理网络的设计需求，比如确定网络各部分传输介质的类型及规格，所采用的综合布线系统，计算机网络、通信网络及有线电视网络及各种控制网络的协同情况。

网络应用需求分析包括以下内容：

（1）功能需求：该环节要明确企业的业务类型，网络应用的种类，以及对网络功能指标的要求。按照网络的业务类型分类可将网络分为校园网、企业网、政府网络及信息化小区，该部分要考虑需实现或改进的网络功能及网络应用有哪些，采用什么样的网络设备及软件环境，数据的共享模式及网络带宽的范围，网络服务的质量及性能如何。

（2）网络扩展需求：该环节考虑网络将来的扩展状况及资源预留情况，比如企业需求的新增长点有多少，网络节点及布线的预留比率是多少，网络设备及主机的扩展性。

（3）网络安全性需求：该环节旨在了解网络所需的安全级别及安全机制，要明确的目标有企业的敏感数据及分布情况，用户的安全级别，可能存在的安全漏洞，网络设备的安全功能要求，操作系统软件的安全性要求，应用系统的安全性要求，防火墙的技术方案，安全软件系统的评估。

（4）网络管理需求：企业的管理需求包括人为制定的管理规定和策略以及使用网络设备及网络管理软件对网络进行的管理，主要考虑的问题有是否对网络进行远程管理，需要哪些管理功能，选择什么样的网络管理软件及网络管理设备，如何分析和处理网络管理的信息，如何制定网络管理的策略。

1.2.3 网络工程逻辑设计

网络逻辑设计是体现网络设计核心思想的关键阶段，网络逻辑设计是基于用户需求分析中描述的网络行为、性能、安全等要求，确定逻辑设计目标，网络服务评价，技术选项评价，进行技术决策。

网络逻辑结构设计的主要工作有网络结构设计、物理层技术选择、局域网技术选择与应用、广域网技术选择与应用、IP地址设计和命名模型、路由协议选择、网络管理设计、网络安全设计等。

网络结构设计主要包括局域网结构和广域网结构两大部分。局域网结构主要关注数据链路层的设备互连方式，广域网结构主要关注网络层的设备互连方式。局域网的结构主要有单核心局域网、双核心局域网、双环型局域网结构等；广域网的结构主要有单核广域网、双核心广域网、双环型广域网结构、半冗余广域网结构、层次子域广域网结构等。

层次式网络设计时，首先设计接入层，根据流量负载、流量特性和行为的分析，对上层进行更精细的容量规划，再依次完成各上层的设计；尽量采用模块化方式，每个层次由多个模块或者设备集合构成，每个模块间的边界应非常清晰。

物理层技术的确定依据是网络对可扩展性与可伸缩性、可靠性、可用性和可恢复性、安全性等方面的需求,物理层技术选择的主要内容是缆线类型、网卡选用。

局域网技术选择主要考虑生成树协议、扩展 STP、虚拟局域网、无线局域网、链路聚合技术、冗余路由技术(VRRP、HSRP、GLBP 等)、线路冗余和负载均衡、服务器集群与负载均衡等因素。

广域网技术选择主要考虑广域网接入技术(如 PSTN、ISDN、ADSL 等)、广域网互联技术(如 SDH、VPN 等)、广域网性能优化等因素。

IP 地址设计和命名模型是网络设计中的重要内容之一,在 IP 地址规划中主要明确公用地址和私用地址的分配,只需要访问专用网络的主机分布,公用地址与私用地址之间边界与转换,子网的划分以及路由汇聚等。

路由协议选择主要需要明确的有静态路由的配置、动态路由协议的类型、路由选择协议的度量、内部与外部路由选择协议的种类等。在使用 OSPF 时,需要确定区域的划分、区域的类型以及区域之间的关系等。路由协议的选择和应用要根据特定网络环境的需求来确定,评价路由协议开销及其稳定性可以从路由协议支持的度量、网络规模、收敛时间、容量、CPU 利用率、内存利用率、安全性支持及路由认证、设计配置与故障排查的难易程度等方面进行综合考虑。

网络管理设计主要考虑的内容有:确定网络管理协议,明确带内/带外网络管理方式,合理地规划网络管理结构,确定网络管理功能,测算网络管理流量,重新评估整体网络设计方案等。

网络安全设计的主要内容有:机房及物理线路安全设计、网络安全、系统安全、应用安全、数据容灾与恢复、安全运维服务体系、安全管理体系等。其中网络安全包含的主要内容有安全域划分、边界安全策略、路由交换设备安全策略、防火墙安全配置、VPN 功能要求等;系统安全包含的主要内容有身份认证、账户管理、桌面安全管理、系统监控与审计、病毒防护、访问控制等;应用安全包含的主要内容有数据库安全、电子邮件服务安全、Web 服务安全等。

1.2.4　网络工程物理设计

网络工程物理设计是对逻辑网络设计的物理实现,通过对设备的具体物理分布、运行环境等,确定具体的软硬件、连接设备、布线和技术产品。

物理网络设计阶段,网络设计者需要选择特定的技术和产品以实现逻辑网络设计,物理网络设计阶段首先从园区网络技术和设备开始,包括电缆布线、以太网交换机、无线接入点、无线网桥,以及路由器的选择。然后为远程访问和广域网需求选择技术和设备。另外,与逻辑网络设计同步开始的服务提供商内部调查,必须在本阶段完成。

物理网络设计应当遵循的基本原则有:所选择的设备必须满足逻辑网络设计的要求,并留下一定的冗余;设备应该有良好的互操作性;综合考虑性价比;综合布线应考虑较长时间(如未来 10～15 年)的发展需求;综合布线方案应该以实地勘测为依据等。

1.2.5　网络配置与实施

这部分主要完成网络相关设备及协议的配置,需要进行配置的设备主要有交换机、路由器、防火墙、服务器等。

交换机配置包括交换机基本配置、VLAN 配置、VTP 配置、链路聚合配置、STP 配置、网关冗余及负载均衡配置等。

路由器需要配置的主要内容有:路由器的基本配置、RIP 配置、OSPF 协议配置、BGP 配置、路由优化配置、VPN 配置、DHCP 配置、组播配置、QoS 配置、IPv6 配置等。

防火墙配置主要包括防火墙的基本配置以及防火墙上的各种策略的应用配置。服务器配置主要包括各种网络服务器的配置，比如 DHCP、WWW、FTP、电子邮件等。

1.2.6　网络测试与优化

随着网络规模扩大，网络带宽增加，网络复杂性不断提高，网络新业务不断出现，网络运行质量的问题日益突出。网络运行质量的好坏直接关系到网络能否正常运行及用户体验，因此对网络进行测试是必要的，通过网络测试得到第一手的网络运行数据，并通过对数据进行分析，找出网络性能瓶颈之所在，进而对相关问题有针对性地进行优化处理，提升网络的服务质量。

根据是否向被测网络中注入测试流量，可以将网络测试分为主动测试和被动测试。

主动测试是指利用测试工具有目的地主动向被测网络注入测试流量，并根据这些测试流量的传送情况来分析网络技术参数的测试方法。主动测试具备良好的灵活性，可以根据测试者的意图产生具有特定特征的流量，容易进行场景仿真。主动测试由于主动向被测网络注入测试流量，可能会带来一定的安全问题。

被动测试是指利用特定测试工具收集网络中活动的元素（包括交换机、路由器、服务器等设备）的特定信息，通过对这些信息进行分析，实现对网络性能、功能进行测量。常用的被动测试方式包括通过 SNMP 协议读取相关 MIB 信息，通过 Sniffer、Wireshake 等专用数据包捕获工具进行测试。被动测试的安全性好，不会主动向被测网络注入测试流量，不会存在注入 DDOS、网络欺骗等安全隐患。但被动测试不够灵活，局限性大，不能按照测试者的意愿进行测试。

网络优化是指通过各种硬件或软件技术使网络性能达到需要的最佳平衡点。硬件方面指在合理分析系统需要后，在性能和价格方面作出最优解方案。软件方面指通过对软件参数的设置以期取得在软件承受范围内达到最高性能负载。

网络优化是针对现有的防火墙、安防及入侵检测、负载均衡、频宽管理、网络防毒等设备及网络问题，通过接入硬件及软件操作的方式进行参数采集、数据分析，找出影响网络质量的原因，通过技术手段或增加相应的硬件设备及调整使网络达到最佳运行状态的方法，使网络资源获得最佳效益。通过了解网络的增长趋势，提供更好的解决方案，实现网络应用性能加速、安全内容管理、安全事务管理、用户管理、网络资源管理与优化、桌面系统管理，以及流量模式的监控、测量、追踪、分析和管理。

1.2.7　网络工程设计中应注意的问题

在设计与构建网络工程时，系统的先进性、实用性、安全性、易用性、可靠性、经济性等技术指标都是需要考虑的因素。但由于用户单位指导思想不明确或不正确，建设者对网络信息系统技术了解不够深入，设备厂商的营销人员为了推销产品有意或无意的误导等原因，在网络工程设计构建中可能会出现一些误区：

（1）盲目追求网络系统的"先进性"

网络设计的先进性体现在设计思想先进、网络技术先进、硬件设备先进、开发工具先进等方面，由于成熟的网络技术处于发展的顶峰，接下来会进入技术淘汰期。如果采用先进的网络技术来设计，可以为网络带来较高的性能，为今后的扩展性提供较好的基础。所以，网络设计应当有一定的前瞻性。

网络工程是以应用需求为设计的基本出发点的。如果片面地、过分追求新技术，可能会存在一定的风险与问题。第一，会增大成本，新技术产品的投入一般会比成熟产品的要大，用户培训与管理费用要高；第二，可能会与现有的成熟技术出现兼容性问题。

(2) 盲目追求网络设备的"超前性"

根据计算机芯片发展的摩尔定律和网络带宽发展的规律，要用现在的金钱买到未来超前的技术是不可能的。考虑到设备的更新周期大约为 3～5 年，一个明智的选择是，系统的技术水平够 3～5 年使用即可。

(3) 忽视网络安全问题或盲目夸大网络安全问题

网络安全主要体现在两个方面：网络本身的安全性和网络上数据的安全性。网络设计中，必要的安全控制手段，完善的安全管理体系是必要的。但是盲目夸大网络安全问题，为网络的安全水平追加大量投资，会增加系统复杂度，影响到易用性，增加系统维护的难度。

如果完全忽视网络安全问题，可能会造成某些数据的泄露而给企业带来不良影响和损失。所以在安全问题上，要对网络进行安全评估，安全设计适度即可。

网络工程设计是一个复杂的问题，需要从多方面进行考虑。需要根据网络需求、资金投入、操作方便性等多方面进行处理，合理地规划，应当在满足其中少量几个主要指标后，其他的相互做均衡处理。

1.3　网络体系结构

本节内容

>两种网络体系结构：OSI/RM、TCP/IP

>TCP/IP 网络层协议 IP

>TCP/IP 网络层协议 ARP、ICMP

>TCP/IP 传输层协议

>TCP/IP 应用层协议

学习目标

>理解 OSI/RM 参考模型与 TCP/IP 网络模型

>理解 TCP/IP 协议体系的主要协议（IP、ARP、ICMP、TCP、UDP）

1.3.1　网络体系结构

网络体系结构（Network Architecture）是计算机之间相互通信的层次，以及各层中的协议和层次之间接口的集合。网络体系结构主要有 OSI/RM、TCP/IP 体系结构。

为了使不同体系结构的计算机网络都能互联，国际标准化组织 ISO 于 1977 年成立专门机构研究这个问题。1978 年 ISO 提出了"异种机连网标准"的框架结构，这就是著名的开放系统互联基本参考模型 OSI/RM（Open Systems Interconnection Reference Modle），简称为 OSI。

OSI 得到了国际上的承认，成为其他各种计算机网络体系结构依照的标准，大大地推动了计算机网络的发展。20 世纪 70 年代末到 80 年代初，出现了利用人造通信卫星进行中继的国际通信网络。网络互联技术不断成熟和完善，局域网和网络互联开始商品化。

OSI 参考模型用物理层、数据链路层、网络层、传输层、对话层、表示层和应用层七个层次描述网络的结构，它的规范对所有的厂商是开放的，具有指导国际网络结构和开放系统走向的作用。它直接影响总线、接口和网络的性能。从网络互连的角度看，网络体系结构的关键要素是协议和拓扑。

TCP/IP 参考模型是首先由 ARPANET 所使用的网络体系结构。这个体系结构在它的两个主要协议出现以后被称为 TCP/IP 参考模型（TCP/IP Reference Model）。TCP/IP 体系结构共分为四层：网络接口层、互联网层、传输层和应用层。

网络接口层（Network Access Layer）在 TCP/IP 参考模型中并没有详细描述，只是指出主机必须使用某种协议与网络相连。

互联网层（Internet Layer）是整个体系结构的关键部分，其功能是使主机可以把分组发往任何网络，并使分组独立地传向目标。这些分组可能经由不同的网络，到达的顺序和发送的顺序也可能不同。高层如果需要顺序收发，那么就必须自行处理对分组的排序。互联网层使用因特网协议（IP，Internet Protocol）。TCP/IP 参考模型的互联网层和 OSI 参考模型的网络层在功能上非常相似。

传输层（Transport Layer）使源端和目的端机器上的对等实体可以进行会话。在这一层定义了两个端到端的协议：传输控制协议（TCP，Transmission Control Protocol）和用户数据报协议（UDP，User Datagram Protocol）。TCP 是面向连接的协议，它提供可靠的报文传输和对上层应用的连接服务。为此，除了基本的数据传输外，它还有可靠性保证、流量控制、多路复用、优先权和安全性控制等功能。UDP 是面向无连接的不可靠传输的协议，主要用于不需要 TCP 的排序和流量控制等功能的应用程序。

应用层（Application Layer）包含所有的高层协议，包括：虚拟终端协议（TELNET，TELecommunications NETwork）、文件传输协议（FTP，File Transfer Protocol）、电子邮件传输协议（SMTP，Simple Mail Transfer Protocol）、域名服务（DNS，Domain Name Service）、网上新闻传输协议（NNTP，Net News Transfer Protocol）和超文本传送协议（HTTP，Hyper Text Transfer Protocol）等。TELNET 允许一台机器上的用户登录到远程机器上，并进行工作；FTP 提供有效地将文件从一台机器上移到另一台机器上的方法；SMTP 用于电子邮件的收发；DNS 用于把主机名映射到网络地址；NNTP 用于新闻的发布、检索和获取；HTTP 用于在 WWW 上获取主页。

1.3.2　TCP/IP 网络层协议 IP

网际协议 IP 是 TCP/IP 体系中最主要的协议之一，也是最重要的因特网标准协议之一。IP 协议负责实现网络中两台主机之间的数据报的传送，其主要有以下两大功能：

➤路由功能：IP 协议通过路由功能选择一条最佳路径，将数据报从一个主机转送到另一台主机。

➤数据转发功能：IP 协议采用无连接的数据报传送机制，尽最大努力在网络中进行数据报的转发。在转发过程中，提供数据报分片机制，并在目的端进行分片重组。

1）IP 地址

IP 地址用来标识网络连接的标识符，常用的 IPV4 的地址长度为 32 个二进制位，可分成 4 个字节，采用点分十进制表示。例如 192.168.1.1，每个十进制数据代表其中一个字节，其值为 0—255。一个 IP 地址采用层次式结构，一个 IP 地址由网络地址和主机地址两部分组成。网络地址代表一个 TCP/IP 网络，而主机地址代表在这个网络中的一台主机。网络地址的唯一性与网络内主机地址的唯一性确保了 IP 地址的唯一性。

网络地址和主机地址的位数可以根据不同的 IP 地址类型来确定,标准分类的 IP 地址的分类如图 1.3.1 所示。

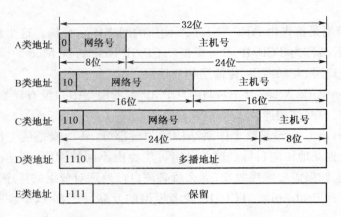

图 1.3.1　IP 地址中的网络号字段和主机号字段

有一些 IP 地址可用作特殊用途(见表 1.3.1),包括:

➤主机号全为 0 和全为 1 的地址是专用的,不能分配。主机号全为 0 的地址,表示本网络,比如,192.168.1.0 代表网络 192.168.1。主机号全为 1 的地址,称为直接广播地址,比如,192.168.1.255,当以此地址作为数据报的目的地址时,数据报会广播给 192.168.1.0 网络中的所有主机。

➤32 位全为 1 的地址是本地广播地址。只能作为数据报的目的地址,当以此地址作为目的地址时,数据报会广播给所在网络的所有主机。

➤第 1 个字节为 127 的 IP 地址,即 127. *. *. *,称为回环地址。通常用于同一主机的各个网络进程之间通信,它将信息通过自身的接口传送给自己,可用来测试端口状态。回环地址不能用作任何网络,也不分配给具体的主机。

IP 地址现在由因特网名称和数字分配机构 ICANN(Internet Corporation for Assigned Names and Numbers)进行分配。Internet 上的每台设备的 IP 地址都是全球唯一的。由于 IP 地址的紧缺,一个机构能够申请到的 IP 地址数往往远小于本机构所拥有的主机数。为了解决 IP 地址空间不足的问题,TCP/IP 将 IP 地址划分为公用地址和专用地址。公用地址在 Internet 中使用,可以在 Internet 中随意访问。专用地址是 TCP/IP 规定的一些保留的 IP 地址,专门用于机构内部私有网络,它们不会出现在 Internet 中,不会被任何 Internet 上的路由器转发。当使用专用地址的网络要与 Interent 连接时,必须申请公用 IP 地址,并在连接处使用网络地址转换(NAT,Network Address Translation)或代理服务器技术。专用地址除了可以缓解 IP 紧张之外,还可以隐蔽内部网络,提高内部网络的安全性。

表 1.3.1　保留的专用 IP 地址

地址类别	网络数量	地址范围
A 类	1	10. *. *. *
B 类	16	172.16. *. *—172.31. *. *
C 类	256	192.168.0. *—192.168.255. *

2）子网掩码与子网规划

子网掩码是为了界定 IP 地址中的网络地址部分与主机地址部分,而引入一种编址技术。子网掩码长度为 4 个字节,共 32 位二进制位。子网掩码与 IP 地址配合使用,在子网掩码中,与 IP 地址网络地址对应的二进制位置 1,与 IP 地址主机地址对应的二进制位置为 0。如果一个 A 类、B 类或 C 类 IP 地址表示一个单的物理网络,则它们相应的子网掩码如表 1.3.2 所示。

表 1.3.2　A 类、B 类、C 类 IP 地址的默认子网掩码

地址类型	子网掩码的二进制形式	子网掩码的十进制形式
A 类	11111111. 00000000. 00000000. 00000000	255.0.0.0
B 类	11111111. 11111111. 00000000. 00000000	255.255.0.0
C 类	11111111. 11111111. 11111111. 00000000	255.255.255.0

在 Internet 中使用 A 类、B 类、C 类这三类 IP 地址表示不同规模的网络。但实际上,一个有几千台、几万台主机的大规模的单一物理网络很少见。为了网络安全与方便管理,可以将一个网络进一步划分成多个子网。划分子网的方法就是将先前主机地址部分进一步进行划分,分成子网地址和子网内的主机地址。例如,网络 192.168.1.0,最后一个字节是主机地址部分。如果现在要将其进一步地划分 4 个子网,可以将主机地址部分的高 2 位拿出来作子网号,低 6 位作子网内的主机地址。这样原来一个网络就被划分成 4 个子网。那么,如何知道是否划分了子网,以及 IP 地址中哪些部分表示子网地址呢? 这就要用到子网掩码了。网络 192.168.1.0,最高 2 位作为子网地址进行子网划分,那么此时,子网掩码为 11111111. 11111111. 11111111. 11000000,即 255.255.255.255.192。数据报在网络中进行转发时,将 IP 地址与子网掩码二者按位相“与”,就可以得到网络地址与子网地址。

1.3.3　TCP/IP 网络层协议 ARP、ICMP

1）ARP 协议

Internet 是由各种各样的物理网络通过使用诸如路由器之类的设备连接在一起组成的。当主机发送一个数据包到另一台主机的过程中可能要经过多种不同的物理网络。主机和路由器都是在网络层通过 IP 地址来识别的,这个地址是在全世界内唯一的。然而,数据包是通过物理网络传递的。在物理网络中,主机和路由器通过其 MAC 地址来识别,其范围限于本地网络中。MAC 地址和 IP 地址是两种不同的标识符。这就意味着将一个分组传递到一个主机或路由器需要进行两级寻址:IP 和 MAC。需要能将一个 IP 地址映射到相应的 MAC 地址。

ARP 协议是“Address Resolution Protocol”(地址解析协议)的缩写。所谓“地址解析”就是主机在发送帧前将目标网络层地址转换成目标物理地址的过程。在使用 TCP/IP 协议的以太网中,即完成将 IP 地址映射到 MAC 地址的过程——使用 ARP 协议通过目标设备的 IP 地址,查询目标设备的 MAC 地址,以保证通信的顺利进行。

在因特网中,数据报传递过程中包括如下步骤:

（1）发送者知道目标端的 IP 地址

（2）IP 要求 ARP 创建一个 ARP 请求报文,其中包含了发送方的物理地址、发送方的 IP 地址和目标端的 IP 地址。目标的物理地址用 0 填充。

（3）将报文传递到数据链路层，并在该层中用发送方的物理地址作为源地址，用物理广播地址作为目的地址，将其封装在一个帧中。

（4）同一链路中的每个主机或路由器都接收到这个帧，因为该帧中包含了一个广播目的地址，所有的站点都对报文进行移交，并将其传递到 ARP。除了目标机器以外的所有机器都丢弃该报文。目标机器对 IP 地址进行识别。

（5）目标机器用一个包含其物理地址的 ARP 响应报文做出响应，并对该报文进行单播。

（6）发送方接收到一个响应报文，这样它就知道了目标机器的物理地址。

这样就可以将携带目标机器数据的 IP 数据报封装在一个帧中，并单播到目的地址。

实际上，在真正的协议实现中，并不是每次发送 IP 报文前都需要发送 ARP 请求报文来获取目的 MAC 地址。在大多数的系统中都存在着一个 ARP 缓存表。记录着已经获取的 MAC 地址和 IP 地址的映射关系，如表 1.3.3 所示。

表 1.3.3 ARP 高速缓存

IP 地址	MAC 地址
202.98.13.1	00 - E0 - 4C - 3D - 89 - 76
202.98.13.2	00 - E0 - 4C - 3D - C5 - 03
202.98.13.3	00 - E0 - 4C - 4D - BA - 92
...	...

发送 IP 报文前总是先对 ARP 缓存表进行查找，看是否目标 MAC 地址存在于缓存表中，如果存在，则不需要发送 ARP 请求报文而直接使用此地址进行 IP 报文的发送。如果不存在，则发送 ARP 请求报文，并将结果存于 ARP 缓存表中供以后使用。

2）ICMP 协议

IP 协议是一种不可靠无连接的包传输，当数据包经过多个网络传输后，可能出现错误、目的主机不响应、包拥塞和包丢失等。为了处理这些问题，在 IP 层引入了一个子协议 ICMP(Internet Control Message Protocol)。ICMP 数据报有两种形式：差错数据报和查询数据报。ICMP 数据报封装在 IP 数据报里传输。ICMP 报文可以被 IP 协议层、传输层协议(TCP 或 UDP)和用户进程使用。ICMP 与 IP 一样，都是不可靠传输，ICMP 的信息也可能丢失。为了防止 ICMP 信息无限制地连续发送，对 ICMP 数据报传输中问题不能再使用 ICMP 传输。查询报文是成对出现的，它帮助主机或网络管理员从一个路由器或另一个主机得到特定的信息。

（1）差错报告报文

IP 是不可靠的协议。这就表示 IP 是不考虑处理检验和差错控制的。ICMP 就是为补偿这个缺点而设计的。然而 ICMP 不能纠正差错；它只是报告差错。差错纠正留给高层协议去做。差错报文总是发送给原始的数据源，因为在数据报中关于路由唯一可用的信息就是源 IP 地址和目的 IP 地址。ICMP 使用源 IP 地址将差错报文发送给数据报的源端。关于 ICMP 差错报文有以下的一些要点：

➢对于携带 ICMP 差错报文的数据报，不再产生 ICMP 差错报文。

➢对于分段数据报，如果不是第一个分段，则不产生 ICMP 差错报文。

➢对于具有多播地址的数据报，不产生 ICMP 差错报文。

➢对于有特殊地址(如 127.0.0.0 或 0.0.0.0)的数据报，不产生 ICMP 差错报文。

差错报文中的数据部分包括了原始数据报的首部加上原始数据报数据的前 8 个字节。原始数据报的首部给出了关于原始数据报本身的信息。原始数据报的前 8 个字节数据提供了关于端口号和序号等信息。

（2）查询报文

除差错报告外，ICMP 还能对某些网络问题进行诊断。这是通过使用由 4 对不同报文组成的查询报文来完成的。它们分别是："回送请求和回答"、"时间戳请求和回答"、"地址掩码请求和回答"以及"路由器询问和通告"（最初还定义了信息求和信息回答报文，但已经被废弃）。

1.3.4 TCP/IP 传输层协议

1）UDP（用户数据报协议）简介

UDP 协议是英文 User Datagram Protocol 的缩写，即用户数据报协议，主要用来支持那些需要在计算机之间传输数据的网络应用。包括网络视频会议系统在内的众多的客户/服务器模式的网络应用都需要使用 UDP 协议。UDP 协议从问世至今已经被使用了很多年，虽然其最初的光彩已经被一些类似协议所掩盖，但是即使是在今天，UDP 仍然不失为一项非常实用和可行的网络传输层协议。

与我们所熟知的 TCP（传输控制协议）协议一样，UDP 协议直接位于 IP（网际协议）协议的顶层。根据 OSI（开放系统互连）参考模型，UDP 和 TCP 都属于传输层协议。UDP 协议不提供端到端的确认和重传功能，它不保证信息包一定能到达目的地，因此称为不可靠协议。

（1）UDP 特点

UDP 是面向事务的协议，它用最少的传输服务为应用向其他程序发送报文提供了一个途径。UDP 是无连接的、不可靠的传输机制。在发送数据报前，UDP 在发送和接收两者之间不建立连接。数据分组的封装和解包都建立在 UDP 使用的协议端口上。

UDP 让用户能直接访问 Internet 层的数据报服务，例如分段和重组等 Internet 层所提供的数据报服务，UDP 应用也提供。UDP 使用 IP 协议作为数据传输机制的底层协议。UDP 报头和数据都以与最初传输时相同的形式被传送到最终目的地。

UDP 不提供确认，也不对数据的到达顺序加以控制。因此 UDP 报文可能会丢失。不实现数据分组的传送和重复检测。当分组没有被传送时，UDP 不能报告错误。然而，在传送 UDP 包时，有效数据被传输给有源和目标端口号标识的正确应用。吞吐量不受拥挤控制算法的调节，只受应用软件生成数据的速率、传输带宽、发送端和接收端主机性能的限制。

（2）UDP 应用

既然 UDP 是一种不可靠的网络协议，那么还有什么使用价值或必要呢？其实不然，在有些情况下 UDP 协议可能会变得非常有用。因为 UDP 具有 TCP 所望尘莫及的速度优势。虽然 TCP 协议中植入了各种安全保障功能，但是在实际执行的过程中会占用大量的系统开销，无疑使速度受到严重的影响。反观 UDP 由于排除了信息可靠传递机制，将安全和排序等功能移交给上层应用来完成，极大降低了执行时间，使速度得到了保证。关于 UDP 协议的最早规范是 RFC768，1980 年发布。尽管时间已经很长，但是 UDP 协议仍然继续在主流应用中发挥着作用。包括视频电话会议系统在内的许多应用都证明了 UDP 协议的存在价值。因为相对于可靠性来说，这些应用更加注重实际性能，所以为了获得更好的使用效果（例如，更高的画面帧刷新速率）往往可以牺牲一定的可靠性（例如，画面质量）。这就是 UDP 和 TCP 两种协议的权衡之处。根据不同的环境和特点，两种传输协议都将在今后的网络世界中发挥更加重要的作用。

2) TCP 协议

TCP 是 TCP/IP 协议栈中的传输层协议,TCP 称为面向字节流连接的和可靠的传输层协议。它给 IP 协议提供了面向连接的和可靠的服务。TCP 与 UDP 不同,它允许发送和接收字节流形式的数据。为了使服务器和客户端以不同的速度产生和消费数据,TCP 提供了发送和接收两个缓冲区。TCP 提供全双工服务,数据同时能双向流动。每一方都有发送和接收两个缓冲区,可以双向发送数据。TCP 在字节上加上一个递进的确认序列号来告诉接收者发送者期望收到的下一个字节,如果在规定时间内,没有收到关于这个包的确认响应,重新发送此包,这保证了 TCP 是一种可靠的传输层协议。

(1) TCP 服务的可靠性

TCP 通过下列方式来提供可靠性:

数据被分割成 TCP 最适合发送的数据块,也就是最大报文段长度。当一个连接建立时,连接的双方都要通告各自的 MSS(最大报文段长度)。

当 TCP 发出一个报文段后,它启动一个定时器,等待目的端确认收到这个报文段。如果不能及时收到一个确认将重发这个报文段。

当 TCP 收到发自 TCP 连接另一端的数据,它将发送一个确认,这个确认不是立即发送,通常将推迟几分之一秒,以便将 ACK 与需要沿该方向发送的数据一起发送。绝大多数实现采用的时延为 200 ms。

TCP 将保持它首部和数据的检验和。这是一个端到端的检验和,目的是检测数据在传输过程中的任何变化。如果收到段的检验和有差错,TCP 将丢弃这个报文段和不确认收到此报文段(希望发送端超时并重发)。

既然 TCP 报文段作为 IP 数据报来传输,因此 TCP 报文段的到达也可能会失序。TCP 将对收到的数据进行重新排序,将数据以正确顺序交给应用层。

既然 IP 数据报会发生重复,TCP 接收端必须丢弃重复的数据。

TCP 还能提供流量控制。TCP 连接的每一方都有固定大小的缓冲空间。TCP 的接收端只允许另一端发送接收端缓冲区所能接纳的数据。这将防止较快主机致使较慢主机的缓冲区溢出。

(2) TCP 连接的建立

TCP 是一个面向连接的协议,无论哪一方发送数据之前,都必须先在双方之间建立一条连接,这种连接是通过三次握手建立起来的。三次握手过程如下:

主机 A(客户端)发送一个 SYN 段指明主机 A 打算连接的主机 B(服务器)的端口,以及初始序号 ISN,无 ACK 标记。

主机 B 发回包含主机 B 的初始序号的 SYN 报文段作为应答。同时将确认序号设置为主机 A 的 ISN 加 1 以对主机 A 的 SYN 报文段进行确认。

主机 A 必须将确认序号设置为主机 B 的 ISN 加 1 以对主机 B 的 SYN 报文段进行确认。

当握手进程没有成功完成最终的确认时就会发生半开放连接。半开放连接的过程如下:

➢主机 A 向主机 B 发送第 1 个数据包,也就是 SYN 数据包。

➢主机 B 发送 ACK SYN 数据包作为回应。

➢这时主机 A 应该发送第 3 个数据包,即 ACK 数据包来结束握手,但实际却没有发送第 3 个数据包,使得主机 B 一直发送 ACK SYN 数据包。

通常 TCP 连接的建立都是一方主动打开,而另一方则是被动打开,但两个应用程序同时彼此执行主动打开的情况是可能的,尽管发生的可能性极小。每一方必须发送一个 SYN,且这些 SYN 必须传递给对方。这需要每一方使用一个对方熟知的端口作为本地端口,这被称为同时打开。例如,主机 A 中的一个应用程序使用本地端口 7000,并与本机 B 的端口 8000 执行主动打开。主机 B 的应用程序则使用本地端口 8000,并与主机 A 的端口 7000 执行主动打开。它们仅建立一条连接而不是两条连接,而且每一端既是客户机又是服务器。

1.3.5 TCP/IP 应用层协议

1) DNS 协议

DNS(域名系统)是一种能够完成从名称到地址或从地址到名称的映射系统。使用 DNS,计算机用户可以间接地通过域名来完成通信。Internet 中的 DNS 被设计成为一个联机分布式数据库系统,采用客户服务器方式工作。分布式的机构使 DNS 具有很强的容错性。

名称映射为地址或者地址映射为名称,称为名称—地址解析(name-address resolution)。

解析器:DNS 是设计为客户/服务器结构的应用程序。将地址映射为名称或者将名称映射为地址时,主机主要是调用的 DNS 客户端为解析器(resolver)。解析器会访问最近的 DNS 服务器,发送映射请求。如果服务器含有这种信息,它会满足解析器的请求;否则,它会将解析器指向其他服务器,或者请求其他服务器提供这种信息。当解析器接收到映射时,它解析这一响应,以确定是一个真正的解析还是一个错误,最后将结果传递给发出这一请求的进程。

名称到地址的映射:多数情况下,解析器会向服务器提交域名,请求对应的地址。这种情况下,服务器检查通用域或者国家域以查找响应的映射。如果域名来自通用域部分,解析器则会接收到一个域名,如 chal. atc. fhda. edu. 。查询会由解析器发送到本地 DNS 服务器寻求解析。如果本地服务器不能解析这一查询,它要么把解析器指向其他服务器,要么直接请求其他服务器解析。如果域名来自于国家域,则解析器会接收类似于 cnri. reston. va. us. 形式的域名。处理过程是相同的。

地址到名称的映射:客户端向服务器发送 IP 地址,请求映射为域名。如前所述,这称为一个 PTR 查询。要回复这种查询,DNS 使用反向查找域。然而,在这种请求中,IP 地址是反序的,并且将 in-addr 和 arpa 两个标号附加在最后,以创建能够被反向查找域部分接受的域。例如,如果解析器接收到 IP 地址 140. 252. 13. 33,那么解析器会首先将地址反序,然后在发送请求之前附加两个标号。发送的域名是 33. 13. 252. 140. in-addr. arpa. ,本地 DNS 会接受这一地址,并进行解析。

服务器每次接收到不属于自己域的名称请求时,它需要搜索自己的数据库以查找一台服务器的 IP 地址。缩短这一查询时间能提高效率。DNS 使用一种称为高速缓存(caching)的机制处理这一问题。当服务器向其他服务器请求映射并得到回应时,它首先将这一信息存储在高速缓存中,然后再发送给客户端。如果同一客户端或者其他客户请求同一映射,它会检查本地高速缓存解析这一请求。然而,要通知客户这一响应来自于高速缓存而不是来源于授权服务器,服务器会将这一响应标志为"非授权性的(unauthoritative)"。

高速缓存能够提高解析速度,但也存在问题。如果一台服务器长时间缓存一种映射,可能会发送给客户端一个过期的映射。为了防止这种情况,使用了两种技术。第一种,授权服务器始终给映射增加称为生存时间(time-to-live,TTL)的信息。TTL 以秒为单位定义接收服务器可以缓存这一信息的持续时间。超过这一时间,映射变为无效,并且任何请求必须再次发送到授权服务器。第二种技术,DNS 需要每一台服务器为它缓存的每一个映射保持一个 TTL 计数器。高速缓存会定期检查,清除掉 TTL 已经经过的映射。

2) TELNET 和 FTP

TELNET 提供一种面向字节的双向通信。服务器通常使用 23 端口,客户机使用动态端口。TELNET 协议可以工作在任何主机或任何终端之间。它提供使用 TCP/IP 在远程计算机上登录并进行命令行的方法,是一种认为是终端仿真的技术,提供了一种通过网络在远程主机上操作的方便的方式。

FTP 提供了一种通过 TCP 传送文件的方法,可以将一个文件从一个系统复制到另一个系统中。FTP 使用两个 TCP 连接:一个控制连接,一个数据连接。控制连接一直持续到客户端和服务器端进程间的通信完成为止,用于传输控制命令,服务器使用 21 端口;数据连接根据通信的需要随时建立和释放,用于数据的传输,服务器常使用 20 端口。FTP 的连接模式有两种:PORT(主动模式)和 PASV(被动模式)。

3) HTTP 协议

超文本传输协议主要用于访问 WWW 上的数据。协议以普通文本、超文本、音频、视频等格式传输数据,称为超文本协议的原因是,在应用环境中它可以快速地在文档之间跳转。HTTP在公认端口 80 上使用 TCP 服务。

HTTP 报文有两种一般的类型:请求和响应。这两种报文类型的格式几乎是相同的。一个 HTTP 请求报文由请求行(request line)、请求头部(header)、空行和请求数据 4 个部分组成,HTTP 请求报文格式如图 1.3.2 所示。

图 1.3.2　HTTP 请求报文格式

HTTP 报文中的方法是客户端向服务器端发出的实际命令和请求。常用 HTTP 方法如表 1.3.4 所示。

表 1.3.4　HTTP 常用方法

方　法	说　明
GET	客户要从服务器读取文档时使用
HEAD	当客户想得到关于文档的某些信息但并不是要这个文档时使用
POST	当客户要给服务器提供某些信息时使用
PUT	当客户将新的或更换的文档存储在服务器上时使用
PATCH	和 PUT 相似,不过只包含必须在现有文件中出现的差异清单

HTTP 状态码,在响应报文中,请求行被替换为状态行,由 3 位数字组成,表示请求是否被理解或被满足(见表 1.3.5)。

表 1.3.5 HTTP 状态码

状态码	说　明
100 系列	提供信息的报文
200 系列	指示成功的请求
300 系列	把客户重定向到另一个 URL
400 系列	指示客户端差错
500 系列	指示服务器端差错

　　HTTP 持续与非持续连接，HTTP1.0 定义了非持续连接，每次请求/响应都要建立 TCP 连接。而 HTTP1.1 默认的连接是持续连接，服务器在发送响应以后会保持连接状态，等待更多的请求。

　　HTTP 代理服务器，代理服务器是一台保存最近请求的响应的拷贝的计算机。在代理服务器存在的情况下，当 HTTP 客户端访问网页时，HTTP 客户端会向代理发出请求，代理检查高速缓存，如果缓存中不存在响应报文，代理会向相应的服务器发送请求，这样降低了原服务器的负载，减少了通信量并降低了延迟。但是，使用代理服务器，客户端必须配置为访问代理服务器而不是目标服务器。

2 交换机及其基本配置

学习目标

➢理解并掌握交换机的访问及管理方式
➢掌握交换机的基本配置
➢掌握交换机接口的配置及应用
➢理解并掌握交换机的管理 IP 的配置与远程登录

2.1 交换机及其管理方式

本节内容

➢交换机概述
➢交换机的工作原理
➢交换机的管理方式

学习目标

➢掌握交换机的作用、分类与性能参数
➢理解交换机的工作原理
➢理解并掌握交换机管理的方式

2.1.1 交换机概述

1）交换机的作用

交换机是构建计算机网络的基本连接设备，是计算机网络中重要的枢纽和节点。从物理连接上看，交换机的主要作用是将计算机、服务器、网络打印机等网络终端设备连接起来，并通过与其他交换机、路由器、无线接入点（AP）、网络防火墙等相连，构建成计算机网络，实现网络通信。

从数据通信的角度来看，交换机基于高带宽的内部总线与内部交换矩阵的帧过滤/转发机制，克服了集线器的总线共享工作模式的不足。交换机的每一个端口都是一个独立的冲突域。与集线器相比，使用交换机连接而成的网络具备更好的性能、扩展性与安全性（见图 2.1.1）。

2）交换机的分类

交换机根据分类标准的不同，有多种不同的分类方式。交换机常用分类方式有：根据交换

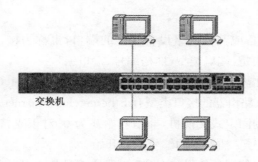

图 2.1.1　通过交换机连接各设备而组成的网络

机工作的层次进行分类,将交换机分为二层交换机、三层交换机、四层交换机等。二层交换机根据 MAC 地址进行转发,三层交换机可根据 IP 地址进行转发,四层交换机根据端口进行转发。本书中一般没有特别说明的情况下,交换机都是指二层交换机。

根据交换机可适用的规模为标准,可将交换机分为企业级交换机、部门级交换机和工作组交换机等。

根据交换机端口的多少来分类,比如 24 口交换机、48 口交换机。其中,24 口的交换机是网络工程中常用的交换机。

根据交换机的传输速率,可将交换机分为以太网交换机(10 Mbps)、快速以太网交换机(100 Mbps)、千兆以太网交换机(1 000 Mbps)、万兆以太网交换机(1 000 Mbps)等。当前计算机网络中,千兆以太网交换机已是普遍使用的连网设备。

根据交换机是否可管理,也即交换机是否可由用户根据需要进行配置,可将交换机分为可网管交换机与不可网管交换机。不可网管交换机也称为傻瓜式交换机,价格便宜,一般用于对安全性要求不高的低端网络接入层。可网管交换机,支持用户根据需要进行特定的配置,比如划分 VLAN、端口聚合等,以满足网络的需求。当前一般网络中,汇聚层交换机与核心层交换机都必须是可网管交换机。

另外,还可根据交换机的品牌进行分类的。当前市场上交换机的品牌有很多,其中常见的主要品牌有思科、华为、锐捷、中兴等(见图 2.1.2)。

锐捷RG-S2928G

华为S2700　　　　Cisco WS-C3560X　　　　中兴ZXR10 8905E

图 2.1.2　各种品牌的交换机

3) 交换机的端口与指示灯

交换机是一种连网设备,其上配置了多个端口。从作用上来看,这些端口可分为两类:控制台端口和用来连接终端设备或其他网络设备的端口。

控制台端口,几乎每台可配置的交换机都有一个控制台端口。此端口用来建立一个带外连接,让计算机可以访问交换机,并对其进行配置管理。当计算机通过带外方式连接到交换机的控制台端口时,必须使用专用的控制线缆,此线缆一端与计算机的串口相连,另一端与交换机的控制台端口(RJ45 口)相连。

交换机用来与终端设备或其他网络设备相连的端口,也称为接口。每个端口都有一个名称,交换机端口的命名方法是:端口类型、插槽编号、端口编号。

交换机端口的类型是指介质类型,主要有:Ethernet、Fastethernet、Gigabit 等,分别表示10 M、100 M、1 000 M 的以太口。路由器的接口类型有 Ethernet、Fastethernet、Gigabit、Serial、Atm 等。

插槽号,对于非模块的固定式交换机,插槽号始终为 0;对于支持多模块的交换机,就是模块插入在交换机中的插槽号。插槽号的编号从 0 开始。

端口编号,每个模块内的端口编号,交换机的端口编号从 1 开始。路由器的接口编号是从 0 开始编号的。

FastEthernet 0/2 表示此端口插在插槽 0 上的模块上的编号为 2 的 100 Mbps 的端口。

交换机的每个端口都会设置一个对应的 LED 指示灯,默认情况下,这些灯表示端口的状态,且不同的颜色表示端口处在不同的状态。用户可以查看端口对应指示灯的亮、暗、闪烁的情况,直观地了解每个端口所处的状态。表 2.1.1 是 Cisco 交换机默认情况 LED 的含义。

表 2.1.1　Cisco 交换机默认 LED 颜色及含义

LED 颜色	LED 含义
绿色	端口所连接的设备的物理层连接已加电
闪烁的绿色	存在进入和/或离开这个端口的流量
闪烁的绿色和浅黄色	此端口有操作上的问题
浅黄色	此端口已手动禁用
关闭	此端口上没有加电的物理层连接

4) 交换机的主要性能参数

交换机作为当前连网的主要设备,其性能参数的高低直接影响到网络性能的好坏。本节介绍交换机的一些主要的性能参数。

(1) 物理特性相关参数

交换机的物理特性是指交换机采用的微处理器芯片类型、内存的大小、MAC 地址表的大小、端口配置、模块化插槽数、扩展能力以及外观特性。交换机的物理特性反映了交换机的基本情况。

处理器芯片:交换机实际上也就是一台计算机,所以处理器芯片对于交换机也是相当重要的。交换机采用的处理器芯片主要有四种:通用 CPU、ASIC 芯片、FPGA 芯片和网络处理器(NP)。由于 ASIC 芯片进行数据交换速度快,且价格合适,所以当前很多普通交换机都是采用 ASIC 芯片。但 ASIC 芯片是固化的,一旦开发完毕,在其上面扩展其他应用很困难。NP 通过众多并行运转的微码处理器,能够通过微码编程进行复杂的多业务扩展,NP 的性能和 ASIC 相比依然还存在一些差距,所以 NP 网络处理器被应用于高端路由器,但并不用于网络传统功能的实现。目前,核心交换机大多采用 ASIC+NP 的体系设计方式。

交换机内存:交换机内存用作存储配置,作为数据缓冲、暂时存储等待转发的数据等。内存容量较大,可以保证在并发访问量、组播和广播流量较大时,达到最大的吞吐量,均衡网络负载,并防止数据丢失。

MAC 地址表大小:是指交换机的 MAC 地址表中,可以最多存储的连接到该交换机的设备的 MAC 地址与端口对应数据的空间大小。MAC 地址表的大小反映了连接到该交换机能保存转发信息的最大节点数。存储的 MAC 地址数量越多,那么数据转发的速度和效率也就越高。

端口配置指交换机包含有端口数目、支持的端口类型和工作模式等。模块化插槽数是指模块化交换机所能安插的最大模块数。插槽越多,扩展能力越强。

（2）功能特性相关参数

交换机的功能特性相关参数主要有交换方式、VLAN 支持、三层交换技术、堆叠功能、网管功能等。当前,除了不可网管交换机（傻瓜交换机）之外,几乎所有的交换机都支持 VLAN 功能与网管功能。三层交换技术是三层交换机必备的功能。

交换机堆叠是指多台交换机之间实现高速互连的一种连接技术。堆叠技术采用了专门的管理模块和堆叠连接电缆,在交换机之间建立一条较宽的宽带链路,既能增加交换机端口,又可将多台交换机作为一台交换机进行统一管理。

（3）网络特性相关参数

交换机的网络特性相关参数主要指交换机支持的网络标准与协议、背板带宽、包转发率、数据传输率、延时、吞吐量等。

网络标准与协议:局域网所遵循的网络标准是 IEEE802. X,所遵循的网络协议一般有IP v4、IP v6、OSPF、RIP、VRRP 等。不同厂商、不同档次的交换机支持的网络标准与协议是不一样的。

端口速率:指交换机端口的数据传输速率,常见的有 100 Mbps、1 Gbps、10 Gbps 等。当前 1 Gbps 的交换机已普遍使用在一般网络中。

背板带宽:指交换机接口处理器和数据总线之间所能吞吐的最大数据量,是交换机在无阻塞情况下的最大交换能力。由于所有端口之间的通信都要通过背板完成,所以背板带宽的大小是决定交换机的转发能力的一个关键因素。在全双工要进行无阻塞地通信,交换机的背板带宽必须满足以下要求:

$$背板带宽 = 端口数量 \times 端口速率 \times 2$$

包转发率:指交换机单位时间内可以转发的数据包的数量。包转发率是以数据包为单位,体现交换机的交换能力,一般以百万个数据包（Million Packet Per Second,MPPS）为单位。

延时:是指从交换机接收到数据帧到开始向目的端口复制数据帧之间的时间间隔。采用直通转发技术的交换机的延时是固定的;采用存储转发技术的交换机的延时与数据帧的长度有关,数据帧越长,延时越大。

吞吐量:交换机的吞吐量是指交换机在不丢失任何一个帧的情况下的最大转发速率。吞吐量是反映交换机性能的最重要的指标之一。

2.1.2 交换机及其工作机制

1）交换机的工作机制

交换机是数据链路层的连网设备,交换机对帧具有识别功能,交换机采用反向学习的方式,建立并逐步完美自己的 MAC 地址与端口号之间的映射转发表,根据接收帧的目的 MAC 地址查询地址转发表的结果,决定对帧的转发,当需要转发时,并确定转发端口。交换机对帧具有过滤功能。交换机的具体的工作过程如下:

（1）当交换机从一个端口收到一个帧时,先读取帧中的源 MAC 地址,建立源 MAC 地址与接收端口之间的对应关系,并将其添加到 MAC 地址与端口号映射表中。这种功能称为反向学习功能。经过一段时间后,交换机可以逐步完善自己的 MAC 地址与端口号映射表。

（2）读取帧头中的目的 MAC 地址，并查 MAC 地址与端口映射表。如果目的 MAC 地址所对应的端口与接收端口相同，则丢弃此帧；如果目的 MAC 地址对应的端口号与接收端口号不同，则将此帧转发到帧的目的 MAC 地址对应的端口。如果在映射表中没有查找到目的 MAC 地址，交换机会向除接收端口之外的所有端口转发此帧。

（3）如果交换机收到一个广播帧，交换机会向除接收端口之外的所有端口转发此帧。

交换机的 MAC 地址与端口号映射转发表是在工作过程中逐步学习完善起来的。学习到的地址映射转发表中的条目，并不会永久地保存在转发表中。交换机设计了一个自动老化时间机制，如果某 MAC 地址在一定时间内（默认为 300 s）不再出现，那么交换机会将此 MAC 从地址转发表中清除。当下一次该 MAC 地址重新出现时，将会被当做新地址处理。另外，地址转发表保存在内存中，因此当交换机断电或重新启动后，地址表数据将会全部丢失，必须重新学习。

2）交换机的帧转发方式与工作机制

交换机接收到帧后，对帧的转发有三种方式：

（1）存储转发：交换机在转发之前必须完整地接收整个帧，对帧进行差错校检，如无错误，再根据查表结果，将这一帧发往目的地址。这种转发方式，帧通过交换机的转发时延，随帧长度的不同而变化。

（2）直通式转发：交换机只要检查到帧头中所包含的目的地址就立即转发该帧，而无需等待帧全部的被接收，也不进行错误校验。由于以太网帧头的长度总是固定的，因此帧通过交换机的转发时延也保持不变。

（3）无碎片转发：这种转发方式其实是和直通转发一样的，只是比直通转发收取了更多的信息之后再进行转发，无碎片转发就是在接收了 64 字节后才开始转发，减少了转发出错的几率。在一个正确设计的以太网络中，冲突的发现会在源发送 64 个字节之前，当出现冲突之后，发送者会停止继续发送。但是此前已发送的这一段小于 64 字节的不完整以太帧已经被发送出去了，但是它是没有意义的，所以检查 64 字节以前就可以把这些"碎片"帧过滤掉。这也是"无碎片转发"名字的由来。

2.1.3　交换机的管理方式

目前存在多种对交换机进行配置管理的方式，主要有控制台端口配置方式、远程登录配置方式、Web 界面配置方式、SNMP 配置方式、SSH 配置方式等。

1）控制台端口配置方式

交换机和路由器出厂时，只有默认配置，如果需要对刚购买的交换机或路由器进行配置，最直接的配置方式就是使用控制台配置方式，这种方式也称为带外配置方式。控制台端口配置方式的操作步骤如下：

（1）硬件连接

用一台计算机作为控制台和网络设备相连，通过计算机对网络设备进行配置。把 Console 线一端连接在计算机的串行口上，另一端连接在网络设备的 Console 口上，如图 2.1.3 所示。Console 线在购置网络设备时会提供，它是一条反转线，你也可以自己用双绞线进行制作，如图 2.1.4 所示。

按照上面的线序制作一根双绞线，一端通过一个转接头连接在计算机的串行口上，另一端连接在网络设备的 Console 口上。

注意：不要把反转线连接在网络设备的其他接口上，这有可能导致设备损坏。

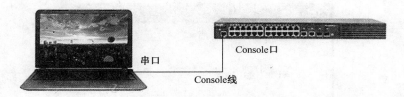

串口
Console口
Console线

图 2.1.3　控制台端口配置方式

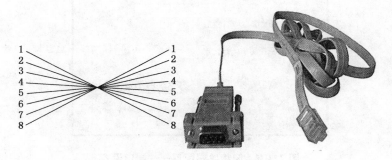

图 2.1.4　Console 线

（2）访问操作

在计算机上需要安装一个终端仿真软件来登录网络设备。通常我们使用 Windows 自带的"超级终端"。超级终端的安装方法:开始—程序—附件—通信—超级终端。打开超级终端后出现的窗口如图 2.1.5 所示。

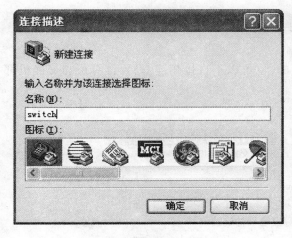

图 2.1.5　超级终端

图 2.1.6　超级终端配置

在"名称"栏中输入一个名称(可以任意输入),可以在图标栏中选择一个图标,然后单击"确定"按钮,进入如图 2.1.6 所示窗口中。

在"连接时使用"下拉列表框中根据具体情况选择恰当的方式,如选择与交换机相连的计算机的串口 COM1。单击"确定"按钮,进入图 2.1.7 所示的窗口。

在端口设置窗口中,将设置波特率(每秒位数)为 9600,数据位为 8,奇偶校验为"无",停止位为 1,数据流控制为"无"。单击"确定"按钮,如果正常的话,就会登录到交换机上了。然后就可以对交换机进行配置了。

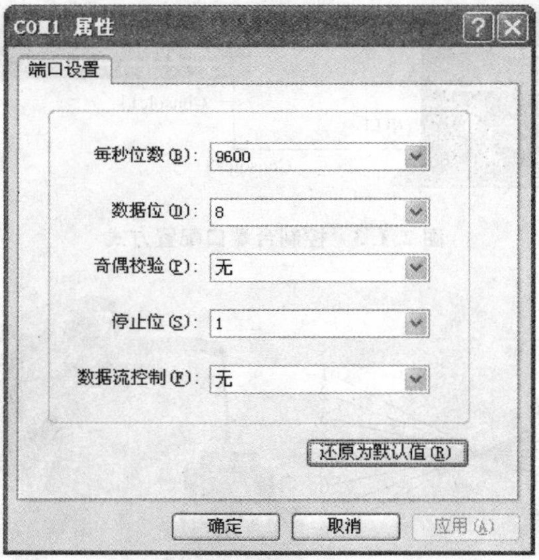

COM1 属性

端口设置

每秒位数(B)：9600

数据位(D)：8

奇偶校验(P)：无

停止位(S)：1

数据流控制(F)：无

还原为默认值(R)

确定　　取消　　应用(A)

图 2.1.7　超级终端配置——端口设置

2) 远程登录配置方式

(1) 远程登录配置方式的条件

使用远程登录配置方式对交换机进行管理,必须满足以下条件:

➤管理主机与交换机具有网络可连通性;

➤交换机配置了管理 VLAN 的 IP 地址;

➤交换机内开启了相应的管理服务;

➤交换机内设置了授权用户或没有限制用户访问。

(2) 硬件连接

图 2.1.8 中的计算机是与交换机直接相连的,也可以不直接相连,只要计算机与交换机都已连网,并可以相互通信即可。

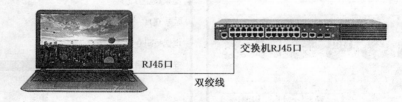

交换机RJ45口

RJ45口

双绞线

图 2.1.8　远程登录硬件连接

如果采用图 2.1.8 的方式,即管理计算机与交换机用双绞线直接相连,管理主机的 IP 地址与交换机的管理 VLAN 的 IP 地址必须在相同网段。

(3) 远程登录到交换机

运行 Windows 自带的 Telnet 客户程序,指定 Telnet 的目的地址,如图 2.1.9 所示。

登录到 Telnet 界面,输入正确的登录名和口令,即可进入到交换机的 CLI 界面。

3) Web 界面配置方式

有些种类的设备支持 Web 界面配置方式,可在计算机上通过用浏览器访问网络设备并配置。Web 界面配置方式具有较好的直观性,用它可观察到设备的连接情况。

图 2.1.9 远程登录

具体操作方法:通过带外管理方式给交换机设置 IP 地址,开启 Web Server,设置授权 Web 用户。执行 Windows 的 HTTP 协议,如图 2.1.10 所示

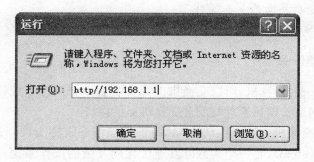

图 2.1.10 HTTP 配置方式

输入正确的登录名和口令,进入交换机的 Web 配置主界面,按界面操作即可。

4) SNMP 配置方式

SNMP 配置方式是指通过 SNMP 协议对交换机进行远程管理的方式。SNMP 协议是目前事实上的网管标准,当前几乎所有的交换机都支持 SNMP 协议。管理者可以通过 SNMP 管理软件通过 SNMP 协议远程对交换机进行相关信息与状态进行管理。通过 SNMP 方式管理交换机适用于要求对网络环境的整体情况进行监控的场合。

通过 SNMP 管理交换机,除了主机和交换机之外,还需要一套网络管理软件,安装了网络管理软件的主机被称为网管工作站或者网管服务器,它和网络相连接,对网络内发生的各类事件进行监控,并可对开放了权限的设备进行配置和管理。

通过 SNMP 对交换机进行配置管理时,首先,在交换机上配置管理 IP,开启 SNMP 服务,对 SNMP 的一些参数进行配置,才能够接受网管工作站的管理。然后从管理站上使用 SNMP 管理软件远程连接到交换机上,对相关信息进行管理。

5) SSH 配置方式

SSH 配置方式是一种安全的配置手段,其功能类似于 Telnet 远程登录配置方式。与 Telnet不同的是,SSH 传输中所有信息都是加密的,所以如果需要在一个不能保证安全的环境中配置网络设备,最好使用 SSH。

2.1.4 实训任务

(1) 当前流行的交换机的品牌有哪些? 各自的主要型号有哪些? 交换机的主要参数有哪些?

(2) 交换机的访问方式有哪几种? 各在什么情况下使用?

（3）公司新买来一台交换机，你可采用什么方法对其进行配置？

2.2　交换机的基本操作

本节内容

➤交换机操作系统

➤命令行界面的基本操作

➤交换机的基本配置

学习目标

➤了解交换机的操作系统

➤理解并掌握命令行界面的基本操作

➤理解并掌握 IOS 的基本配置

2.2.1　交换机操作系统

交换机实际就是一台计算机，所以交换机上都安装有一个操作系统，用来实现对交换机进行控制与管理，并为网络管理员管理与配置交换机提供接口。

Cisco 网络设备（交换机、路由器、防火墙等）中的操作系统称为网际操作系统（IOS，Internetwork Operating System），是一个为网际互连优化的复杂的操作系统；是一个与硬件分离的软件体系结构，存储在 Cisco 设备的 Flash 存储器上，随网络技术的不断发展，可动态地升级以适应不断变化的技术。Cisco 的交换机、路由器、防火墙虽然都运行 IOS，但这些设备中所使用的命令常常是不同的。换句话说，在不同设备上，配置同一个特性的方式可以是不一样的。甚至于同一类产品的不同系列间，配置同一特性的方式也可能不同。

不同公司的网络产品中的操作系统是不同的，并且配置命令也可能不相同。比如华为的网络设备中的配置命令与 Cisco 几乎全都不同；但锐捷网络设备中的配置命令大部分与 Cisco 相同。虽然不同网络设备实现相同功能的配置命令的命令字可能不同，但只要掌握功能的原理和一种设备的配置命令，再去学习其他设备相同功能的配置命令的使用是一件相当简单的事情。

本书中所涉及的配置及命令行示例，除明确说明的外，全部以 Cisco IOS 命令示例。

2.2.2　命令行界面的基本配置

1）命令模式

虽然对交换机的配置和管理可以通过多种方式实现，既可以使用图形界面，又可以使用网络软件，但命令行方式的配置是最简单、最有效、最快捷的方法。命令行方式是一个基于 DOS 命令行的软件系统，对于大小写不敏感（即不区分大小写），并且可以缩写命令与参数，只要包含的字符足以与其他当前可用的其他命令和参数区别开来即可。

Cisco IOS 命令行使用分级保护方式，既有效防止未授权用户的非法侵入，又限制和组织了不同模式中用户可以使用的命令。IOS 命令需要在各自的命令模式下才能执行。交换机和路由器为用户提供的主要的命令模式有三种：用户模式、特权模式、全局配置模式。

用户模式　在此模式下，只有有限的命令可以用，基本上是简单的监控和故障排除命令，只提供对 IOS 的基本访问。在用户模式下执行命令的功能也受到一定的限制，如 show 命令在用户模式下可以查看的信息是受限制的。用户模式的命令的操作结果不会被保存。

用户登录上交换机后,首先进入的模式就是用户模式。用户模式的提示符为:

Switch>

只要看到">"字符,就表明现在处在用户模式中。">"前面的信息 Switch 是这台设备的名称。默认情况下,交换机的名称为 Switch,路由器的名称为 router。设备的名称可以修改。

特权模式 在用户模式下面执行 enable 命令可以进入特权模式:

Switch>enable

Switch♯

执行上面的命令后,提示符由">"变为"♯",表示现在已经处于特权模式中。

特权模式提供对 IOS 高级别的管理访问,可以执行用户模式下所有的命令,以及更多的高级管理和故障排除命令。但在此模式中,不能改变此网络设备的配置。

如果希望从特权模式退到到用户模式,可以使用 disable 命令,或者使用 exit 命令。执行 exit 命令,总是会退回到上一级模式中。

全局配置模式 在特权模式下面执行 configure terminal 命令可以进全局配置模式:

Switch♯ configure terminal

Switch(config)♯

在全局配置模式下,可以对设备的配置进行设置。当然,在全局配置模式下,还有一些子模式,有些配置参数的设置,必须要进入子模式中才能完成。关于子模式,我们会在以后的学习中讲到。

如果希望从全局配置模式退到特权模式,可以使用 end 命令,或者使用 exit 命令,或者使用 CTRL-Z 快捷键返回特权模式。不论当前是全局配置模式,或者是全局配置模式的子模式下,只要执行 end 命令,就会退回到特权模式中。

表 2.2.1 是三种命令模式的使用命令。

表 2.2.1 命令模式

命令模式	提示符	进入方式	退回到前一级模式命令
用户模式	Switch>	访问设备时首先进入此模式	使用 exit 退出设备
特权模式	Switch♯	Switch>enable	exit、disable
全局配置模式	Switch(config)♯	Switch♯ configure terminal	exit、end

2) 命令简写

命令简写,是指在配置中不必输入完整的命令,只要输入的字符个数足以与同一模式下的其他命令相区别即可。这样无疑可以加快输入命令的速度。

例如,从用户模式进入特权模式,要输入的命令为 enable,但只需要输入 en 就可以了。从特权模式进入全局配置模式的完全命令为 configure terminal,但只要输入 conf t 就可以了。

Switch>en

Switch♯

例如,show running-config 命令可以写成:

Switch♯ sh run

如果输入的命令字符不足以让系统唯一地标识命令,系统会给出"Amibiguous command:"的提示。

3）使用帮助

在任何命令模式下，只要在提示符后输入"help"或"？"，即可显示该命令模式下，所有可以使用的命令及其用途。

图 2.2.1 是在特权模式下输入？得到的结果。屏幕底部的"—More—"，表示还有在当前屏幕不能显示出来的更多的帮助信息。对于 Cisco 设备，此时按空格键，则 IOS 会滚动显示下一屏；如果按回车键，则只向下滚动一行；按任何其他键，则中断帮助文本。

```
Switch#?
Exec commands:
  clear        Reset functions
  clock        Manage the system clock
  configure    Enter configuration mode
  connect      Open a terminal connection
  copy         Copy from one file to another
  debug        Debugging functions (see also 'undebug')
  delete       Delete a file
  dir          List files on a filesystem
  disable      Turn off privileged commands
  disconnect   Disconnect an existing network connection
  enable       Turn on privileged commands
  erase        Erase a filesystem
  exit         Exit from the EXEC
  logout       Exit from the EXEC
  more         Display the contents of a file
  no           Disable debugging informations
  ping         Send echo messages
  reload       Halt and perform a cold restart
  resume       Resume an active network connection
  setup        Run the SETUP command facility
  show         Show running system information
--More-- |
```

图 2.2.1　帮助键的使用

？还可以帮助显示命令参数及其用法。比如，输入"show　？"，会显示出 show 命令后可以跟的所有参数及其作用，如图 2.2.2 所示。

```
Switch#show ?
  access-lists        List access lists
  arp                 Arp table
  boot                show boot attributes
  cdp                 CDP information
  clock               Display the system clock
  crypto              Encryption module
  dhcp                Dynamic Host Configuration Protocol status
  dtp                 DTP information
  etherchannel        EtherChannel information
  flash:              display information about flash: file system
  history             Display the session command history
  hosts               IP domain-name, lookup style, nameservers, and host table
  interfaces          Interface status and configuration
  ip                  IP information
  ipv6                IPv6 information
  logging             Show the contents of logging buffers
  mac                 MAC configuration
  mac-address-table   MAC forwarding table
  mls                 Show MultiLayer Switching information
  port-security       Show secure port information
  privilege           Show current privilege level
  processes           Active process statistics
--More-- |
```

图 2.2.2　使用？查看 show 后面的参数及功能

另外，还有局部关键字的查找功能。这在只记得某个命令的前几个字符时，可以使用？来找出以这几个字符打头的所有命令。这个命令在忘记命令的完整写法，但记得命令的前几个字母时很有用。比如,输入"c?",结果如图 2.2.3 所示,列出当前模式下,所有以 c 打头的命令。

```
Switch#c?
clear  clock  configure  connect  copy
Switch#c
```

图 2.2.3   局部关键字查找功能

4) 命令补全键 Tab

当使用命令简写时,可以使用 Tab 键将命令自动补全。例如,我们输入 sh,然后按下 Tab 键,IOS 会帮助我们将 show 命令补全(见图 2.2.4)。

```
Switch#sh
Switch#show
```

图 2.2.4   命令补全

5) 使用命令的 no 和 default 选项

No:几乎所有的命令都有 no 选项,通常使用 no 选项来禁止某个特性或功能,或执行与命令本身相反的操作。例如:

Switch(config)#interface fastethernet 0/1

Switch(config-if)#shutdown   //使用 shutdown 关闭此接口

Switch(config-if)#no shutdown   //使用 no shutdown 打开此接口

default:将命令的设置恢复成默认值,大多数命令的默认值是禁止该功能,也有部分命令的默认值是允许该功能。

6) CLI 的提示信息

在命令行中,由于输入命令错误或参数不完全,系统会提示错误。常见的错误提示有:

% Ambiguous command:"show c"

用户没有输入足够的字符,设备无法识别唯一的命令。

% Incomplete command.

命令缺少必需的关键字或参数。

% Invalid input detected at ~ marker

输入的命令错误,符号^指明了产生错误的单词的位置。

7) 使用历史命令

另外,若想重新显示并执行前面执行过的命令,可以用"↑"键和"↓"键翻出历史命令,找到需要的那一条命令,然后按回车键执行就可以了。

2.2.3   交换机的基本配置

1) 配置主机名

(1) 配置主机名

模式:全局配置模式。

命令格式:

Switch(config)#hostname name

参数说明:

name:主机名,必须由可打印字符组成,长度不能超过 255 个字符。主机名一般会显示在提示符前面,显示时最多只显示 22 个字符。

(2) 删除配置的主机名

在全局配置模式下,用 no hostname 命令可删除配置的主机名,恢复默认值。

【配置举例】　将交换机命名为 S-1。

Switch>enable

Switch#configure terminal

Switch(config)#hostname S-1

S-1(config)#

2) 配置口令密码

我们可以在几个不同位置设置口令,以达到多重保护的目的。

控制台口令:当我们从连接在 Console 口的控制台登录设备时,需要输入控制台口令。由于控制台是一种本地配置方式,所以不设置这个口令影响也不大。

远程登录口令:当我们从网络中的计算机通过 Telnet 命令登录设备时,需要输入远程登录口令。远程登录是一种远程配置方式,这个口令应该设置。在大多数公司的网络设备中,如果没有设置远程登录口令,网络设备是不能用 Telnet 命令登录的。

特权口令:当我们登录设备后,从用户模式进入特权模式,需要输入特权口令。由于特权模式是进入各种配置模式的必经之路,在这里设置口令可有效防范非法人员对设备配置的修改。在许多网络设备中,特权模式可设置多个级别,每个级别可设置不同的口令和操作权限,你可以根据情况让不同人员使用不同的级别。在许多网络设备中,没有设置特权口令的设备也不能用 Telnet 命令登录。

在实际应用中,一般特权口令和远程登录口令是必需的,设置的口令不应该太简单,不同位置的口令也不应该相同。

(1) 配置控制台口令

控制台口令是通过控制台登录交换机或路由器时设置的口令。

模式:线路配置模式。

配置命令:

Switch(config)#line console 0

Switch(config-line)#password *password*

Switch(config-line)#login

说明:

line console 0 命令表示配置控制台线路,0 是控制台的线路编号。

password *password* 为控制台线路设置口令。

login 命令用于启用登录认证功能。

注意:如果没有执行 login 命令,即使配置了口令,登录时口令认证会被忽略。

(2) 配置远程登录口令

模式:线路配置模式。

配置命令:

Switch(config)#line vty 0 4

Switch(config-line)#password *password*

Switch(config-line)#login

说明：

line vty 0 4 命令表示配置远程登录线路，0～4 是远程登录的线路编号。第一个登录上来的线路号为 0，当第一个人没有退出时，第二个登录上来时，使用线路号为 1，依此类推。

password *password* 为远程登录线路设置口令。

login 命令用于启用登录认证功能。

【配置举例】　为交换机设置远程登录密码为 123：

Switch＞enable

Switch＃configure terminal

Switch(config)＃line vty 0 4

Switch(config-line)＃password 123

Switch(config-line)＃login

Switch(config-line)＃end

（3）配置特权口令

模式：全局配置模式。

配置命令：

设置特权模式口令的命令有 2 条。

命令 1：

Switch(config)＃enable password *password*

命令 2：

Switch(config)＃enable secret *password*

说明：

enable password *password* 命令配置的口令在配置文件中是用简单加密方式存放的。（有些种类的设备是用明文存放的）

enable secret *password* 命令配置的口令在配置文件中是用安全加密方式存放的。

以上两种口令只需要配置一种，如果两种都配置了，则两个口令不应该相同，且用 secret 定义的口令优先。

3）交换机文件管理

（1）running-config 文件与 startup-config 文件

running-config 文件与 startup-config 文件是交换机的两个重要文件。这两个文件的作用如下：

running-config 文件：运行配置文件，是设备在当前正在使用的配置文件，位于 RAM 中。如果没有保存，交换机断电后，内容会丢失。

startup-config 文件：启动配置文件，位于 NVRAM 中，交换机断电后，其内容不会丢失。当设备启动时，startup-config 文件会被逐条解释执行，并在执行的同时把 startup-config 文件复制到 running-config 文件中。

如果在交换机运行的过程中修改了配置，请注意将 running-config 文件保存成 startup-config 文件，否则，交换机断电后，修改后的配置不会起作用。

（2）查看配置文件

Switch＃show running-config

Switch＃show startup-config

（3）保存配置文件

保存配置文件就是把 running-config 保存为 startup-config。

命令 1：

Switch♯copy running-config startup-config

命令 2：

Switch♯write

write 命令与 copy running-config startup-config 命令的功能相同，它是人们习惯使用的一种简化写法。

> 说明：
>
> config.text 是配置文件在 NVRAM 中的文件名，它被删除后，再重启设备时会自动进入 setup 配置模式。

4）显示交换机的系统信息

交换机的系统信息主要包括：系统描述、系统通电时间、系统的硬件版本、系统的软件版本、系统的 Boot 层软件版本等。用户可以通过这些信息来了解该交换机系统的概况。

模式：特权模式。

配置命令：

Switch(config)♯show *version*

【配置举例】　显示交换机的设备和插槽的信息。

Switch(config)♯show *version* devices

Switch(config)♯show *version* slots

2.2.4　实训任务

（1）交换机的命令模式有哪几种？从功能上比较各个模式的不同？

（2）登录到交换机的用户模式，使用什么命令进入到特权模式？怎么从特权模式使用命令进入到全局配置模式下？

（3）请分别在用户模式、特权模式、全局配置模式下执行 show 命令，看一下有什么不同？想一下为什么会这样？

（4）如何为交换机设置一个加密的特权密码？

（5）现公司新进一台交换机，请你完成以下操作：

① 将交换机的名字配置为 switchA；

② 将控制台密码设置为 123，远程登录密码设置为 456，特权密码设置为 789，并要求特权密码在配置文件中对密码是加密的；

③ 将上面的配置保存在 startup-config 文件中；

④ 查看在用户模式下、特权模式下，可以执行的命令分别有哪些；

⑤ 查看现在生成的配置。

2.3　交换机的接口配置

本节内容

➤交换机的接口类型

➢交换机接口配置与应用

学习目标

➢理解交换机接口类型
➢理解并掌握交换机接口的配置与应用

2.3.1 交换机的接口

交换机的每个物理接口可处于表 2.3.1 中所示的模式中的一种。

表 2.3.1 交换机接口的工作模式

模式类型	层次	描述
Access Port	2 层口	实现 2 层交换功能，且只转发来自同一个 VLAN 的帧
Trunk Port	2 层口	实现 2 层交换功能，可转发来自多个 VLAN 的帧
L2Aggregate Port	2 层口	由多个物理接口组成的一个高速传输通道
Routed Port	3 层口	用单个物理接口构成的三层网关接口
SVI	3 层口	用多个物理接口构成的三层网关接口
L3Aggregate Port	3 层口	由多个物理接口组成的一个高速三层网关接口

默认情况下，交换机所有接口都被配置为二层的 Access Port 接口，所以如果一台没有经过配置的三层交换机可作为一台二层交换机直接使用。所有接口都属于 VLAN 1，所有接口默认都是激活的。

2.3.2 交换机接口配置的一般方法

配置接口时，可以配置单个接口，也可以成组配置多个接口。

1）配置单个接口

配置命令：

Switch(config)#interface port-ID
Switch(config-if)#配置接口参数

说明：

interface 命令用于指定一个接口，之后的命令都是针对此接口的。

interface 命令可以在全局配置模式下执行，此时会进入接口配置模式，它也可以在接口配置模式下执行，所以配置完一个接口后，可直接用 interface 命令指定下一个接口。

参数说明：

port-ID 是接口的标识，它可以是一个物理接口，也可以是一个 VLAN（此时应该把 VLAN 理解为一个接口），或者是一个 Aggregate Port。

【**配置举例**】 配置交换机的 IP 地址为 192.168.1.5，并把接口 fastethernet0/1 和 fastethernet0/2 设置为全双工模式。

Switch>enable
Switch#configure terminal
Switch(config)#interface vlan 1

Switch(config-if)♯ip address 192. 168. 1. 5 255. 255. 255. 0

Switch(config-if)♯interface f0/1

Switch(config-if)♯duplex full

Switch(config-if)♯interface f0/2

Switch(config-if)♯duplex full

Switch(config-if)♯end

Switch♯

2）成组配置接口

如果有多个接口需要配置相同的参数时，可以成组配置这些接口。

配置命令：

Switch(config)♯interface range *port-range*

Switch(config-if)♯配置接口参数

参数说明：

port-range 是接口的范围，它可以指定多个范围段，各范围段之间用逗号隔开。

说明：

port-range 指定接口范围可以是物理接口范围，也可以是一个 VLAN 范围。如：f0/1 - 6、vlan 2 - 4 等。

注意：在 interface range 中的接口必须是相同类型的接口。

【**配置举例**】　配置交换机的接口 fastethernet0/1～fastethernet0/12 的速度为 100Mbps，并把 fastethernet0/1～fastethernet0/3 和 fastethernet0/7～fastethernet0/10 分配给 VLAN2。

Switch>enable

Switch♯configure terminal

Switch(config)♯interface range f0/1 - 12

Switch(config-if)♯speed 100

Switch(config-if)♯interface range f0/1 - 3,0/7 - 10

Switch(config-if)♯switchport access vlan 2

Switch(config-if)♯end

Switch♯

2.3.3　交换机接口参数配置

1）配置接口描述

接口描述常用于标注一个接口的功能、用途等，有利于记录和了解网络拓扑。

模式：在接口配置模式中配置。

配置命令：

Switch(config)♯interface *interface-ID*

Switch(config-if)♯description *string*

interface 命令用于指定要配置的接口。参数 *interface-ID* 是接口的类型和编号。

description 命令用于设置此接口的描述文字。

说明：

接口描述的文字最多不得超过 32 个字符。

删除配置的描述：

Switch(config)♯interface *interface-ID*

Switch(config-if)♯no description

【配置举例】　为 fastethernet0/1 和 fastethernet0/2 配置了接口描述，这样可方便了解它们所连接的设备。

Switch＞enable

Switch♯configure terminal

Switch(config)♯interface f0/1

Switch(config-if)♯description to-PC1

Switch(config-if)♯interface f0/2

Switch(config-if)♯description to-Switch1

Switch(config-if)♯end

Switch♯

2）配置接口速率

交换机的接口都是具有多种速率的自适应接口，FastEthernet 接口有 10/100M 两种速率，GigabitEthernet 接口有 10/100/1000M 三种速率，默认情况下，它们用自协商方式确定各自的工作速率。用配置可指定它们只使用某一个固定速率。

模式：在接口配置模式中配置。

配置命令：

Switch(config)♯interface *port-ID*

Switch(config-if)♯speed *10 | 100 | 1000 | auto*

参数说明：

interface 命令：用于指定要配置的接口。指定的接口可以是物理接口或 Aggregate Port 接口。

speed 命令：用于设置此接口的速率。

10——10Mbps，100——100Mbps，1000——1000Mbps（只能用于 GigabitEthernet 接口），auto——使用自协商模式（默认值）。

当接口速率不是 auto 时，自协商过程被关闭，此时要求与该接口相连的设备必须支持此速率。

删除配置的速率：

Switch(config)♯interface *port-ID*

Switch(config-if)♯no speed

删除配置的速率后，此接口的速率默认为 auto。

3）配置接口的双工模式

模式：在接口配置模式中配置。接口的双工模式默认为 auto。

配置命令：

Switch(config)♯interface *port-ID*

Switch(config-if)♯duplex *auto | half | full*

4）禁用/启用交换机接口

交换机的所有接口默认是启用的，此时接口的状态为 Up。如果禁用了一个接口，则该接口不能收发任何帧，此时接口的状态为 Down。

模式：在接口配置模式中配置。

禁用指定接口：

Switch(config)♯interface *port-ID*

Switch(config-if)♯shutdown

启用指定接口：

Switch(config)♯interface *port-ID*

Switch(config-if)♯no shutdown

5）查看交换机接口信息

在特权模式下，用 show interfaces 命令可查看交换机指定接口的设置和统计信息。

模式：特权模式。

命令格式：

Switch♯show interfaces [*port-ID*] [*counters | description | status | switchport | trunk*]

参数说明：

port-ID：可选，指定要查看的接口，可以是物理接口、VLAN 或 Aggregate Port 接口。

counters：可选，只查看接口的统计信息。

description：可选，只查看接口的描述信息。

status：可选，查看接口的各种状态信息，包括速率、双工等。

switchport：可选，查看 2 层接口信息，只对 2 层口有效。

trunk：可选，查看接口的 trunk 信息。

如果未指定参数，则显示所有接口信息。

2.3.4　实训任务

在模拟器中建立如下的拓扑结构图，请完成如下配置：

（1）对于交换机 Switch0 作如下配置：

➢管理 IP：192.168.1.2；

➢端口 f0/1 的描述为：to pc0；

➢端口 f0/1 的描述为：to switch1。

（2）对于交换机 switch1 作如下配置：

➢管理 IP：182.168.1.3；

➢端口 f0/1 的描述为：to pc1；

➢端口 f0/2 的描述为：to switch0。

（3）Pc0 的 IP 地址为：192.168.1.1，Pc1 的 IP 地址为：192.168.1.4。

（4）在 Switch0 查看各端口的状态，当前处于 up 的端口有哪些？

（5）在 Switch0 上查看 f0/1 的状态如下：

Switch♯sh int f0/2

FastEthernet0/2 is up, line protocol is up（connected）

　Hardware is Lance, address is 0090.210a.c101（bia 0090.210a.c101）

BW 100000 Kbit，DLY 1000 usec，

      reliability 255/255，txload 1/255，rxload 1/255

  Encapsulation ARPA，loopback not set

  Keepalive set（10 sec）

  Full-duplex，100Mb/s

input flow-control is off，output flow-control is off

ARP type：ARPA，ARP Timeout 04：00：00

Last input 00：00：08，output 00：00：05，output hang never

Last clearing of "show interface" counters never

Input queue：0/75/0/0（size/max/drops/flushes）；Total output drops：0

Queueing strategy：fifo

Output queue：0/40（size/max）

5 minute input rate 0 bits/sec，0 packets/sec

5 minute output rate 0 bits/sec，0 packets/sec

    956 packets input，193351 bytes，0 no buffer

    Received 956 broadcasts，0 runts，0 giants，0 throttles

    0 input errors，0 CRC，0 frame，0 overrun，0 ignored，0 abort

    0 watchdog，0 multicast，0 pause input

    0 input packets with dribble condition detected

    2357 packets output，263570 bytes，0 underrun

    0 output errors，0 collisions，10 interface resets

    0 babbles，0 late collision，0 deferred

    0 lost carrier，0 no carrier

    0 output buffer failures，0 output buffers swapped out

请说明上面各行的含义。

（6）从 PC0 上 ping 一下 PC1，观察连通情况。

（7）查看两台交换机端口的速率的默认设置，当端口速率如下时，PC0 与 PC1 的连通情况。

Switch0		Switch1		PC0 与 PC1 的连通情况
F0/1	F0/2	F0/2	F0/1	
auto	auto	auto	auto	
10	100	auto	auto	
10	100	100	10	
10	100	10	100	
100	10	10	100	

（8）将交换机的端口速率恢复到默认设置，查看两台交换机端口的默认的双工模式。

Switch0		Switch1		PC0 与 PC1 的连通情况
F0/1	F0/2	F0/2	F0/1	

Switch0		Switch1		PC0 与 PC1 的连通情况
auto	full	auto	auto	
full	half	half	auto	
half	full	half	auto	

（9）如果现在发现 PC1 是非法接入的 PC，网络管理员应如何通过交换机的端口设置来禁止 PC1 连网？

2.4　交换机的管理 IP 与远程登录

本节内容
　➢交换机管理 IP 地址
　➢交换机远程登录的配置与应用

学习目标
　➢理解交换机管理 IP 地址的作用
　➢理解并掌握远程登录交换机的配置与应用

2.4.1　交换机的管理 IP 及其配置

网络管理员对网络中的交换机进行管理时，如果每次都要走到交换机前才可以进行，这是不可思议的。通常是对交换机配置管理 IP 地址，这样可以远程登录到交换机，然后根据需要对交换机进行管理。

3 层交换机在每个 3 层口上都可以设置 IP 地址，这里所说的管理 IP 是指为一台新交换机设置一个 IP 地址，使它可以正常访问并管理，将来再根据实际应用配置各 3 层口的 IP 地址。

新出厂的交换机在用控制台登录时，可以进行一些基础配置，其中就包括管理 IP，应该在此处配置 IP 地址等参数。

1）配置或修改管理 IP

如果需要修改管理 IP，可以在登录后用命令行进行修改。

Switch(config)♯interface vlan 1

Switch(config-if)♯ip address *IP-address Subnet-mask*

说明：

interface 命令用于把管理 IP 指定给 VLAN 1。

ip address 命令用于设置 IP 地址和子网掩码。

通常我们把管理 IP 指定给 VLAN1，因为在初始时，所有接口都属于 VLAN1，这样就可以通过任意一个接口管理交换机了。

【配置举例】　配置交换机的管理 IP 为 192.168.1.5/24。

Switch>enable

Switch♯configure terminal

Switch(config)♯interface vlan 1

Switch(config-if)#ip address 192.168.1.5 255.255.255.0

Switch(config-if)#end

2）删除管理 IP

Switch(config)#interface vlan 1

Switch(config-if)#no ip address

3）配置交换机默认网关

当交换机接收到一个不知该发往何处的数据报时，就把该数据报发往默认网关。

只有 2 层设备才需要配置默认网关，3 层设备是通过配置路由把数据报发送出去的。

Switch(config)#ip default-gateway *IP-address*

2.4.2　交换机的 Telnet 的配置

1）远程登录条件

一台交换机能够通过 Telnet 远程登录的必要条件如下：

➢交换机已经配置了 IP 地址；

➢交换机已经配置了远程登录密码；

➢交换机已经配置了特权密码；

➢交换机已经接入网络并开始工作，也即登录电脑与交换机在网络上是可通的。

2）开启和禁止远程登录

关闭 Telnet Server：

　　Switch(config)#no enable service telnet-server

开启 Telnet Server：

　　Switch(config)#enable service telnet-server

说明：Cisco Packet Tracer 模拟器中远程登录服务默认是开启的，且不支持设置。

3）限制远程登录访问（此功能 Cisco Packet Tracer 模拟器暂不支持）

当 Telnet Server 开启时，我们可以配置允许远程登录的 IP 地址，这样，可以限制用户只能从指定计算机远程登录交换机。

命令格式：

Switch(config)#service telnet host *host-ip*

参数：

host-ip 为允许远程登录的用户的 IP 地址。

说明：

可以多次使用此命令设置多个允许远程登录的合法用户 IP。如果不配置此项，默认是不限制使用者的 IP 地址。

删除配置的 Telnet 限制：

　　Switch(config)#no service telnet host *host-ip*

此命令只删除指定的 IP。

　　Switch(config)#no service telnet host

此命令删除所有的 IP。

4）设置远程登录的超时时间

当用 Telnet 登录交换机后，如果在设定的超时时间内没有任何输入，交换机会自动断开该连接，所以设置超时时间有一定的保护作用。

Telnet 的超时时间默认为 5 min，可以用命令修改它。

Switch(config)♯line vty 0

Switch(config-line)♯exec-timeout time

参数：

time 为设置的超时时间，单位为秒，取值为 0～3 600，如果设置为 0，表示不限定超时时间。

说明：

必须先用 line vty 命令进入远程登录的线路模式再配置超时时间。

删除配置的 Telnet 超时时间：

　　Switch(config-line)♯no exec-timeout

删除后，超时时间恢复为默认的 5 min。

5）查看 Telnet Server 的状态

在特权模式下，用 show service 命令可以查看 Telnet Server 是否已被禁用。

Cisco Packet Tracer 模拟器的 show 命令暂不支持 service 参数。

2.4.3　实训任务

【实验背景】

现在 2 台交换机 Switch0 与 Switch1，一台 PC 机（PC0），Switch0 的端口 1 与 Switch1 的端口 1 连；Switch0 的端口 2 与 PC0 相连，拓扑图如图 2.4.1 所示。

PC-PT　　　　　　　2950-24　　　　　　　2950-24
PC0　　　　　　　　Switch0　　　　　　　 Switch1

图 2.4.1　网络拓扑结构图

【实验任务】

要求完成下面的配置：

（1）对 Switch0 作如下配置：

➤交换机名：Switch0

➤管理 IP 地址：192.168.1.2　子网掩码：255.255.255.0

➤远程登录口令：star21

➤特权口令：star22

➤端口 1 的描述：S2

➤保存配置

（2）对 Switch1 如下配置：

➤交换机名：Switch1

➤管理 IP 地址：192.168.1.3　子网掩码：255.255.255.0

➤远程登录口令：star31

➤特权口令：star32

➤端口 1 的描述：S1

➤保存配置

（3）从 Switch0 远程登录到 Switch1 上，将 Switch1 的交换机名改为 Switch3。

（4）将 PC0 的 IP 地址设置为 192.168.1.4，从 PC0 上远程登录到 Switch3，将交换机名改为 Switch4。

3 交换网络设计

学习目标

➢理解并掌握对等网络的设计与实现
➢理解并掌握网络中 VLAN 设计与实现
➢理解并掌握三层交换
➢掌握利用三层交换机实现 VLAN 间的互连

3.1　小型办公网络设计

本节内容

➢小型办公网络及组网设备
➢交换机的互连技术
➢小型办公网络的设计与实现

学习目标

➢理解小型办公网络及其组网设备
➢掌握交换机的级联与堆叠的工作机制及实现
➢掌握小型办公室网络的配置与应用

3.1.1　小型办公网络及其组网设备

1）小型办公网络

小型办公网络，是指通过网络设备将一个或几个相邻的办公场所的计算机连接起来，以达到办公区域内部相互通信和资源共享目的的小型局域网络。

小型办公网络中的电脑的 IP 地址都在同一个网段中，也即小型办公网络是一个单一网段的简单局域网。连网设备主要是集线器（Hub）或交换机。从性能上看，交换机会更好。由于当前交换机的普遍使用，现实中一般都是使用交换机。

2）集线器与冲突域

集线器是一个物理层的连网设备，集线器对帧没有识别能力，在接到数据信号后，对数据信号进行整形、放大后，以广播形式发送到除接收端口外的其他所有端口。集线器内部以总线形式构成,每一个具体时刻只能有一个端口发送数据,其他端口只能接收数据,所有用户共享端口带宽,所有端口在一个冲突域和一个广播域中。

冲突域是指一个网络范围,在这个范围内同一时间内只能有一个设备可以发送数据,如果2台以上设备同时发送数据,就会发生数据冲突,那么这个网络范围就称为一个冲突域。集线器的所有端口在一个冲突域中,由集线器构成的网络,所有的设备在一个冲突域中。

3) 以太网交换机与广播域

二层以太网交换机是一个数据链路层的设备,二层以太网交换机是一个多端口的透明网桥,采用反向学习的方式建立起自己的 MAC 地址表,以太网交换机根据 MAC 地址表对帧进行转发。以太网交换机对帧有识别功能,能对网络中的流量起到过滤的作用。

以太网的反向学习功能是指以太网交换机从某端口收到某帧,通过查看此帧的源 MAC,就知道与源 MAC 对应的设备在某端口连接的网段中,于是向 MAC 地址表中填入一条 MAC 地址与端口对应的表项。这种通过方式称为交换机的反向学习功能。

广播域是指一个网络范围,在这个范围内发送一个广播包,这个范围内的所有设备都可以收到此广播包。默认情况下,通过交换机连接的网络是一个广播域。交换机的每一个端口是一个单独的冲突域。

4) 集线器与交换机的区别

集线器与交换机的区别可以从以下几个方面进行:

(1) 工作层次:集线器工作在物理层,交换机工作在数据链路层。

(2) 工作原理:集线器对帧没有识别能力,对所有接收到的信号都做广播处理,用集线器连接的网络属于同一个冲突域;交换机对帧具有过滤功能,交换机的每一个端口是一个冲突域,默认情况下,用交换机连接的网络属于同一个广播域。

3.1.2　交换机的互连技术

当单一的交换机所能提供的端口数量不足以满足网络计算机的需求时,就需要增加模块或通过两台以上的交换机互连来达到目的。多台交换机的互连方式主要有级联(Uplink)和堆叠(Stack)。

1) 交换机的级联

级联(Uplink)是指用双绞线或光纤电缆将两台或多台交换机连接起来,以达到扩展网络,增加交换机端口的目的(见图 3.1.1)。

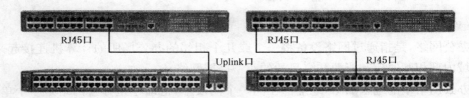

图 3.1.1　交换机的级联

交换机级联可以通过普通 RJ45 端口、Uplink 端口或光纤端口进行。很多交换机都提供Uplink 端口,Uplink 端口是专门用来与其他交换机级联的端口。如果交换机没有 Uplink 端口,也可以通过普通端口相互级联。

当前很多交换机会提供光纤端口,可以通过光纤端口进行级联。在网络工程实际应用中,核心交换机、汇聚交换机以及接入交换机之间一般都采用这种级联方式。

进行级联的交换机可以是不同厂商不同品牌的交换机。交换机级联在理论上没有级联个数的限制。但如果级联的交换机数量过多,且又没有进行相关设置的话,可能会引起广播风暴,导致网络性能严重下降甚至瘫痪。另外,如果级联层次过多,将出现较大的延时,所以在级联时,应注意级联层数的控制。

相互级联的 2 台交换机之间的距离可以相对较远,一般只受连接电缆的电气特性的限制。使用双绞线来级联交换机,可以有 100 m 的传输距离。使用光纤(如果不是光纤端口,可以加配光电转换器设备),可以获得更远的传输距离。

2)交换机的堆叠

堆叠(Stack)是指多台交换机之间,通过专用的堆叠模块和堆叠线缆相互连接起来的连接方式。相互堆叠起来的多台交换机组成一个堆叠单元。交换机堆叠可以增加用户端口;交换机堆叠通过堆叠模块与堆叠线缆在交换机之间建立一条较宽的宽带链路,可以比交换机级联更好地在各交换机端口间进行数据传输。另外,交换机堆叠可以将多台交换机作为一台大的交换机,进行统一管理。

一个堆叠单元内的交换机的数量限制。在进行交换机堆叠时,一个堆叠单元可以包含的交换机有数量上限制。一般情况下,各个厂家的设备会标明最大堆叠个数,比如 4 到 9 台。

构建堆叠单元的交换机的限制。由于不同厂商的交换机在实现技术上的差异,一般情况下,不同厂商的交换机难以相互堆叠在一起。组成堆叠单元的交换机一般是同一厂商的同一款交换机。

堆叠交换机之间的距离限制。进行交换机堆叠时,由于堆叠电缆有长度限制,一般小于 1.5 m。所以,使用堆叠技术级联的交换机只能在一个机架上。堆叠技术只适用于增加交换机的端口数量。

交换机堆叠的连接方式。交换机堆叠有两种方式:菊花链式和星形式。星形式堆叠是采用一台交换机作为堆叠中心,其他交换机通过堆叠模块与该交换机连接在一起。菊花链式就是将交换机一个一个地串接起来,每台交换机都只与自己相邻的交换机进行连接。为了防止某台交换机、堆叠模块或电缆发生故障,而造成整个网络通信的中断,一般会在首尾两台交换机之间再连接一条堆叠电缆作为链路冗余。当某一台交换机发生故障时,冗余电缆立即被激活,从而保障网络的通畅。图 3.1.2 所示为菊花链式堆叠。

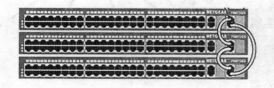

图 3.1.2 交换机的菊花链式堆叠

3)级联与堆叠的区别

交换机级联与堆叠的主要目的是增加密度,但二者在工作机制与实现上,有些一不同。

(1)实现的方式不同

级联可以通过电缆在任何网络设备厂商的交换机之间、集线器之间、交换机与集线器之间实现。堆叠只能在同一厂商的设备之间,且此设备必须具有堆叠功能才可实现。

（2）设备数目限制不同

交换机的级联在理论上没有级联数量限制，集线器级联有数量限制，且 10 Mbps 与 100 Mbps 的要求不同。堆叠时各个厂商的设备会标明最大堆叠数量。

（3）连接后性能不同

级联是交换机通过某个端口，比如 Uplink 端口，与其他交换机的普通端口相连。级联是有上下级关系的，多个设备级联会产生级联瓶颈。当级联层次较多时，级联就会产生较大的延时，且每层的性能不同，最底层的性能最差。堆叠是通过交换机的背板连接起来的，它是一种建立在芯片级上的连接，交换机任意两端口之间的延时是相等的，即为每一台交换机的延时。

（4）连接后逻辑属性不同

级联后的交换机，在逻辑上是独立的。如果要对级联后的交换机进行管理，必须单独连接到要管理的交换机上。当多台交换机堆叠在一起组成一个堆叠单元后，从逻辑上来说，它们就相当于一台设备了。如果交换机要对一个堆叠单元的交换机进行设置，只要连接到任何一台交换机上，就可以看到堆叠单元中其他的交换机。

（5）连接距离限制不同

交换机级联的连接距离可以相对较远。使用双绞线时可达 100 m，使用光纤可以更长。交换机堆叠的连接距离很近，堆叠线缆最长一般也只有几米，一般堆叠的交换机都处于同一个机柜中。

3.1.3　小型办公网络的组建与配置

1）项目背景

A 办公区域内的 5 台计算机需要通过交换机（或集线器）连接起来组成一个小型办公局域网络，其中 1 台计算机作为服务器使用，其余 4 台计算机作为客户机使用。共享资源放在服务器的 D:\Share 目录中。服务器上连接一台打印机，作为办公室共用的打印机。

2）网络设计与部署

（1）网络拓扑设计（见图 3.1.3）

这个办公网络是一个典型的星形网络，各计算机都通过双绞线连接到交换机（或集线器）上。一般交换机上都会配置几个高速端口，比如普通端口为 100 Mbps 的交换机，一般都会配置 1～2 个 1 000 Mbps 的端口，可以将服务器与交换机上的高速端口连接。

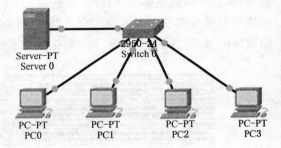

图 3.1.3　网络拓扑结构

（2）网络设备的安装与配置

将交换机安装到机柜中。由于这个办公网络中的所有设备都在一个网段中，所以交换机不需要进行任务配置，只保持在默认配置状态下就可以。

（3）制作双绞线，将网络设备（交换机或集线器）与各计算机连接起来。

（4）规划 IP 地址

PC0:192.168.1.1,子网掩码 255.255.255.0；

PC1:192.168.1.2,子网掩码 255.255.255.0；

PC2:192.168.1.3,子网掩码 255.255.255.0；

PC3：192.168.1.4，子网掩码 255.255.255.0；

服务器：192.168.1.250，子网掩码 255.255.255.0。

（5）计算机上配置 TCP/IP 参数

在 Windows XP 中打开"开始"—"连接"—"所有连接"，右击"本地连接"，打开"属性"对话框。在"属性"选择"Internet 网络协议（TCP/IP）"，如图 3.1.4 所示。

图 3.1.4　本地连接

在"本地属性"对话框中，选择打开"Internet 网络协议（TCP/IP）"的属性，如图 3.1.5 所示。

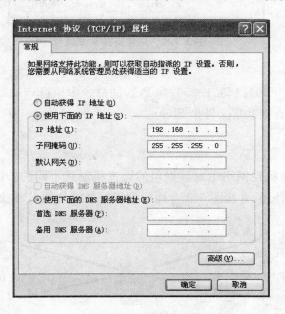

图 3.1.5　IP 地址设置

选择"使用下面的 IP 地址"，根据 IP 地址规划方案，设置各计算机的 IP 地址。

（6）计算机之间的连通性测试

第 1 步：在 PC0 的命令行窗口中，执行命令 C:\IPCONFIG /all，查看计算机的 IP 地址是否与规划相同。

第 2 步：在 PC0 的命令行窗口中，执行命令 C:\PING 192.168.1.2，如果能 ping 通，表明 PC0 与 PC1 之间连通状态良好。然后逐一 ping 每一台计算机，检测连通性。

（7）在服务器上，将文件夹 D:\Share 设置为共享

在服务器上，在文件夹 D:\Share 上点击鼠标右键，打开文件夹属性，选择"共享"，将文件夹设置为"网络共享和安全"，出现图 3.1.6 所示界面。

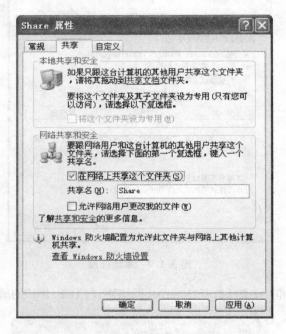

图 3.1.6　文件夹共享设置

（8）共享验证

服务器的 IP 地址为 192.168.1.250，在 PC0 的命令中执行\\192.168.1.250，即可打开服务器上的共享资源，可看到共享文件夹 Share。

3.3.4　实训任务

（1）集线器与交换机在网络中对数据包的转发机制是不同的。请在 Cisco Packet Tracer 中，实现下面的网络拓扑图，并按图 3.1.7 所示配置好各设备的 IP 地址。

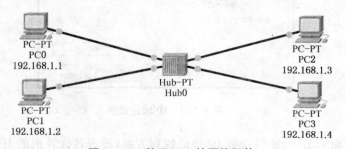

图 3.1.7　基于 Hub 的网络拓扑

基于 Switch 的网络拓扑如图 3.1.8 所示。

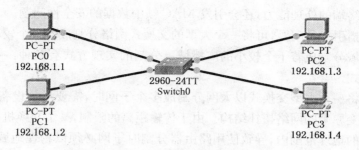

图 3.1.8 基于 Switch 的网络拓扑

请在上面两种拓扑下,将模拟器的状态切换到模拟状态下,在 PC0 上 ping PC3。

① 观察数据的传送情况有何不同?

② 分析为什么会这样的原因?

(2) A 学校欲建一个计算机多媒体实验室,实验室中计划配置 82 台电脑,其中包括 1 台文件服务器,1 台教师机,80 台学生机。请完成以下工作:

① 构建此多媒体实验室需要哪些网络设备? 需要多少台什么型号的交换机?

② 请分析使用交换机级联与使用交换机堆叠来组建网络,在网络性能上有什么不同?

③ 请画出多媒体实验室的网络拓扑结构图。

④ 请对多媒体实验室进行 IP 地址规划。

⑤ 请对电脑进行 TCP/IP 配置,让网络可以互通。

3.2 VLAN 设计与配置

本节内容

➤VLAN 及其工作机制

➤单交换机 VLAN 的配置

➤跨交换机多 VLAN 的配置

学习目标

➤理解 VLAN 及其工作原理

➤理解交换机端口类型与 Trunk

➤理解并掌握交换机 VLAN 的配置及应用

➤理解并掌握跨交换机多 VLAN 的配置及应用

3.2.1 VLAN 及其工作机制

1) 传统网络的问题

传统的交换式以太网,交换机的每一个端口是一个单独的冲突域,解决了集线器组网的传输距离的限制问题。但交换机的数据转发机制使得交换机会无条件地转发广播帧,也即用交换机连接的所有设备在一个广播域中。在一个交换式以太网中,如果连网设备数量较多,很可能出现大量高层协议通过广播实现数据传输,交换机转发 MAC 帧的操作过程也使得大量单播

MAC 帧以广播方式传输,这些以广播方式传输的 MAC 帧到达广播域内的每个终端,这不仅浪费了链路带宽和终端的处理能力,还会引发 MAC 帧中数据的安全性问题。

为了解决广播引发的问题,可将一个大型的交换式网络分割成若干个较小的子网。也即将一个大型的广播域分割成若干个较小的广播域。分割的实现方式有两种:一是路由器方式;二是虚拟局域网方式。

使用路由器将一个大型交换式以太网分割成多个子网时,需要增加设备(即路由器),路由器的添加也会改变原来的网络拓扑结构。由于传输距离的限制,某个交换机所连接的终端必须局限在相对较小的地理范围内,导致使用路由器分割时子网必须以物理地域作为划分单位;另外,使用路由器分割子网时,网络一旦设计和实施完成,增加或删除一个子网,或者重新划分子网都是一个十分不容易的事。

使用虚拟局域网来分割广播域,直接在交换机上进行设置,不需要添加新设备而改变原有的网络拓扑结构;使用虚拟局域网分割广播域时,每个子网中的终端具有地理位置无关性。所以,虚拟局域网方式分割广播域更加灵活。

2) 虚拟局域网

虚拟局域网,即 VLAN(Virtual Local Area Network),是在交换局域网的基础上,使用软件划分出来的与物理位置无关的逻辑网络;是一种通过将交换局域网内的设备逻辑地而不是物理地划分成一个个网段,从而实现虚拟工作组的技术。

一个 VLAN 就是一个逻辑工作组。一个 VLAN 是一个逻辑广播域;它可以是一个交换机的部分端口,也可以是多个交换机的多个设备,允许处于不同地理位置的网络用户加入到一个逻辑子网中。每一个 VLAN 的帧都有一个标识符,指明发送这个帧的工作站是属于哪一个 VLAN。VLAN 具有以下特征:

(1) VLAN 与物理位置无关。VLAN 可以跨越交换机,连接在不同交换机上的设备可以属于同一个 VLAN;连接在同一个交换机上的不同设备,可以属于不同的 VALN。

(2) VLAN 可以隔离广播。同一个 VLAN 中的广播只有本 VLAN 的成员才能听到,不会传输到其他 VLAN 中去。也即每一个 VLAN 就是一个广播域。可以通过划分 VLAN 的方法来限定广播域,防止广播风暴的发生。

(3) VLAN 之间的主机通信必须通过路由器或三层交换机。在三层交换机上可以通过 SVI 接口进行 VLAN 间的 IP 路由。

(4) VLAN 可以提高网络安全性、简化网络管理,同时也使得网络的建设和扩展变得方便。VLAN 建立与重组十分灵活。在一个 VLAN 中增加、删除、修改用户时不必从物理位置调整网络。

3) VLAN 的分类

根据 VLAN 的划分方式,可将 VLAN 分为基于端口的 VLAN、基于 MAC 地址的 VLAN、基于 IP 地址的 VLAN、基于 IP 组播的 VLAN 等。

(1) 基于端口的 VLAN

基于端口的 VLAN 是指由网络管理员将交换机的某些端口分配给某个 VLAN,建立端口与 VLAN 之间的对应关系。每一个 VLAN 可以包含任意的交换机端口组合。一般情况下,每一个端口只能分配给一个 VLAN,不可以同时属于多个 VLAN。基于端口的 VLAN 划分方式也称为静态 VLAN,是最常用的一种划分 VLAN 的方式。目前绝大多数支持 VLAN 协议的交换机都提供这种 VLAN 的配置方法。本书只介绍基于端口的 VLAN 的划分与使用。

基于端口的 VLAN 的优点是定义 VLAN 成员简单、安全且容易配置与维护。缺点是如果某用户离开了原来的端口，到了另一个新的交换机的某个端口，需要重新定义。

（2）基于 MAC 地址的 VLAN

基于 MAC 地址的 VLAN 是指根据用户主机的 MAC 地址来划分 VLAN，即建立 MAC 地址与 VLAN 之间的对应关系。每个 MAC 地址的主机都配置它属于一个 VLAN。

这种划分方式的优点是：一是支持 VLAN 成员的物理位置的动态漫游。当用户从一个物理位置移动到另一个物理位置时，自动保留其所属 VLAN 的成员身份，VLAN 不用重新配置。二是由于 MAC 地址具有全球唯一性，因此这种 VLAN 划分方式的安全性较高。

这种划分方式的缺点是：在进行 VLAN 划分时，如果用户较多，配置较烦琐，网络管理员的工作量将较大。

（3）基于 IP 地址的 VLAN

基于 IP 地址的 VLAN 是指根据用户主机的 IP 地址来划分 VLAN，即建立 IP 地址与 VLAN 之间的对应关系。每个 IP 地址的主机都配置它属于一个 VLAN。在这种方式下，位于不同 VLAN 的多个部分均可同时访问同一台网络服务器，也可同时访问多个 VLAN 的资源，还可让多个 VLAN 间的连接只需一个路由端口即可。

这种划分方式的优点是：一是当某一用户主机的 IP 地址改变时，交换机能够自动识别，重新定义 VLAN，不需要管理干预；二是有利于在 VLAN 交换机内部实现路由，也有利于将动态主机配置技术（DHCP）结合起来。

这种划分方式的缺点是：一是由于 IP 地址可以人为地、不受约束地自由设置，因此，使用该方式划分 VLAN 也会带来安全上的隐患。二是效率要比基于 MAC 地址的 VLAN 差。因为查看三层 IP 地址比查看两层 MAC 所消耗的时间多。

（4）基于 IP 组播的 VLAN

基于 IP 组播的 VLAN 是指动态地把那些需要同时通信的端口定义到一个 VLAN 中，并在 VLAN 中用广播的方法解决点对多点通信的问题，即认为一个 IP 组播组就是一个 VLAN。

这种划分方式将 VLAN 扩大到了广域网，具有更大的灵活性，很容易通过路由器进行扩展，主要适用于不在同一地理范围的局域网用户组成一个 VLAN。

4）跨交换机的 VLAN 与 Trunk

在划分 VLAN 的情况下，只有连接到属于一个 VLAN 的端口上的计算机才可以相互通信。如果一个 VLAN 跨越多个交换机，那么不同交换机上属于同一个 VLAN 的设备如何通信呢？简单的思路是用线缆将分布各个交换机上的同一个 VLAN 连接起来，如图 3.2.1 所示。

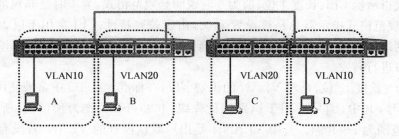

图 3.2.1 跨交换机的 VLAN 的连接

　　但上面的方式有一个很明显的缺陷,即每个 VLAN 互连要花费两个端口。当上面两个交换机上同时划分多个 VLAN 时,用于连接的端口开销将会很大。有没有通过一条链路来实现不同交换机之间的同一个 VLAN 间的通信呢? 这就是 Trunk 链路。

　　Trunk 链路可以为多个 VLAN 传送流量。Trunk 链路两端的端口称为 Trunk 端口。比如图 3.2.2 所示,要使两台交换机上的同属于 VLAN10 的 A 和 D、同属于 VLAN20 的 B 和 C 可以相互通信,只需要在每台交换机上设置一个 Trunk 端口,然后将这两个 Trunk 端口连接起来形成一条 Trunk 连接就可以了。

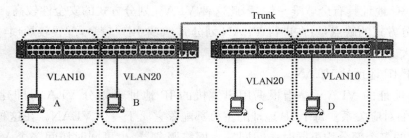

图 3.2.2　使用 Trunk 实现跨交换机的 VLAN 通信

　　为了识别来自不同 VLAN 的帧,需要对帧打上标签。打标签的方法有多种,比如思科的私有协议 ISL,IEEE 802.1Q 等。当前的国标标准是 IEEE802.1Q,IEEE802.1Q 规定在以太网的帧格式中的源 MAC 地址后插入 4 个字节的 VLAN 标签,如图 3.2.3 所示。

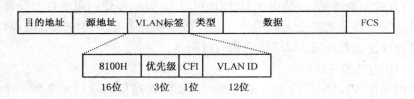

图 3.2.3　IEEE802.1Q 帧格式

　　IEEE802.1Q VLAN 标签主要包括了 TPID 和 TCI 两个字段:

　　(1) TPID(Tag Protocol Identifier,标签协议标识符):长度为 16 位,用于说明给此帧打标签的协议类型。当值为 8100H 时,表明给该帧打标签的是 IEEE 802.1Q/802.1P。

　　(2) TCI(Tag Control Information,标签控制信息):长度为 16 位,包括用户优先级(User Priority)、规范格式指示器(Canonical Format Indicator)和 VLAN ID。

　　用户优先级:长度 3 位,共有 8 个优先级别。IEEE 802.1P 为 3 比特的用户优先级位定义了操作。主要用于当交换机发生阻塞时,优先发送优先级高的数据包。

　　规范格式指示器 CFI:长度 1 位,值为 0 时说明是规范格式,为 1 时是非规范格式。在以太网交换机中,规范格式指示器总是被设置为 0。由于兼容特性,CFI 常用于以太网类型网络和令牌环类型网络之间,如果在以太网端口接收到一个 CFI 值等于 1 的帧,那么该帧不会在一个未标记的端口进行转发。

　　VLAN ID:长度 12 位,是对 VLAN 的识别字段,在标准 802.1Q 中常被使用。该字段可支持 4096 个编号,其中,编号 0 用于识别帧优先级,4095(FFF)作为预留值,所以可供使用的 VLAN 编号范围为 1~4094。其中 VLAN 1 是出厂默认设置的 VLAN,若没有对交换机进行配置,则所有的端口都属于 VLAN 1,VLAN 1 是不可删除的 VLAN。

5）VLAN 中的端口

在使用 VLAN 的情况下，交换机上的端口可以分为以下类型：访问端口（Access Port）和主干端口（Trunk Port）。

访问端口（Access Port）：这种端口只能属于一个 VLAN，并且是通过手工设置指定 VLAN 的，这个端口不能从另外 VLAN 接收信息，也不能向其他 VLAN 发送信息。在大多数情况下，访问端口连接的是客户机。如果访问端口连接是交换机或集线器，那么其下连的交换机或集线器所连接的设备，都属于访问端口所属的 VLAN。交换机出厂时，默认所有端口都是访问端口，都属于 VLAN 1。

主干端口（Trunk Port）：默认情况下，主干端口属于本交换机所有 VLAN，能够转发所有 VLAN 的帧。也可以通过设置许可 VLAN 列表（Allowed-VLANS）来加以限制。Trunk 端口应当在相互连接的两台交换上分别设置，否则 Trunk 将无法生效。

3.2.2 单交换机 VLAN 的配置

1）单交换机 VLAN 的主要设置步骤

单交换机 VLAN 的主要设置步骤有：

（1）在交换机上创建 VLAN；

（2）将交换机的端口划归到指定的 VLAN 中。

2）VLAN 的基本配置

（1）创建或修改 VLAN

模式：全局配置模式。

命令格式：

Switch(config)＃vlan *vlan-id*

参数说明：

vlan-id：是要创建或修改的 VLAN ID 号，范围为 1～4094.

说明：

vlan 命令用于指定一个 VLAN，如果指定的 VLAN ID 不存在，则创建这个 VLAN。如果 VLAN ID 存在，则进入此 VLAN 的 VLAN 配置模式中，并在 VLAN 配置模式中可以对 VLAN 的一些属性进行修改。

（2）定义 VLAN 的名称

模式：VLAN 配置模式。

命令格式：

Switch(config-vlan)＃name *vlan-name*

参数说明：

vlan-name：是要给此 VLAN 取的名字。

说明：

name 命令用于给 VLAN 定义一个名字。如果没有这一步，系统会自动命名为 VLAN xxxx，其中 xxxx 是以 0 开头的 4 位 VLAN ID 号。比如，VLAN0007 就是 VLAN 7 的默认名字。

如果想把 VLAN 的名字改回默认名字，只需在 VLAN 配置模式下输入 no name 命令即可。

（3）删除一个 VLAN

模式：全局配置模式。

命令：

Switch(config)♯no vlan *vlan-id*

参数说明：

vlan-id：是要删除的 VLAN 的 ID 号。

说明：

VLAN 1 不能删除。

（4）向 VLAN 中添加一个 Access 端口

模式：接口配置模式。

命令：

Switch(config)♯interface *port-id*

Switch(config-if)♯switchport access vlan *vlan-id*

参数说明：

port-id：欲加入到 VLAN 中的端口号。

vlan-id：端口欲加入的 VLAN 的 ID。

说明：

interface 命令用于指定一个接口，这个接口只能是物理接口。

switchport 命令用于把该接口分配给指定的 VLAN。如果指定的 VLAN 不存在，则创建这个 VLAN。

【**配置举例**】　定义一个 ID 为 20 的 VLAN，将此 VLAN 命名为 bangong，并把 FastEthernet0/1 和 FastEthernet0/2 指派给这个 VLAN。

Switch＞enable

Switch♯configure terminal

Switch(config)♯vlan 20　　　　　　//创建编号为 20 的 VLAN

Switch(config-vlan)♯name bangong　　　　//将这个 VLAN 命名为 bangong

Switch(config-vlan)♯exit　　//退回到全局配置模式

Switch(config)♯interface f0/1　　//进入 FastEthernet0/1 的配置子模式

Switch(config-if)♯switchport access vlan 20　　//将此端口以 access 方式加入

Switch(config-if)♯interface f0/2

Switch(config-if)♯switchport access vlan 20

Switch(config-if)♯end

Switch♯

（5）向 VLAN 中添加多个 Access 端口

模式：接口配置模式。

命令：

Switch(config)♯interface range　*port-id* 范围

Switch(config-if)♯switchport access vlan *vlan-id*

参数说明：

port-id 范围：欲加入到 VLAN 中的端口号范围。

vlan-id：端口欲加入的 VLAN 的 ID。

【配置举例】 如果在上例中,要将 FastEthernet0/1、FastEthernet0/2、FastEthernet0/6 指派给这个 VLAN 20,可使用下面的命令来实现。

Switch(config)♯interface range f0/1-2, f0/6

Switch(config-if-range)♯switchport access vlan 20

Switch(config-if-range)♯end

Switch♯

(6) 查看 VLAN 信息

模式：特权模式。

命令：

Switch♯show vlan [*vlan-id*]

参数说明：

vlan-id：是要查看的 VLAN 的 ID,此参数可选。如果没有此参数,将显示所有 VLAN 的信息。

功能说明：此命令将显示 VLAN 的 ID、名称,以及划分到 VLAN 中的端口号等信息。

【配置举例】 查看当前 VLAN 的信息。

Switch♯show vlan

3.2.3 跨交换机多 VLAN 的配置

当网络中的交换机存在多个 VLAN,要实现跨交换机相同 VLAN 之间的通信时,要将在交换机互连的端口配置成 Trunk 端口。跨交换机实现不同 VLAN 间的通信,则要借助于路由器或三层交换机,并进行相关设置。本节只讨论第一种情况的配置方法。

1) 将端口配置成 Trunk 端口

模式：接口配置模式。

命令：

Switch(config)♯interface *port-id*

Switch(config-if)♯switchport mode trunk

参数说明：

port-id：要配置成 Trunk 端口的端口 ID。

【配置举例】 将交换机的 FastEthernet0/24 配置成 Trunk 端口。

Switch(config)♯interface fastethernet0/24

Switch(config-if)♯switchport mode trunk

在思科的一些交换机上配置 Trunk 端口时,可能还需要指明标签协议。因为思科的交换机支持的 VLAN 标签协议有 ISL、IEEE802.1Q 等。比如在 Cisco Packet Tracer 模拟器中的三层交换机 3560 上配置实现上面的配置时,需要加上一条指定标签协议的命令。

Switch(config)♯interface fastethernet0/24

Switch(config-if)♯switchport trunk encapsulation dot1q

Switch(config-if)♯switchport mode trunk

上面的第二条命令明确指定标签采用 IEEE 802.1Q。

2) 定义 Trunk 接口的许可 VLAN 列表

一个 Trunk 接口默认配置是可以传输本交换机支持的所有的 VLAN(1~4094)的流量,可以通过设置 Trunk 接口的许可 VLAN 列表,来限制某些 VLAN 不能通过这个 Trunk 接口,但是不能将 VLAN 1 从许可 VLAN 列表中移出。

模式:接口配置模式。

命令:

switchport trunk allowed vlan {all | [remove | except]} vlan-list

参数说明:

vlan-list 是指 VLAN 列表,其中可以是一个 VLAN,也可以是一系列 VLAN,中间用减号连接,如"10 - 20";all 表示许可 VLAN 列表包含所有支持的 VLAN;add 表示将指定 VLAN 列表加入许可 VLAN 列表;remove 表示将指定 VLAN 列表从许可 VLAN 列表中删除;except 表示将除指定 VLAN 列表以外的所有 VLAN 加入许可 VLAN 列表。

若将当前 Trunk 接口许可 VLAN 列表改为默认许可所有 VLAN 的状态,可以使用 no switchport trunk allowed vlan 命令。

【配置举例】 将 VLAN 20 从 FastEthernet0/24 的 Trunk 许可列表中删除。

Switch(config)#interface fastethernet0/24

Switch(config-if)#switchport trunk allowed vlan remove 20

Switch(config-if)#

3) 配置 Native VLAN

IEEE802.1Q 主干端口支持来自多个 VLAN 的流量(有标签流量),也支持来自 VLAN 以外的流量(无标签流量)。IEEE 到 802.1Q 主干端口会将无标签流量发送到 Native VLAN。如果交换机端口配置了 Native VLAN,则连接到该端口的计算机将产生无标签流量。每个 Trunk 接口默认 Native VLAN 是 VLAN 1,在配置 Trunk 链路时,需要配置连接链路两端的 Trunk 接口属于相同的 Native VLAN。

模式:接口配置模式。

命令:switchport trunk native vlan *vlan-id*

说明:

将接口的 Native VLAN 配置为 vlan-id 所指示的 VLAN。

【配置举例】 将 VLAN 20 配置为 Native VLAN。

Switch(config-if)#switchport trunk native vlan 20

3.2.4 综合案例

某单位设有生产部与技术部,两个部门的计算机分散地连接在两台交换机 SwitchA 和 SwitchB 上,现要求分散在两台交换机上的同属一个部门的计算机可以相互通信,且不同部门的计算机之间隔离广播。

【方案设计】

由于生产部与技术部的 PC 分散连接在交换机 SwitchA 和 SwitchB 上,且要隔离两个部门 PC 间的广播。所以,设置 2 个 VLAN,即 VLAN 10 与 VLAN 20,分别对应于生产部与技术部。两个交换机之间建立 Trunk 连接以实现不同交换机上相同 VLAN 间的通信。网络拓扑图如图 3.2.4 所示。

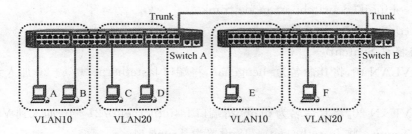

图 3.2.4　网络拓扑及 VLAN 划分图

具体的 VLAN 设计与 IP 规划如表 3.2.1 所示：

表 3.2.1　VLAN 设计与 IP 规划表

VLAN ID	VLAN Name	IP 网段	默认网关	说　明
10	shengchan	192.168.1.0/24	192.168.1.254	生产部
20	jishu	192.168.2.0/24	192.168.2.254	技术部

交换机 SwitchA 与 SwitchB 的具体规划如下：

VLAN 10：fastethernet 0/1 - 20

VLAN 20：fastethernet 0/21 - 40

Trunk：fastethernet 0/48

【具体配置】

1）配置交换机 SwitchA

（1）创建 VLAN 10，将其命名为 shengchan，将端口 fastethernet 0/1 - 20 加入到 VLAN 10 中。

SwitchA(config)♯vlan 10

SwitchA(config-vlan)♯name shengchan

SwitchA(config-vlan)♯exit

SwitchA(config)♯interface range f0/1-20

SwitchA(config-if-range)♯switchport access vlan 10

SwitchA(config-if-range)♯exit

SwitchA(config)♯

（2）创建 VLAN 20，将其命名为 jishu，将端口 fastethernet 0/21 - 40 加入到 VLAN 20 中。具体命令与上面相似。

SwitchA(config)♯vlan 20

SwitchA(config-vlan)♯name jishu

SwitchA(config-vlan)♯exit

SwitchA(config)♯interface range f0/21 - 40

SwitchA(config-if-range)♯switchport access vlan 20

SwitchA(config-if-range)♯exit

SwitchA(config)♯

（3）配置 Trunk。将 fastethernet 0/48 设置为 Trunk 口。

SwitchA(config)♯interface fastethernet 0/48

SwitchA(config-if)♯switchport mode trunk

SwitchA(config-if)♯

2) 配置交换机 SwitchB

(1) 创建 VLAN 10,将其命名为 shengchan,将端口 fastethernet 0/1－20 加入到 VLAN 10 中。

(2) 创建 VLAN 20,将其命名为 jishu,将端口 fastethernet 0/21－40 加入到 VLAN 20 中。

(3) 配置 Trunk。将 fastethernet 0/48 设置为 Trunk 口。

以上具体配置命令与 SwitchA 相同,故略。

3) 验证

(1) 将图 3.2.4 中的各 PC 的 IP 地址与子网掩码按照规划的网段配置好。假设 A、B、E 分别为 192.168.1.1、192.168.1.2、192.168.1.3;C、D、F 分别为 192.168.2.1、192.168.2.2、192.168.2.3。

(2) 可以发现同属于 VLAN 10 的 A、B、E 可以相互 ping 通;同属于 VLAN 20 的 C、D、F 也可以相互 ping 通。但属于 VLAN 10 的 A、B、E 与属于 VLAN 20 的 C、D、F 之间是不通的。(VLAN 间的相互通信,需要通过路由器或三层交换机)

(3) 如果只让同属于 VLAN 10 的 A、B、E 可以相互通信;禁止同属于 VLAN 20 的 C、D 与 F 之间的通信,可以在 Trunk 端口配置 VLAN 许可列表。命令如下:

Switch(config)♯interface fastethernet　0/48

Switch(config-if)♯switchport trunk allowed vlan remove 20

设置后,可以发现从 C、D 就 ping 不通 F 了,但 A、B、E 之间仍然可以相互 ping 通。

3.2.5　实训任务

(1) 为什么要在网络中设置 VLAN,即 VLAN 主要有什么作用?

(2) 实现 VLAN Trunk 连接的标准有哪些?

(3) 单交换机的 VLAN 配置:现有交换机 Catalyst 2950—24 一台,将端口 1—4 设置为 VLAN10;将端口 5—8 设置为 VLAN20,PC 机 A、B、C、D 分别连接在此交换机的 1、3、5、7 端口上,它们的 IP 地址分别是:

A:192.168.1.1　　　B:192.168.1.2　　　C:192.168.2.1　　　D:192.168.2.2

具体要求:

① 在模拟器中实现上述配置;

② 查看 VLAN 的划分及各 VLAN 所有的端口的情况;

③ 分别用 A 去 ping 计算机 B 与 C,记录 ping 的结果,并说明为什么会有这样的结果。

(4) 在模拟器中搭建拓扑结构如图 3.2.5 所示的网络:

SwitchA 与 SwitchB 都是 Catalyst 2950－24,二者的端口 24 用来互连,A、B、C、D 四台 PC 分别连接在 SwitchA 的端口 1、3、5、7;E、F、G、H 四台 PC 分别连接在 SwitchB 的端口 1、3、5、7;A、B、E、F 都属于 VLAN 10,它们的 IP 地址分别是:192.168.1.1、192.168.1.2、192.168.1.3、192.168.1.4;C、D、G、H 属于 VLAN 20,它们的 IP 地址分别是:192.168.2.1、192.168.2.2、192.168.2.3、192.168.2.4。

要求:

① 在模拟器中完成上述配置;

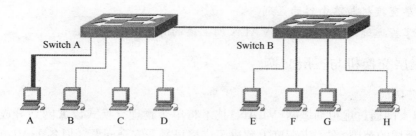

图 3.2.5 网络拓扑结构图

② 在 A 上去 ping 计算机 B、C、E、G;结果如何? 分析原因?

③ 要使得 B 能 ping 通 F,D 能 ping 通 H,你应该如何配置? 请完成相关的配置。

(5) A 企业的机构与各机构的电脑数量分布如下:销售部 30 台电脑,技术部 30 台电脑,办公室 10 台电脑、财务部 10 台电脑。现在组网要求如下:

① 各部门各自在一个独立的广播域中;同一个部门内的电脑之间可以相互访问,不同部门之间的电脑之间的访问是可以控制的;

② 如果现在使用 24 口的交换机来连网,需要几台交换机,请画出网络拓扑图;

③ 作出 VLAN 的设计、IP 规划,并完成下表:

VLAN ID	VLAN Name	IP 网段	默认网关	说明

④ 为每个交换机规划 IP 地址、远程登录口令、特权口令,并完成下表;

交换机名称	IP 地址	远程登录口令	特权口令	说明

⑤ 在模拟器上,按照上面的规划进行配置:

a. 让位于不同交换机上的销售部的电脑可以相互 ping 通;

b. 交换机之间可以相互远程登录。

3.3 三层交换机及 VLAN 间互连

本节内容

➢三层交换机与三层交换

➢三层交换机与路由器的区别

➢三层交换机的配置与 VLAN 间的互连

学习目标

➢理解三层交换机的工作机制

➤掌握三层交换机与路由器的区别

➤理解并掌握通过三层交换实现 VALN 间互连的配置与应用

3.3.1　三层交换机与三层交换

1）三层交换机

交换式以太网通过虚拟局域网（VLAN）技术将单个物理交换式以太网划分成多个虚拟局域网，限定广播域的范围，在一定程度上解决了广播风暴与安全问题。但各个 VLAN 在逻辑上是相互独立的，VLAN 之间相互通信需要借助第三层的设备路由器才可以实现。由于 VLAN 的特殊性，路由器端口有限，路由速率较慢，限制了网络的规模和访问速率，所以路由器并不是互连 VLAN 的最佳设备。基于这种情况，三层交换机应运而生。

三层交换机主要由两部分组成：支持 VLAN 划分的二层交换结构和路由模块，两者之间通过背板完成信息交换。二层交换结构就像普通以太网交换机一样，用目的 MAC 检索转发表，根据转发表给出的路由信息转发 MAC 帧。路由模块上运行路由协议，建立路由表，实现 IP 分组的转发；并且，路由模块还用 IP 分组的源、目的 IP 地址以及下一跳的源、目的 MAC 地址等信息构建三层转发表。利用三层转发表，三层交换机可以实现一次路由、多次转发，极大地加快了大型局域网内部的数据交换。

2）二层转发与三层转发

在三层交换机中有两个转发表：二层转发表、三层转发表。

二层转发表中的每一项的功能有两个方面：一是用于指定端口所属的 VLAN；二是用于指明通往目的终端的传输路径。二层转发表的格式是：＜VLAN，MAC 地址，端口＞，VLAN 字段指出端口所属的 VLAN，MAC 地址字段给出目的终端的 MAC 地址，端口字段给出以 MAC 地址字段值为目的 MAC 地址的 MAC 帧的输出端口。

二层转发的流程如下：

（1）同一个 VLAN 中的两台 PC 通信时，发送者首先通过 ARP 得到接收者的 MAC 地址，然后将接收者的 MAC 地址填入到数据帧的目的 MAC 地址字段，封装成帧后，将帧发送出去。

（2）交换机收到数据帧后，通过查询二层转发表，找出输出端口，然后将此帧通过转发端口转发数据帧。

三层路由与转发的流程如下：

（1）当使用三层交换机来实现不同 VLAN 之间的路由时，发送者发送给另一个 VLAN 中的接收者的数据帧，首先要将数据帧发给默认网关，默认网关的 MAC 地址是三层交换机上的特殊地址。

（2）当三层交换机收到目的 MAC 是特殊 MAC 地址的帧后，会将此帧转发给三层交换机的路由模块。路由模块从中分离出 IP 分组，用该 IP 分组中的目的 IP 地址检索路由表，根据匹配的路由项确定下一跳的 IP 地址和输出端口所属的 VLAN，通过 ARP 地址解析协议获取下一跳结点的 MAC 地址。

（3）将该 MAC 帧重新封装成以表明发送端是路由模块的特殊 MAC 地址为源 MAC 地址、以下一跳结点 MAC 为目的 MAC 地址、以输出端口所属 VLAN 为 VLAN ID 的 MAC 帧，通过检索二层转发表确定输出端口，通过输出端口输出该 MAC 帧。

（4）三层地址学习创建三层转发表的转发项。三层交换机会将通过路由模块得出的信息

＜目的 IP 地址,源 MAC 地址,目的 MAC 地址,输出端口,输出端口所在 VLAN＞等信息存入三层转发表中。如果以后继续接收到相同的目的 IP 地址的 IP 分组,无需路由模块进行路由操作,直接通过目的 IP 地址检索三层转发表,重新获取将该 IP 分组封装成 MAC 帧所需的全部信息和用于输出该重新封装的 MAC 帧的端口。

三层交换机收到数据帧后的处理流程:

(1) 如果帧中的目的 MAC 地址不是特殊 MAC 地址,对此帧进行二层交换操作,根据查询二层转发表的结果进行转发处理;

(2) 如果目的 MAC 地址是特殊 MAC 地址,进行三层转发操作,分离出帧的 IP 分组,查询三层转发表,根据检索到的信息,对帧重新封装后转发出去。

(3) 如果在三层转发表中没有找到与目的 IP 地址相匹配的三层转发项,则将该 MAC 帧转发给路由模块进行处理。

3.3.2　三层交换机与路由器的主要区别

三层交换机与路由器的区别主要有:

(1) 数据转发的依据不同。三层交换机的三层交换主要是依据物理地址(即 MAC 地址)来确定转发数据的目的地址;路由器依据不同的 IP 地址来确定数据转发的地址。

(2) 数据转发所需要的时间不同。三层交换机的三层交换是通过查表完成,可由硬件完成,延时小,速率快。路由器的三层数据转发延时相对较长。

(3) 三层交换机在路由选择协议种类的支持上,在数据过滤及信息安全方面的能力上,相对路由器较弱。另外,路由器一般还提供防火墙的服务,这是三层交换机一般不具备的。

(4) 三层交换机适用于大型局域网,可以有效地减小广播风暴的危害,加强网络安全,并且快速实现 VLAN 间的互连。路由器可提供不同网络间的最佳路由,一般在局域网与公网互连实现跨地域的网络访问时,会使用专业的路由器。

3.3.3　三层交换机的配置与 VLAN 间的互连

1) 逻辑的交换机虚拟接口(SVI 口)

三层交换机提供两种类型的三层接口:逻辑三层接口(交换机虚拟接口)、物理三层接口。

逻辑三层接口,也即交换机虚拟接口(Switch Virtual Interface,SVI),是指为交换机中的 VLAN 创建的虚拟三层接口,交换机虚拟接口 SVI 是联系二层 VLAN 的 IP 接口,一个交换机虚拟接口 SVI 对应一个 VLAN,当需要路由虚拟局域网之间的流量,以及提供 IP 主机到交换机的连接的时候,就需要为相应的虚拟局域网配置相应的交换机虚拟接口,其实 SVI 就是指通常所说的 VLAN 接口,只不过它是虚拟的,用于连接整个 VLAN,所以通常也把这种接口称为逻辑三层接口。

(1) 创建 SVI 接口

创建 SVI 接口,其实就是给一个 VLAN 配置一个 IP 地址,其方法步骤如下:

模式:全局配置模式。

命令:

Switch(config)＃interface vlan *vlan-id*

Switch(config-if)＃ip address *IP-address Subnet-Mask*

Switch(config-if)＃no shutdown

说明：

interface 命令用于指定一个 VLAN，进入 SVI 接口配置模式。

ip address 命令用于给这个 VLAN 设置 IP 地址和子网掩码，使它成为 SVI 接口。

no shutdown 命令用于启动 SVI 接口。

（2）取消 SVI

只要将 SVI 的 IP 地址删除，即可取消 SVI 接口。

模式： 全局配置模式。

命令：

Switch(config)#interface vlan *vlan-id*

Switch(config-if)#no ip address

说明：

上面的命令将取消对 *vlan-id* 所指定的 SVI 接口。

2）启动/关闭三层交换机上的路由功能

模式： 全局配置模式。

命令： Switch(config)#ip routing

说明：

启动三层交换机的路由功能，此功能默认情况下是打开的。如果要关闭三层交换机的路由功能可使用以下的命令。

Switch(config)#no ip routing

【配置举例 1】　VLAN20 中包含了 FastEthernet0/1 和 FastEthernet0/2 两个接口，现为 VLAN20 配置一个 SVI。

Switch>enable

Switch#configure terminal

Switch(config)#interface f0/1

Switch(config-if)#switchport access vlan 20

Switch(config-if)#interface f0/2

Switch(config-if)#switchport access vlan 20

Switch(config-if)#interface vlan 20

Switch(config-if)#ip address 192.168.10.1 255.255.255.0

Switch(config-if)#end

Switch#

【配置举例 2】　利用 SVI 来实现 VLAN 间的互连。网络拓扑结构如图 3.3.1 所示。

现三层交换机上有 2 个 VLAN：VLAN 10 和 VLAN 20。端口 FastEthernet 0/1-10 属于 VLAN 10，分配给 VLAN 10 的网段为 192.168.1.0/24，PC0、PC1 分别连接到交换机的 FastEthernet 0/1、FastEthernet 0/2 端口。端口 FastEthernet 0/11-20 属于 VLAN 20，分配给 VLAN 20 的网段为 192.168.2.0/24。PC2、PC3 分别连接到交换机的 FastEthernet 0/11、FastEthernet 0/12 端口。

现要求实现 VLAN 10 与 VLAN 20 之间能够相互通信。具体配置如下：

（1）在交换机上创建 VLAN 10 和 VLAN 20，并将相应的端口划分到 VLAN 中。

Switch(config)#vlan 10

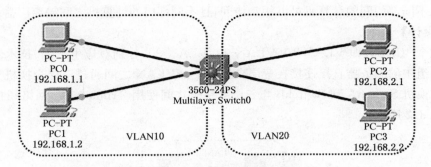

图 3.3.1 使用 SVI 实现 VLAN 间的互连

Switch(config-vlan)♯exit

Switch(config)♯interface range fastethernet 0/1－10

Switch(config-if-range)♯switchport access vlan 10

Switch(config-if-range)♯exit

Switch(config)♯vlan 20

Switch(config-vlan)♯exit

Switch(config)♯interface range fastethernet 0/11－20

Switch(config-if-range)♯switchport access vlan 20

Switch(config-if-range)♯exit

（2）配置各 PC 的 TCP/IP 参数。

按图 3.3.1 所示配置各 PC 的 IP 地址,子网掩码都为 255.255.255.0。VLAN 10 中的默认网关为 192.168.1.254;VLAN 20 中的默认网关为 192.168.2.254。

完成上面的配置后,同一个 VLAN 间的设备可以相互 ping 通。即 PC0(192.168.1.1)与 PC1(192.168.1.2)可以相互 ping 通,PC2(192.168.2.1)与 PC3(192.168.2.2)也可以相互 ping 通。但 VLAN 10 中的 PC0、PC1 与 VLAN 20 中的 PC2、PC3 之间却不可以 ping 通。

（3）在三层交换机上分别为 2 个 VLAN 设置 SVI 口。

Switch(config)♯interface vlan 10

Switch(config-if)♯ip address 192.168.1.254 255.255.255.0

Switch(config-if)♯no shutdown

Switch(config-if)♯exit

Switch(config)♯interface vlan 20

Switch(config-if)♯ip address 192.168.2.254 255.255.255.0

Switch(config-if)♯no shutdown

Switch(config-if)♯exit

（4）启动三层路由功能。

Switch(config)♯ip routing

（5）完成 SVI 的配置后,VLAN 10 与 VLAN 20 之间可以相互通信了。

现在 PC0、PC1、PC2、PC3 之间都可以相互 ping 通了。

【配置举例 3】 A 企业内设有生产部与技术部,两个部门的计算机分散地连接在两台交换机 SwitchA 和 SwitchB 上,另外,企业网络中还设有一组服务器,为所有部门提供数据支持服务。现要求不同部门间的计算机可以相互访问,且不同部门的计算机之间隔离广播。

【方案设计】

设置三个 VLAN,即 VLAN 10、VLAN 20、VLAN 30,分别对应生产部、技术部与服务器组。服务器组中的服务器直接连接在三层交换机上。VLAN 之间通过三层交换机实现三层交换互连。交换机 SwitchA 和 SwitchB 与三层交换机之间使用 Trunk 连接,网络拓扑及 VLAN 规划如图 3.3.2 所示。

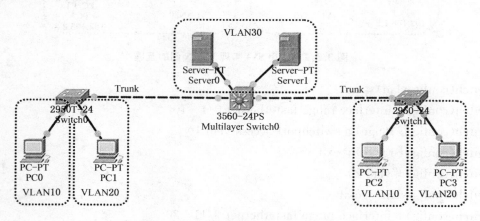

图 3.3.2　网络拓扑及 VLAN 规划图

各 VLAN 参数配置与 IP 规划如表 3.3.1 所示。

表 3.3.1　VLAN 设计与 IP 规划表

VLAN ID	VLAN Name	IP 网段	默认网关	说明
10	shengchan	192.168.1.0/24	192.168.1.254	生产部
20	jishu	192.168.2.0/24	192.168.2.254	技术部
30	server	192.168.3.0/24	192.168.3.254	服务器组

交换机 SwitchA 与 SwitchB 的具体规划如下:

VLAN 10:FastEthernet 0/1 - 10

VLAN 20:FastEthernet 0/11 - 20

Trunk:fastethernet 0/24

三层交换机规划如下:

VLAN10、VLAN20、VLAN30。其中 VLAN 30 包含端口 FastEthernet 0/11 - 20

Trunk:FastEthernet 0/1、FastEthernet 0/2 分别连接交换机 SwitchA 与 SwitchB。

【具体配置】

(1) 交换机 SwitchA 的配置具体如下:

SwitchA(config)♯vlan 10

SwitchA(config-vlan)♯name shengchan

SwitchA(config-vlan)♯exit

SwitchA(config)♯interface range f0/1 - 10

SwitchA(config-if-range)♯switchport access vlan 10

SwitchA(config-if-range)♯exit

SwitchA(config)♯vlan 20

SwitchA(config-vlan)♯name jishu

SwitchA(config-vlan)♯exit

SwitchA(config)♯interface range f0/11 - 20

SwitchA(config-if-range)♯switchport access vlan 20

SwitchA(config-if-range)♯exit

SwitchA(config)♯interface fastethernet 0/24

SwitchA(config-if)♯switchport mode trunk

SwitchA(config-if)♯

（2）交换机 SwitchB 的配置与 SwitchA 相同,略。

（3）三层交换机上进行配置 VLAN、Trunk、SVI 接口、启动三层交换等配置如下：

① 创建 VLAN,并命名

SwitchC(config)♯vlan 10

SwitchC(config-vlan)♯name shengchan

SwitchC(config-vlan)♯exit

SwitchC(config)♯vlan 20

SwitchC(config-vlan)♯name jishu

SwitchC(config-vlan)♯exit

SwitchC(config)♯vlan 30

SwitchC(config-vlan)♯name server

SwitchC(config-vlan)♯exit

② 将端口划分到 VLAN 30 中

SwitchC(config)♯interface range f0/11 - 20

SwitchC(config-if-range)♯switchport access vlan 30

SwitchC(config-if-range)♯exit

③ 配置 Trunk 接口

SwitchC(config)♯interface fastethernet 0/1 - 2

Switch(config-if)♯switchport trunk encapsulation dot1q

SwitchC(config-if)♯switchport mode trunk

SwitchC(config-if)♯ exit

④ SVI 接口设置,并启用

Switch(config)♯interface vlan 10

Switch(config-if)♯ip address 192. 168. 1. 254 255. 255. 255. 0

Switch(config-if)♯no shutdown

Switch(config-if)♯exit

Switch(config)♯interface vlan 20

Switch(config-if)♯ip address 192. 168. 2. 254 255. 255. 255. 0

Switch(config-if)♯no shutdown

Switch(config-if)♯exit

Switch(config)♯interface vlan 30

Switch(config-if)＃ip address 192.168.3.254 255.255.255.0

Switch(config-if)＃no shutdown

Switch(config-if)＃exit

⑤ 启动三层路由功能

Switch(config)＃ip routing

（4）按照规划设计，配置 VLAN 中各计算机的 TCP/IP 参数，且将默认网关配置成所在 VLAN 的 SVI 接口的 IP 地址。

（5）验证。通过各 VLAN 间的 PC 互 ping，如果能够 ping 通，说明配置成功。

3）物理三层接口

在三层交换机上的每个端口默认状态是物理二层端口，但可以将端口设置为物理三层接口，通过物理三层端口可以在三层交换机上实现类似传统路由的功能，实现端口间的路由。

配置物理三层端口的步骤：

（1）启动 IP 路由

Switch(config)＃ip routing

（2）指定欲配置的接口，可以是物理接口，也可以是 EtherChannel

Switch(config)＃interface 端口 ID

（3）将物理二层接口转换为物理三层接口

Switch(config-if)＃no switchport

（4）为该接口配置 IP 地址信息

Switch(config-if)＃ip address IP 地址 子网掩码

（5）启动该物理三层接口

Switch(config-if)＃no shutdown

【配置举例 4】 利用三层交换机的物理三层接口来实现网络互连。

网络拓扑结构如图 3.3.3 所示，Switch1 上连着 PC0 与 PC1，IP 地址分别为 192.168.1.1 与 192.168.1.2，Switch2 上连着 PC2 与 PC3，IP 地址分别为 192.168.2.1 与 192.168.2.2，三层交换机 3560 的端口 1 与端口 2 分别与 Switch1、Switch2 相连，此时用 PC0 去 ping 计算机 PC1 和 PC2，观察连通情况，可以发现 PC0 与 PC2 之间是不通的。现在要求通过设置中间的三层交换机让 Switch1 上的网络 1 的 PC0 与 Switch2 的网络 2 的 PC2 之间相互连通。

图 3.3.3　网络拓扑图

（1）在三层交换机上作如下配置

Switch(config)＃ip routing　　　　　　　　　//启动 IP 路由

Switch(config)＃interface f0/1　　　　　　　//指定要配置的接口

Switch(config-if)♯no switchport　　　　//配置为物理三层接口
Switch(config-if)♯ip address 192.168.1.254　255.255.255.0
Switch(config-if)♯no shutdown　　　　//启用此物理三层接口
Switch(config-if)♯exit
Switch(config)♯interface f0/2　　　　//指定要配置的接口
Switch(config-if)♯no switchport　　　　//配置为物理三层接口
Switch(config-if)♯ip address 192.168.2.254　255.255.255.0
Switch(config-if)♯no shutdown　　　　//启用此物理三层接口
Switch(config-if)♯exit

（2）配置网络 1 与网络 2 的默认网关

将 PC0、PC1 的默认网关设定为 192.168.1.254；

将 PC2、PC3 的默认网关设定为 192.168.2.254。

（3）用 PC0 去 ping 计算机 PC2 查看连通情况

3.3.4　实训任务

（1）三层交换机与二层交换机在结构上有什么不同？

（2）请说明三层交换机是如何实现 VLAN 间的互连的？

（3）在模拟器中搭建如图 3.3.4 所示的拓扑结构的网络。

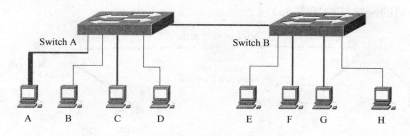

图 3.3.4　网络拓扑图

SwitchA 与 SwitchB 都是 Catalyst 3560—24，两者的端口 24 用来互连，A、B、C、D 四台 PC 分别连接在 SwitchA 的端口 1、3、5、7；E、F、G、H 四台 PC 分别连接在 SwitchB 的端口 1、3、5、7。A、B、E、F 属于 VLAN10，它们的 IP 地址分别是：192.168.1.1、192.168.1.2、192.168.1.3、192.168.1.4；C、D、G、H 属于 VLAN20，它们的 IP 地址分别是：192.168.2.1、192.168.2.2、192.168.2.3、192.168.2.4；

任务如下：

① 在模拟器中完成上述配置；

② 现在在上面的基础上，进行配置以实现 A 能与 B、C、E、G 之间都能 ping 通。

（4）某公司的网络结构如下：

市场部：20 台 PC，PC 都连在 Switch0 上；

人事部：10 台 PC，PC 都连在 Switch1 上；

公关部：10 台 PC，PC 都连在 Switch1 上；

财务部：10 台 PC，PC 都连在 Switch2 上；

经理办公室：10 台 PC，PC 都连在 Switch2 上；

网络中心及服务器管理中心,10 台 PC,PC 都连在 3560 上;

交换机的管理网段为一个独立的网段。

任务如下:

① 在模拟器上,按照上面的需求,搭建网络拓扑结构;

② 为方便管理,每个部门一个独立网段,并以此规划 VLAN、IP,并完成下表:

VLAN ID	VLAN Name	IP 网段	默认网关	说明

③ 为每个交换机规划 IP 地址、远程登录口令、特权口令,并完成下表;

交换机名称	IP 地址	远程登录口令	特权口令	说明

④ 在模拟器中,按照上面的规划设计对交换机进行配置,让各部门的 PC 之间可以相互通信,并且可以通过任何部门的 PC 都可以登录到交换机上,对交换机进行管理。

(5) 某公司的网络结构如图 3.3.5 所示。

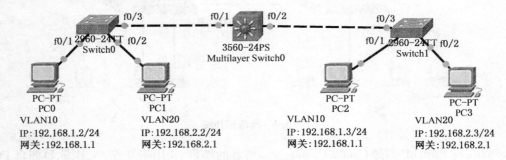

图 3.3.5　网络拓扑图

现在在 Switch0 上的配置如下:

Switch0(config)♯vlan 10

Switch0(config)♯vlan 20

Switch0(config)♯int f0/1

Switch0(config-if)♯switchport access vlan 10

Switch0(config)♯int f0/2

Switch0(config-if)♯switchport access vlan 20

Switch0(config)♯int f0/3

Switch0(config-if)♯switchport mode trunk

```
Switch(config-if)#int vlan 10
Switch(config-if)#ip add 192.168.1.1 255.255.255.0
Switch(config-if)#exi

Switch(config-if)#int vlan20
Switch(config-if)#ip add 192.168.2.1 255.255.255.0
Switch(config-if)#exi
```

Switch1 上的配置如下：
```
Switch0(config)#vlan 10
Switch0(config)#vlan 20

Switch0(config)#int f0/1
Switch0(config-if)#switchport access vlan 10

Switch0(config)#int f0/2
Switch0(config-if)#switchport access vlan 20

Switch0(config)#int f0/3
Switch0(config-if)#switchport mode trunk
```

3560 上的配置如下：
```
Switch(config)#vlan 10
Switch(config)#vlan 20

Switch(config)#int range f0/1-2
Switch(config-if)#switchport   trunk encapsulation dot1q
Switch0(config-if)#switchport mode trunk

Switch(config)#ip routing
```

存在的问题：
在完成上面的配置后,各 PC 的 IP 参数也如上图所示,但发现 PC0 与 PC1 之间不能相互 ping 通。

任务如下：
请查找原因所在,并修正,使得 PC0 与 PC1 之间能相互 ping 通。

(6) 某公司的网络结构如下：
市场部：20 台 PC,PC 都连在二层交换机 Switch0 上；

技术部：20 台 PC，PC 都连在二层交换机 Switch1 上；

办公室：20 台 PC，PC 都连在二层交换机 Switch2 上；

二层交换机 Switch0、Switch1、Switch2 都连在一台三层交换机上；

建网要求如下：

① 不同部门之间隔离广播；

② 不通过 VLAN 的方式，让三个部门之间的电脑可以相互通信。

任务如下：

① 在模拟器中搭建网络拓扑图；

② 对网络的 IP 进行规划；

③ 配置交换机，使网络达到上面的网络建网要求。

4 　网络路由设计

本章内容

4.1　路由器及其配置基础

4.2　路由协议 RIP

4.3　单区域 OSPF

4.4　路由重分发

4.5　多区域 OSPF、虚拟链路与路由汇总

4.6　OSPF 特殊区域——Stub 区域

4.7　OSPF 特殊区域——NSSA 区域

4.8　BGP 协议

学习目标

➤掌握路由器的基本原理及静态路由和默认路由的配置及应用

➤掌握 RIP 的配置及应用

➤掌握单区域 OSPF 的配置及应用

➤掌握路由重分发的配置及应用

➤掌握多区域 OSPF 的配置及应用

➤掌握多区域 OSPF 中特殊区域 Stub 的配置及应用

➤掌握多区域 OSPF 中特殊区域 NSSA 的配置及应用

➤掌握 BGP 的配置及应用

4.1　路由器及其配置基础

本节内容

➤路由器及其工作机制

➤静态路由与默认路由的工作原理及配置

➤静态路由的配置命令及案例

➤默认路由的配置命令及案例

学习目标

➤掌握路由器及其工作机制

➤掌握静态路由的工作原理、配置及应用

➤掌握默认路由的工作原理、配置及应用

4.1.1　路由器及其工作机制

1）路由器与分组转发

所谓路由,是指通过相互连接的网络将分组从源地点转发到目的地点的路径信息。路由器是一种连接多个网络或网段的网络设备,用于实现不同网络或网段之间分组的路由选择和数据转发。

路由表是路由器转发分组的关键,每个路由器中都保存一张路由表,表中的每条路由项指明分组到某个网络的下一跳是谁,分组应通过路由器的哪个物理接口发送出去。

路由器的分组转发流程:当一个分组到达路由器后,路由器会提取分组中的目的 IP 地址,与路由表中的目的网络进行最长前缀匹配,如果找到最长匹配的路由项,则按照匹配的路由项的信息,将分组重新封装成帧转发出去;如果没有匹配的路由项,路由表中有默认路由项的话,会按默认路由项的信息,将分组重新封装成帧转发出去;如果前二者都没有的话,丢弃该分组。

2）路由种类与路由选择协议

根据目的地与该路由器是否直接相连,可将路由分为直连路由和间接路由。直连路由是指目的地所在网络与路由器直接相连。间接路由是指目的所在网络与路由器不是直接相连的路由。

路由表中的路由项根据生成的机制的不同,可分为静态路由、动态路由。静态路由是指由网络管理员手工配置的路由。动态路由是指根据运行在路由器上的路由选择协议(比如 RIP、OSPF 等)在路由器之间交换得到的网络信息,按照路由算法生成的路由。

网络路由选择协议可分为内部网关协议和外部网关协议,内部网关协议主要在一个自治系统内部的路由器之间交换信息,并生成路由。内部网关协议主要有 RIP 协议、OSPF 协议等。外部网关协议主要在不同的自治系统之间交换信息,并生成路由。外部网关协议主要有 BGP4。

3）静态路由与默认路由

（1）静态路由

静态路由是网络管理员根据网络的情况手动在路由器上设定的路由,它不会随着网络拓扑的变化而动态地修改,静态路由一经设定就存于路由表中。在网络结构发生变化后,网络管理员必须手工地修改路由表。

两个运行静态路由的路由器之间是无需进行路由信息交换的,这样就可以节省网络的带宽、提高路由器 CPU 和内存的利用率。静态路由一般用于网络规模不大、拓扑结构固定的网络中(尤其是广域网接入链路)。

静态路由的优点是简单、高效、可靠,但是它的网络扩展性较差,配置烦琐,如果要在网络上增加一个新网络域网段,管理者必须在所有路由器上增加相应的路由。

（2）默认路由

默认路由实际上就是一种特殊的静态路由,它的命令格式和静态路由相似。为路由器配置默认路由后,当路由器在路由表里没有找到去往特定目标网络的路由条目时,它自动将该目标网络的所有数据发送到默认路由指定的下一跳路由器。

4）路由器配置基础

不同的路由器虽然在处理能力和所支持的接口种类与数量方面差异很大,但是它们使用的核心硬件却是相同的。路由器其实就是一台不带显示器与键盘的计算机,路由器的硬件组成包括CPU、闪存、ROM、RAM、NVRAM、输入/输出端口及特定媒体转换器等。路由器都有自己独立的嵌入式操作系统,用于完成路由器的相关功能,并提供用户对路由器的访问接口。各种不同品牌的路由器所安装嵌入式操作系统也不完全相同,配置方法也有所区别。本书主要以思科系列路由器为例,介绍路由器的管理方式以及各种配置。如用到其他品牌路由器的命令会专门标明。

(1) 路由器命令的基本配置

思科路由器的管理方式与前面介绍过的思科交换机的管理方式相同。路由器命令行命令模式也与交换机相同,主要分为用户模式、特权模式、全局配置模式等。不过路由器的默认主机名称为 Router。路由器的各模式之间的切换命令、命令行自动补齐功能、帮助功能、配置文件管理、主机名设置、口令设置等都与交换机相同。

(2) 路由器的接口

路由器的接口可分为两种类型:物理接口和逻辑接口。

路由器的物理接口是指在路由器上有对应的实际存在的硬件接口,如以太网接口、异步串口和同步串口等。思科路由器的物理接口标识为:接口类型模块号/接口号。只不过接口编号是从 0 开始编号,而交换机是从 1 开始编号。另外,路由器的接口默认是关闭的,而交换机的端口默认是开启的。

路由器的逻辑接口是相对于物理接口而言的,是指能够实现数据交换功能,但在物理上不存在、需要通过配置来建立的接口。逻辑接口可以与物理接口关联,也可以独立于物理接口存在。路由器的逻辑接口主要有 loopback 接口、Null 接口、子接口等。

loopback 接口是应用最为广泛的一种逻辑接口,常用于作为一台路由器的管理地址。loopback 接口的配置:

模式:全局配置模式。

命令:

Router(config)＃interface loopback　*loopback-number*

Router(config-if)＃ip address *ip-address*　*network-mask*

Router(config-if)＃no shutdown

说明:

loopback 接口编号从 0 开始。默认情况下,loopback 接口创建后,loopback 接口的物理层状态和链路层协议永远处于 UP 状态。loopback 接口在配置 IP 地址与子网掩码后,loopback接口可以使能路由协议,可以收发路由协议报文。为了节约地址资源,loopback 接口的地址通常指定为 32 位掩码。

【配置举例】　定义 loopback 0 接口,并配置其 IP 地址与子网掩码。

Router(config)＃interface loopback 0

Router(config-if)＃ ip address 192.168.1.1 255.255.255.0

Router(config-if)＃no shutdown

为什么使用 loopback 接口地址,而不是路由器上某个物理接口的地址,作为路由器的管理地址呢? 原因如下:由于 telnet 命令使用 TCP 报文,会存在如下情况:路由器的某一个接口由于故障 down 掉了,但是其他的接口却仍旧可以 telnet ,也就是说,到达这台路由器的 TCP 连接依旧存在。所以选择的 telnet 地址必须是永远也不会 down 掉的,而 loopback 接口恰好满足此类要求。

要删除 loopback 接口,可以使用命令"no interface loopback 接口编号"。

（3）路由表的查看

查看路由器的路由表,可使用以下命令：

模式：特权模式。

命令：show ip route

4.1.2　静态路由的配置命令及案例

静态路由是网络中常见的配置之一,一般是由网络管理员手工添加的路由项目。

1）配置静态路由

模式：全局配置模式。

命令：

Router(config)#ip route *network-number network-mask ip-address*

参数说明：

network-number 是目的地址,一般是一个网络地址。

network-mask 是目的地址的子网掩码。

ip-address 是下一跳地址。

说明：

ip route 命令定义的是一条传输路径,可以告知设备把某个地址的数据报送往何处。配置完成后可以使用 show ip route 命令查看路由表。

2）删除静态路由

模式：全局配置模式。

命令：

Router(config)#no ip route *network-number network-mask*

说明：

此命令将从路由表中删除由网络号与子网掩码共同确定的静态路由。

【配置举例1】　设置静态路由。

Router>enable

Router#configure terminal

Router(config)#ip route 172.16.0.0 255.255.0.0 192.168.3.2

ip route 172.16.0.0 255.255.0.0 192.168.3.2 命令表示把所有目的地址在 172.16.0.0/16 网络中的数据报发往地址 192.168.3.2 处。

【配置举例2】　取消静态路由。

Router>enable

Router#configure terminal

Router(config)#no ip route 172.16.0.0 255.255.0.0

本例删除了路由表中目的地址为 172.16.0.0/16 网络的静态路由。

【配置举例3】　A 企业内部网络拓扑如图 4.1.1 所示,2 台路由器(Router0、Router1)连接了三个网络(192.168.1.0/24、192.168.2.0/24、192.168.3.0/24),已知三个网络中的 PC 的 IP 地址和默认网关如图所示,现要求在路由器上配置静态路由让三个网络可以互通。

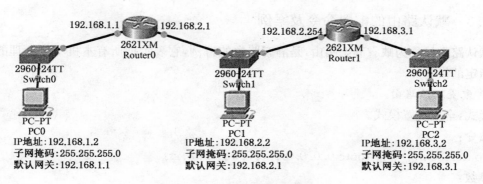

图 4.1.1 网络拓扑结构图

要通过静态路由让三个网络互通,具体配置如下:

(1)路由器 Router0 配置接口如下:

Router0(config)#interface fastethernet 0/0

Router0(config-if)#ip address 192.168.1.1 255.255.255.0

Router0(config-if)#no shutdown

Router0(config-if)#exit

Router0(config)#interface fastethernet 0/1

Router0(config-if)#ip address 192.168.2.1 255.255.255.0

Router0(config-if)#no shutdown

Router0(config-if)#exit

Router0(config)#ip route 192.168.3.0 255.255.255.0 192.168.2.254

(2)路由器 Router1 配置如下:

Router1(config)#interface fastethernet 0/0

Router1(config-if)#ip address 192.168.2.254 255.255.255.0

Router1(config-if)#no shutdown

Router1(config-if)#exit

Router1(config)#interface fastethernet 0/1

Router1(config-if)#ip address 192.168.3.1 255.255.255.0

Router1(config-if)#no shutdown

Router1(config-if)#exit

Router1(config)#ip route 192.168.1.0 255.255.255.0 192.168.2.254

(3)完成上面的配置后,三个网络可以互通。可以通过 PC 间的互 ping 进行验证。

(4)路由表的查看。在路由器 Router0 上查看路由表,可以发现如下内容:

Router0#show ip route

C   192.168.1.0/24 is directly connected,FastEthernet0/0

C   192.168.2.0/24 is directly connected,FastEthernet0/1

S   192.168.3.0/24 [1/0] via 192.168.2.254

Router0#

可以发现路由表中有三条路由,其中,前两条为直连路由,第三条为静态路由。

4.1.3 默认路由的配置命令及案例

默认路由又称为缺省静态路由,是静态路由的特例,它表示把所有本机不能处理的数据报发往指定的设备。

1) 配置默认路由

模式:全局配置模式。

命令:

Router(config)#ip route 0.0.0.0 0.0.0.0 *ip-address*

参数:

0.0.0.0 0.0.0.0 表示任意地址。

ip-address 是下一跳地址。

说明:

默认路由的优先级是最低的,设备首先会匹配静态路由和由路由协议生成的路由,只有当没有相匹配的项目时,才按照默认路由指定的地址发送。

2) 删除默认路由

模式:全局配置模式。

命令:

Router(config)#no ip route 0.0.0.0 0.0.0.0

说明:

此命令将从路由表中删除默认路由。

【配置举例】 默认路由配置。

Router>enable

Router#configure terminal

Router(config)#ip route 0.0.0.0 0.0.0.0 192.168.10.2

ip route 0.0.0.0 0.0.0.0 192.168.10.2 命令表示把所有没有匹配成功的目的地址发往地址 192.168.10.2 处。

4.1.4 实训任务

(1) 根据图 4.1.2,在模拟器中搭建出网络,对路由器进行基本配置:主机名、端口描述、口令、IP 地址。Router1 的 F0/0 与 F0/1 的地址分别是 192.168.1.1、192.168.2.1;Router2 的 F0/0 与 F0/1 的地址分别是 192.168.2.254、192.168.3.1。

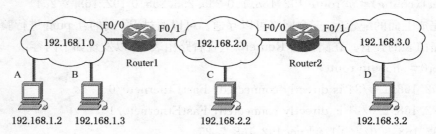

图 4.1.2 网络拓扑结构图

要求完成以下任务：

① 静态路由配置

a. 按照上面要求完成各设备的基本配置，在路由器 Router1 与 Router2 上配置静态路由，使得三个网络可以互通；并验证。（即使得计算机 A 可以 ping 通计算机 C 与计算机 D）；

b. 将模拟器切换到模拟状态，分别查看以下操作包的传递路径，并分析原因。

➤A ping C；

➤C ping D；

➤A ping D。

② 在按要求完成上述的配置后，在路由器 Router1 与 Router2 上配置默认路由，使得三个网络可以互通；并验证（即用计算机 A 去 ping 计算机 C 与计算机 D，使得可以 ping 通）；

③ 请问当使用静态路由让上面的三个网络互通时，每个路由器上配置了几条静态路由。

（2）如果要通过配置静态路由，让图 4.1.3 所示的由三个路由器连接的四个网络可以互通。

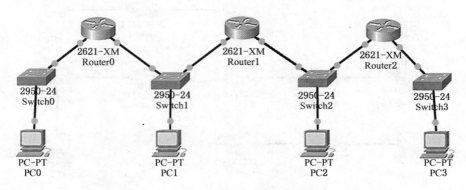

图 4.1.3　网络拓扑结构图

请问：

① 每个路由器上应该如何配置静态路由？

② 要使用三个路由器连接四个网络互通，每个路由器上需要配置几条静态路由。请查看各路由器路由表的条目的情况。

（3）根据图 4.1.4，在模拟器中搭建出网络，对路由器进行基本配置：主机名、端口描述、口令、IP 地址。Router1 的 F0/0 与 F0/1 的地址分别是 192.168.1.1、192.168.2.1；Router2 的 F0/0 与 F0/1 的地址分别是 192.168.2.254、192.168.3.1；Router3 的 F0/0 与 F0/1 的地址分别是 192.168.3.254、192.168.4.1；Router4 的 F0/0 与 F0/1 的地址分别是 192.168.4.254、192.168.5.1。

要求完成以下任务：

① 在按要求完成上述的配置后，在路由器 Router1、Router2、Router3 和 Router4 上通过配置静态路由，使得这五个网络可以互通；并验证（即用计算机 A 去 ping 计算机 C、计算机 D、计算机 E 和计算机 F，使得可以 ping 通）。

② 将此题与第 1 题相比较，分析说明静态路由的特点。

③ 在图 4.1.4 这种情况下，只使用默认路由配置，可以使得五个网络互通吗？使用缺省网络能否让这五个网络互通呢？

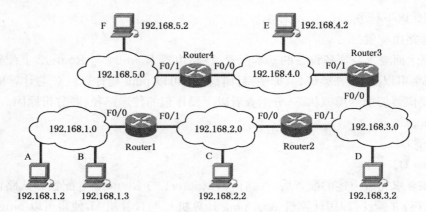

图 4.1.4　网络拓扑结构图

（4）如果某网络的拓扑结构如图 4.1.5 所示，如果现在使用静态路由来让全部网络互通。

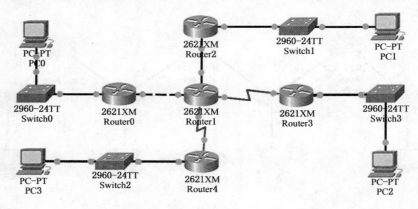

图 4.1.5　网络拓扑结构图

请问：

① 每个路由器上应该如何进行配置静态路由？

② 要使用三个路由器连接四个网络互通，每个路由器上需要配置几条静态路由。请查看各路由器路由表的条目的情况。

③ 如果在 Router0、Router2、Router3、Router4 上面使用默认路由来减少路由表的条目的话，应该如何配置？请查看路由表的条目的数量，并与（2）相对比。

（5）某单位的网络如图 4.1.6 所示，PC0、PC2 属于 VLAN10，PC1、PC3 属于 VLAN20，两

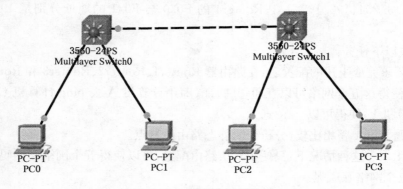

图 4.1.6　网络拓扑结构图

个三层交换机之间用 Trunk 相连,在第一台交换机上设置 VLAN10 的 SVI 口,第二台交换机上设置 VLAN20 的 SVI 口,现在要求:

① 如何使得图中的 4 台 PC 可以相互通信。

② 使用 show ip route 查看路由表。

③ 查看 PC0 与 PC1 的数据包的传输路径。

4.2 路由协议 RIP

本节内容

➢RIP 协议及其工作原理

➢RIP 的配置及应用案例

➢RIPv2 的配置及应用

➢RIPv2 的认证配置

学习目标

➢理解 RIP 路由协议的工作原理及特点

➢掌握 RIP 版本、汇总、定时器的配置

➢掌握 RIP 的二个版本区别

➢掌握 RIP 认证配置

4.2.1 RIP 协议及其工作原理

RIP(Routing Information Protocol)是由 Xerox 公司在 20 世纪 70 年代开发,是应用较早、使用较普遍的内部网关路由协议。RIP 是一种分布式的基于距离向量的路由选择协议,是因特网的标准协议,适用于小型网络,其最大优点是简单。

1) RIP 基本原理

RIP 协议要求相邻路由器之间周期性地通过广播 UDP 分组来交换路由信息,UDP 端口号为 520。RIP 有两个版本,在通常情况下,RIPv1 报文使用广播报文,RIPv2 报文使用组播报文,组播地址为 224.0.0.9。最初定义在 RFC1058 中。

默认情况下,启用了 RIP 的路由器每隔 30 s 利用 UDP 520 端口向与它直连的网络邻居广播(RIPv1)或组播(RIPv2)路由更新。接到更新报文的路由器将接收到的信息更新自身的路由表,以适用网络拓扑的变化。如果路由器经过 180 s,没有收到来自某一路由器的路由更新报文,则将所有来自此路由器的路由信息标志为不可达。如果经过 240 s,仍未收到路由更新报文,就将这些路由从路由表中删除。

RIP 协议使用跳数衡量到达目的地的距离,称为路由度量。距离是一个数据报文到达目的地所必须经过的路由器的个数。在 RIP 中,路由器到与它直接相连网络的跳数为 0,每经过一个路由器跳数加 1,从一个路由器到非直接连接的网络的距离定义所经过的跳数(也即路由器数)。如果到相同目标有二个不等速或不同带宽的路由器,但跳数相同,则 RIP 认为两个路由是等距离的。RIP 最多支持的跳数为 15,即在源和目的网络之间所经过的最多路由器数目为 15,跳数 16 表示不可达。抵达目的地的跳数最少的路径为最优路径。

距离向量类的路由算法由于路由器不知道网络的全局情况,容易产生路由循环,即路由器

把从其邻居路由器学到的路由信息再回送给那些邻居路由器。如果网络上有路由循环,将会导致网络收敛较慢,造成路由环路。为了避免路由环路,RIP 采用水平分割、毒性逆转、触发更新、抑制计时等机制来避免路由循环的问题。

2) RIP 协议的特点

RIP 协议配置简单,至今仍被广泛应用,但随着网络的不断扩大,RIP 协议会逐渐失去它原有的优势。随着因特网技术的日益发展,RIP 协议也暴露出了一些技术问题:

(1) RIP 协议用跳数来评估路由,跳数最大为 15,所以 RIP 协议不适合大规模的网络。

(2) RIP 协议的路由更新信息不包含网络掩码部分,要求网络使用相同的掩码,因而造成地址浪费,不利于地址资源的合理使用。

(3) RIP 协议收敛速度较慢,时间经常大于 5 s,不利于网络的扩大和发展。

(4) RIP 协议使用整个路由表作为路由更新信息,会占用大量网络带宽。

(5) RIP 协议在决定最佳路径时,只考虑跳数,不考虑网络连接速率、可靠性和延迟等参数,这将导致有时 RIP 选择不是最有效和最经济的。

4.2.2　RIP 路由的基本配置

在路由器上配置 RIP 协议,首先要做的基本配置是启动 RIP 路由进程,并定义 RIP 路由进程关联的网络,然后根据自身的要求进行其他参数配置,如计时器、认证等。

1) RIP 协议基本配置

(1) RIP 协议基本配置命令

命令:

Router(config)♯router rip　　　//启动 RIP 进程,并进入 RIP 配置子模式

Router(config-router)♯network　*network-number*

说明:

network 命令用于指定参与 RIP 路由的网络,它的参数是网络号。如果设备连接了多个网络,你可以用多条 network 命令指定它们。

> **注意:**
>
> 　　对于运行 RIP 协议的设备,只有用 network 命令指定的网络会参与到 RIP 发布的路由更新中,可以被其他运行 RIP 协议的设备学习到,而那些没有用 network 命令指定的网络,不会参与 RIP 路由,其他设备也不能学习到。

(2) 删除 RIP 关联的网络:

命令:

Router(config)♯router rip

Router(config-router)♯no network *network-number*

(3) 关闭 RIP 协议:

命令:

Router(config)♯no router rip

说明:

关闭后,本设备的 RIP 协议将不再工作。

【**配置举例**】　某网络的拓扑及各设备的 IP 地址,如图 4.2.1 所示,要求在两个路由器上通

过配置 RIP 让 PC0 与 PC1 相互能够通信。

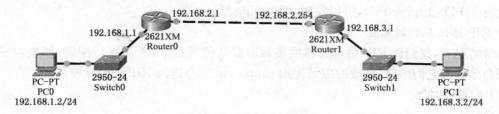

图 4.2.1　网络拓扑图

Ⅰ. 配置前，查看路由表

如果两个路由器各个接口上的 IP 地址已配置好，在进行配置 RIP 前，在 Router0 上查看路由表，可以看以下内容：

Router0#show ip route

C　　192.168.1.0/24 is directly connected，FastEthernet0/0

C　　192.168.2.0/24 is directly connected，FastEthernet0/1

说明：

此时，Router0 上只有 2 条直连路由。

Ⅱ. Router0 上的 RIP 配置：

Router0>enable

Router0#configure terminal

Router0(config)#router rip

Router0(config-router)#network 192.168.1.0

Router0(config-router)#network 192.168.2.0

Router0(config-router)#end

本例在设备上启用了 RIP 协议，关联的网络是 192.168.1.0/24 和 192.168.2.0/24。

注意：192.168.1.0/24 和 192.168.2.0/24 都只能是和本设备直连的网络。

Ⅲ. Router1 上的 RIP 配置：

Router1>enable

Router1#configure terminal

Router1(config)#router rip

Router1(config-router)#network 192.168.2.0

Router1(config-router)#network 192.168.3.0

Router1(config-router)#end

Ⅳ. 配置后，查看路由表

在完成上面的配置后，查看 Router0 的路由表，可得如下内容：

Router0#show ip route

C　　192.168.1.0/24 is directly connected，FastEthernet0/0

C　　192.168.2.0/24 is directly connected，FastEthernet0/1

R　　192.168.3.0/24 [120/1] via 192.168.2.2，00:00:25，FastEthernet0/1

第三行，就是通过 RIP 学习到的路由。

Ⅴ．网络连通性测试

此时在 PC0 上 ping PC1，可以发现，可以 ping 通。

2）RIP 协议参数的配置

通常情况下，我们让 RIP 协议的各项参数取默认值就行了，无需进行配置，如果需要的话可以用命令修改它们的值，修改时应该先用 router rip 命令进入 RIP 的配置模式。

（1）配置计时器

命令：

Router(config-router)♯timers basic *update invalid holddown*

说明：

update：更新时间。是发送更新报文的时间间隔。默认为 30 s，有效取值范围是 0～2147483647。

invalid：失效时间。是宣布无效的时间间隔。默认为 180 s，有效取值范围是 1～2147483647。

holddown：清除时间。是对失效项目保持的时间。默认为 120 s，有效取值范围是 0～2147483647。

（2）设置 RIP 版本

命令：

Router(config-router)♯version *version-number*

说明：

version-number 的取值为 1 或 2。默认情况下，RIP 协议可接收 RIPv1 和 RIPv2 的报文，发送 RIPv1 的报文。用 version 1 命令可设置为仅发送和接收 RIPv1 的报文，用 version 2 命令可设置为仅发送和接收 RIPv2 的报文。另外，也可以用 ip rip send|receive version 命令设置各个接口发送和接收的版本。

（3）设置 RIP 被动接口

命令：

Router(config)♯router rip

Router(config-router)♯passive-interface *port-id*

说明：

当接口设置为被动接口时，接口不会向外发送路由更新，但是可以接收路由更新，能防止不必要的路由更新发送到网络上。

一般直连终端的接口可以配置为被动接口，可以节省带宽。

在图 4.2.2 中，Router0 的 F0/0 口、Router2 的 F0/1 口，可以设置为被动接口。

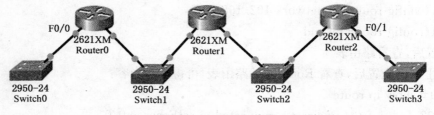

图 4.2.2　网络拓扑图

4.2.3　RIPv2 的配置及应用案例

RIP 协议有两个版本，RIPv1 是有类路由选择协议，即在该网络中的所有设备必须使用相同的子网掩码,所以 RIPv1 在发送路由信息的时候不发送子网掩码的信息。RIPv2 是无类路由协议,它可以工作在 VLSM(可变长子网掩码)和不连续的网络环境中(见表 4.2.1)。

表 4.2.1   RIPv1 和 RIPv2 的区别

RIPv1	RIPv2
在路由更新中不携带子网信息	在路由更新中携带子网信息
在路由更新中不携带下一跳地址	在路由更新中每个路由条目都携带下一跳地址
不提供认证	提供明文和 MD5 认证
不支持 VLSM 和 CIDR	支持 VLSM,不支持 CIDR
采用广播更新	采用组播(224.0.0.9)更新

(1) 在路由器上启动 RIPv2 路由进程

R1(config)♯router rip

R1(config-router)♯version 2   //指定 RIP 的版本

R1(config-router)♯no auto-summary   //取消自动汇聚

R1(config-router)♯network 1.0.0.0   //参与 RIP 的网络

R1(config-router)♯network 192.168.12.0

(2) 路由器接口上的发送与接收的路由更新的版本控制

Router(config-if)♯ip rip receive version〔1〕〔2〕   //设置接收的路由更新的版本

Router(config-if)♯ip rip send   version〔1〕〔2〕   //设置发送的路由更新的版本

例:使得 GigabitEthernet 0/0 接口可以接收 RIPv1 和 RIPv2 的数据包。但只发送 RIPv2 的路由更新。

Router(config)♯ interface GigabitEthernet 0/0

Router(config-if)♯ ip rip receive version 1 2

Router(config-if)♯ ip rip send   version 2

(3) 路由的自动汇聚

RIP 是一个有类协议,RIPv1 会自动进行同一个有类网络的汇聚,也即只对外发布对应的标准分类的网络号,不会发布对应的子网掩码。RIPv2 支持变长子网掩码 VLSM,对外发布路由时,同时发布子网掩码。

默认情况下,RIP 的自动汇聚是打开的,RIPv1 是不能关闭的,RIPv2 是可以关闭的。

R1(config)♯router rip

R1(config-router)♯version 2   //指定 RIP 的版本

R1(config-router)♯no auto-summary   //取消自动汇聚

【配置举例】 如果某网络的拓扑结构、IP 地址配置如图 4.2.3 所示。

Ⅰ. 当在 Router0、Router1 上启动 RIPv1 时,会发现 PC0 与 PC2 之间是不通的。且此时在 Router0 上查看路由表,显示如下:

Router0♯show ip route

Gateway of last resort is not set

    172.16.0.0/24 is subnetted,2 subnets

C   172.16.0.0 is directly connected,FastEthernet0/0

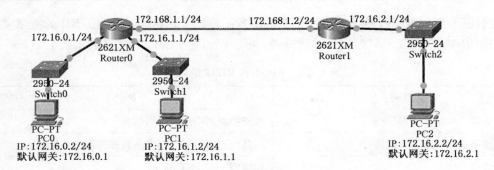

图 4.2.3　网络拓扑图

C　　　172.16.1.0 is directly connected，FastEthernet0/1

C　　　192.168.1.0/24 is directly connected，FastEthernet1/0

可以看到，根本没有通过 RIP 学习到的路由，为什么会这样呢？

因为在 RIPv1 中，只支持标准分类的网络，也只通告标准分类的网络号，且在通知中，没有子网掩码，所以：

Router0 告诉 Router1：我直接连接 172.16.0.0、192.168.1.0 两个网络。

Router1 告诉 Router0：我直接连接 172.16.0.0、192.168.1.0 两个网络。

结果，双方都没有从对方那里得到新的且对自己有用的信息。

Ⅱ. 当在 Router0、Router1 上启动 RIPv2 时，PC0 与 PC2 之间是可以通的。且此时在 Router0 上查看路由表，显示如下：

Router0♯show ip route

Gateway of last resort is not set

　　　172.16.0.0/16 is variably subnetted，3 subnets，2 masks

R　　　172.16.0.0/16 [120/1] via 192.168.1.2，00：00：07，FastEthernet1/0

C　　　172.16.0.0/24 is directly connected，FastEthernet0/0

C　　　172.16.1.0/24 is directly connected，FastEthernet0/1

C　　　192.168.1.0/24 is directly connected，FastEthernet1/0

由于 RIPv2 的路由通告中，是带有子网掩码的，所以，此时，Router0 通过路由通告学习到了 Router1 上的 172.16.0.0/16 的子网的路由。

4.2.4　RIPv2 的认证配置及应用案例

随着网络的发展，安全问题已成为一个严重问题，各种欺骗手段层出不穷，发布虚假路由是黑客常用的一种手段。为此在路由器上配置路由协议时，通常需要配置认证。

RIPv2 支持路由认证，且有明文认证和密文认证（MD5）两种方式。

RIPv2 的路由认证是单向的，即 R1 认证了 R2 时（R2 是被认证方），R1 就接收 R2 发送来的路由；反之，如果 R1 没认证 R2 时（R2 是被认证方），R1 将不能接收 R2 发送来的路由；R1 认证了 R2（R2 是被认证方）不代表 R2 认证了 R1（R1 是被认证方）。

1）明文认证

RIP 配置认证是在 2 台路由器相连的两个接口上进行的，首先选择认证方式，然后指定所使用的钥匙链。R1 上的明文认证配置如下，R2 上参照配置即可。

路由器 R1 上的明文认证配置：

interface Serial1/1

ip rip authentication mode text 　　　//指定采用明文认证,明文认证是默认值,可以不配置

ip rip authentication key-chain rip-key-chain 　　　　　　//指定所使用的的钥匙链

key chain rip-key-chain 　　　　　//配置钥匙链

key 1

key-string cisco 　　　//配置密钥

明文认证时,被认证方发送 key chian 时,发送最低 ID 值的 key,并且不携带 ID;认证方接收到 key 后,和自己 key chain 的全部 key 进行比较,只要有一个 key 匹配就通过对被认证方的认证。R1 和 R2 的钥匙链配置如表 4.2.2 时,R1 和 R2 的路由有表中的规律。

表 4.2.2　RIP 明文认证结果

R1 的 key chain	R2 的 key chain	R1 可以接收路由?	R2 可以接收路由?
key 1＝cisco	key 2＝cisco	可以	可以
key 1＝cisco	key 2＝cisco　key 1＝abcde	不可以	可以
key 1＝cisco　key 2＝abcde	key 2＝cisco　key 1＝abcde	可以	可以

2) 密文认证

RIP 的密文认证和明文认证配置非常类似,只需要指定认证方式为 MD5 认证即可。R1 的配置如下,R2 参照即可。

路由器 R1 上的密文认证配置:

interface Serial1/1

ip rip authentication mode md5 　　　//指定采用密文认证

ip rip authentication key-chain rip-key-chain 　　　　　//指定所使用的钥匙链

key chain rip-key-chain 　　　　　　//配置钥匙链

key 1

key-string cisco

同样 RIP 的密文认证也是单向的,然而此时被认证方发送 key 时,发送最低 ID 值的 key,并且携带了 ID;认证方接收到 key 后,首先在自己 key chain 中查找是否具有相同 ID 的 key,如果有相同 ID 的 key 并且 key 相同就通过认证,key 值不同就不通过认证。如果没有相同 ID 的 key,就查找该 ID 往后的最近 ID 的 key;如果没有往后的 ID,认证失败。采用密文认证时,R1 和 R2 的钥匙链配置如表 4.2.3 时,R1 和 R2 的路由有表中的规律。

表 4.2.3　RIP 密文认证结果

R1 的 key chain	R2 的 key chain	R1 可以接收路由?	R2 可以接收路由?
key 1＝cisco	key 2＝cisco	不可以	可以
key 1＝cisco	key 2＝cisco　key 1＝abcde	不可以	不可以
key 1＝cisco　key 5＝cisco	key 2＝cisco	可以	可以
key 1＝cisco　key 3＝abcde key 5＝cisco	key2＝cisco	不可以	可以

4.2.5　实训任务

（1）根据图 4.2.4，在模拟器中搭建出网络，对路由器进行基本配置：主机名、端口描述、口令、IP 地址。Router1 的 F0/0 与 F0/1 的地址分别是 192.168.1.1、192.168.2.1；Router2 的 F0/0 与 F0/1 的地址分别是 192.168.2.254、192.168.3.1。

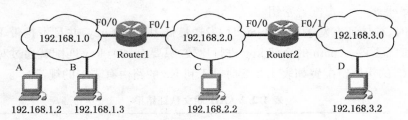

图 4.2.4　网络拓扑图

要求：

① 在按要求完成上述的配置后，用计算机 A 去 ping 计算机 C 与计算机 D，记录结果，并分析。用计算机 C 去 ping 计算机 A 与计算机 D，记录结果，并分析。

② 在路由器 Router1 与 Router2 上配置 RIP 路由，使得三个网络可以互通；并验证（即用计算机 A 去 ping 计算机 C 与计算机 D，使得可以 ping 通）。

③ 查看路由器 Router1 与 Router2 的路由表，并对路由表中的路由条目及其字段进行说明。

（2）根据图 4.2.5，在模拟器中搭建出网络，对路由器进行基本配置：主机名、端口描述、口令、IP 地址。Router1 的 F0/0 与 F0/1 的地址分别是 192.168.1.1、192.168.2.1；Router2 的 F0/0 与 F0/1 的地址分别是 192.168.2.254、192.168.3.1；Router3 的 F0/0 与 F0/1 的地址分别是 192.168.3.254、192.168.4.1；Router4 的 F0/0 与 F0/1 的地址分别是 192.168.4.254、192.168.5.1。

要求：

① 在按要求完成上述的配置后，在路由器 Router1、Router2、Router3 和 Router4 上通过配置 RIP 路由，使得这五个网络可以互通；并验证（即用计算机 A 去 ping 计算机 C、计算机 D、计算机 E 和计算机 F，使得可以 ping 通）。

② 试比较用 RIP 路由与静态路由互连网络。

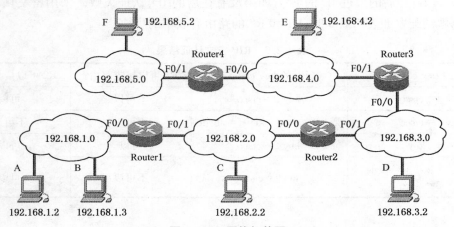

图 4.2.5　网络拓扑图

（3）RIPv1 与 RIPv2 有什么不同？

（4）对图 4.2.1 中的两台路由器使用 RIPv2 协议进行配置，并配置相互的认证，并验证。

（5）XYZ 公司的网络中有 14 台路由器，运行的是 RIPv1。最近，XYZ 公司并购了 ABC 公司，ABC 公司有 10 台路由器，运行的也是 RIPv1。如果你是 XYZ 公司的网络工程师，现在要将两个公司的网络进行合并。请问，继续使用 RIP 路由可以吗？为什么？

（6）某单位的网络结构如图 4.2.6 所示。

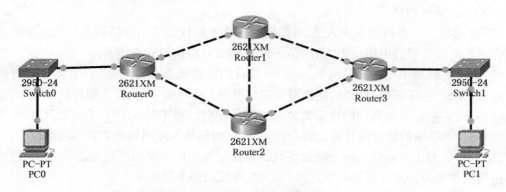

图 4.2.6　网络拓扑图

任务：

① 请规划各网段的 IP 地址，在各路由器上配置 RIP 路由协议，使得 PC0、PC1 可以互通。

② 请从上面的网络拓扑分析一下，从 PC0 到 PC1 的路径有几条？各自的度量值为多少？

③ 查看路由器 Router0 上的路由表，路由表中，到 PC1 所在网络的路由有几条？为什么会这样呢？（提示：RIP 默认支持 4 条路由的等价负载均衡，最多为 6 条）

④ 请用 debug ip rip 查看每个路由器的路由通知是如何发送、接收并更新路由表的。

4.3　单区域 OSPF

本节内容

➤单区域 OSPF 及其工作原理

➤单区域 OSPF 的配置及应用案例

学习目标

➤理解 OSPF 路由协议的工作原理及特点

➤掌握单区域 OSPF 的配置及应用

4.3.1　OSPF 路由协议

1）OSPF 简介

OSPF（Open Shortest Path First，开放最短链路优先）路由协议是由 IETF OSPF 工作组在 1988 年提出来的，是一个基于链路状态的内部网络路由协议。

最初的 OSPF 规范体现在 RFC1131 中，被称为 OSPF 版本 1，但是版本 1 很快被进行了重大改进的版本所代替，这个新版本体现在 RFC1247 文档中。RFC1247 被称为 OSPF 版本 2，在稳定性和功能性方面有实质性改进。这个 OSPF 版本有许多更新文档，每一个更新都是对开放标准的精心改进。OSPF 版本 2 的最新版体现在 RFC2328 中。OSPF 版本 3 是关于 IPv6 的。OSPF 的内容多而复杂。本节只讨论单区域的 OSPF。

OSPF 采用链路状态技术,路由器互相发送直接相连的链路信息和它所拥有的到其他路由器的链路信息。每个 OSPF 路由器维护相同自治系统拓扑的数据库。并根据这个数据库,构造出最短路径树来计算出路由表。当拓扑结构发生变化时,OSPF 能迅速重新计算出路径,而只产生少量的路由协议流量。

2) OSPF 协议的特点

OSPF 协议是一种可以在中大型、可扩展的网络上运行的基于链路状态的路由协议,能够解决许多距离向量型路由协议不能解决的问题。OSPF 协议的特点如下:

(1) OSPF 适用于中大型号网络。OSPF 协议用链路状态来评估路由,不像 RIP 有跳数限制。此外 OPSF 的区域划分机制,使得即使在规模很大的网络中,也能有很好的性能。

(2) OSPF 更有效地利用网络带宽。与 RIP 的定时广播不同,OSPF 采用触发更新,当网络比较稳定时,网络中的路由信息是比较少的,传输路由信息占用网络带宽资源相对较少。

(3) OSPF 路由收敛快。因为路由变化的信息被立即扩散而不是定期扩散,收到路由信息的路由器独立地同步地计算拓扑库,所以 OSPF 协议的路由收敛快。

(4) OSPF 不存在路由自环问题。OSPF 由于使用最短路径算法,所以从算法本身避免了路由环路的产生。OSPF 中的路径是由各个路由器根据链路状态数据库,各自独立的计算得出,不存在错误传递的问题。

(5) OSPF 协议采用组播方式进行 OSPF 包交换,组播地址为 224.0.0.5(全部 OSPF 路由器)和 224.0.0.6(指定路由器)。OSPF 协议的管理距离是 110,低于 RIP 协议的 120,所以如果设备同时运行 OSPF 协议和 RIP 协议,则 OSPF 协议产生的路由优先级高。

3) OSPF 的报文种类

OSPF 协议中的报文类型共有五种类型。

(1) 问候报文(Hello)

用来发现和维持邻站的可达性。相邻的路由器每 10 s 交换一次问候报文,以确定邻站的可达性。只有可达邻站的链路状态才可以存入链路状态数据库。正常情况下,网络中传输的绝大多数 OSPF 分组都是问候分组。

(2) 数据库描述报文(Database Description,DD)

此报文用来向邻站给出自己的链路状态数据库中的所有的链路状态项目的摘要信息。在两个 OSPF 路由器初始化连接时要交换数据库描述报文,以便进行数据库同步。

(3) 链路状态请求报文(Link State Request,LSR)

此报文用来向 OSPF 邻居请求发送某些链路状态项目的详细信息。当两台路由器互相交换完数据库描述报文后,知道对端路由器有哪些 LSA 是本链路状态数据库所没有的,以及哪些 LSA 是已经失效的,则需要发送一个链路状态请求报文,向对方请求自己没有或已失效的 LSA。

(4) 链路状态更新报文(Link State Update,LSU)

链路状态更新报文是应链路状态请求报文的请求,用来向对端路由器发送所需的 LSA。链路状态更新报文内容包括此次共发送的 LSA 数量和每条 LSA 的完整内容,

链路状态更新报文在支持组播和多路访问的链路上是以组播方式将 LSA 泛洪出去的,并且对没有收到对方确认应答(就是下面将要介绍的 LSAck 报文)的 LSA 进行重传,但重传时的

LSA 是直接送到没有收到确认应答的邻居路由器上,而不再是泛洪。

(5) 链路状态确认报文(Link State Acknowledgment,LSAck)

链路状态确认报文是路由器在收到对端发来的链路状态更新报文后,所发出的确认应答报文。

4) OSPF 的工作流程

OSPF 工作流程分为三个阶段:

(1) 邻居发现阶段

通过 Hello 报文发现邻居。多路访问的环境中,还需要进行指定路由器的选举。

(2) 路由发现阶段

通过数据库描述报文(DD)互通有无数据库信息,并通过链路状态请求报文(LSR)、链路状态更新报文(LSU)进行 LSA 的交互同步。为了互通有无,并高效地进行交互彼此的 LSA,所以不采用洪泛所有 LSA 信息,而是先通过数据库描述报文(DD)描述自己的数据库内容并进行比较,只要自己没有的 LSA 内容。

数据库描述报文(DD)是 LSA 头部摘要信息。比如两台路由器各自有 1 000 条 LSA,而90%内容是相同的,采用数据库描述报文(DD)则效率会很高。OSPF 直接使用 IP 数据报传送,为了像 TCP 那样保证可靠的传输,所以数据库描述报文(DD)交互时有主从关系控制序号、确认、重传等问题。master 控制序号的增加,对端通过相同的序号表示确认。

(3) 路由选择阶段:

链路状态数据库同步后,进行路由器独立地使用最短路径算法进行路由计算,最佳路由信息会被写入到路由表中。

5) 邻居关系与邻接关系

在一个广播型网络中,路由器之间的关系有两种:

(1) 邻居关系(Neighbors):同一个网段上的路由器可以成为邻居,指的是物理上的相邻相关。邻居是通过 Hello 报文来发现的,Hello 报文使用 IP 多播方式在每个端口定期发送。路由器一旦在其相邻路由器的 Hello 报文中发现他们自己,则他们就成为邻居关系了。只有 Area ID、验证密码、Hello Interval、Dead Interval、Stub 区标记都相同的才可以成为邻居。邻居的协商只在主地址(Primary address)间协商。双方只交互 HELLO 报文,不交互链路状态数据库;

(2) 邻接关系(Adjacencies):能够相互交换链路状态信息的路由器构成邻接关系,指的是逻辑上的相邻关系。物理上的邻居关系,不一定是邻接关系。邻接关系的建立发生在邻居关系建立之后。

邻居和邻接的区分主要是用在以太网(广播型)网络中,需要选举一个中心节点,叫做 DR,即这个以太网所有设备都要和 DR 交互所有信息,而彼此之间至交互 Hello 报文,数据库的同步由 DR 定时广播链路状态数据库,这么做的目的主要是减少以太网中需要交互的链路状态数据库的数量

4.3.2　OSPF 路由的配置及案例

1) OSPF 配置命令

(1) 配置 OSPF 协议

命令格式:

Router(config)♯router ospf　*process-ID*

Router(config-router)♯network *network-number wildcard_mask* area *area_ID*

参数说明：

router ospf 命令用于启用 OSPF，并进入 ospf 的配置模式。

process-ID 为 OSPF 路由进程编号。该编号的范围在 1～65535 之间。*process_ID* 只在本地路由器内部起作用，用来区别正在路由器上运行的不同 OSPF 进程。某台路由器可能是 2 个 OSPF 自治系统之间的边界路由器，为在路由器上区分它们，要给它们分配唯一的进程号。这些进程号不需要在不同路由器之间匹配，它们与自治系统号没有任何关系。

network 命令用于指定参与 OSPF 路由的网络，它的参数是网络号。如果设备连接了多个网络，可以用多条 network 命令指定它们。

network-number：是 IP 子网号；

wildcard_mask：通配符掩码，是子网掩码的反码，用来告诉路由器地址的哪个部分应当匹配。

area_ID 为网络区域号，是一个在 0～4 294 967 295 之间的十进制数，也可以用点分十进制的 IP 地址格式来表示。网络区域号为 0 或 0.0.0.0 时为主干区域。

不同网络区域边界的路由器通过主干区域学习路由信息，不同区域交换路由信息必须经过区域 0。某一区域要接入 OSPF0 区域，该区域必须至少有一台路由器为区域边缘路由器，该路由器既参与本区域路由又参与区域 0 路由。

路由配置好后，可以在特权模式下用 show ip route 命令查看学习到的路由项目。

（2）删除 OSPF 关联的网络

命令格式：

Router(config)♯router ospf

Router(config-router)♯no network *network-number wildcard-mask* area *area-id*

（3）关闭 OSPF 协议

命令格式：

Router(config)♯no router ospf *process-id*

说明：

关闭后，本设备的 OSPF 协议将不再工作。

2）单区域 OSPF 应用案例

【配置举例】 某网络的拓扑及各设备的 IP 地址，如图 4.3.1 所示，要求在两个路由器上通过配置 OSPF 让 PC0 与 PC1 相互能够通信。

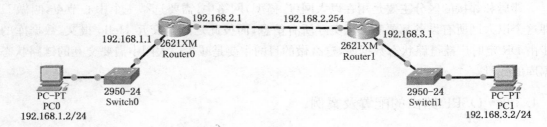

图 4.3.1 网络拓扑结构图

Ⅰ. 配置前，查看路由表

如果二个路由器各个接口上的 IP 地址已配置好，在进行配置 OSPF 前，在 Router0 上查看

路由表,可以看以下内容:

Router0#show ip route

C   192.168.1.0/24 is directly connected,FastEthernet0/0

C   192.168.2.0/24 is directly connected,FastEthernet0/1

说明:

此时,Router0 上只有二条直连路由。

Ⅱ. Router0 上的 OSPF 配置:

Router0>enable

Router0#configure terminal

Router0(config)#router ospf 1

Router0(config-router)#network 192.168.1.0   0.0.0.255   area 0

Router0(config-router)#network 192.168.2.0   0.0.0.255   area 0

Router0(config-router)#end

本例在设备上启用了 OSPF 协议,关联的网络是 192.168.1.0/24 和 192.168.2.0/24。

注意:192.168.1.0/24 和 192.168.2.0/24 都只能是和本设备直连的网络。

Ⅲ. Router1 上的 OSPF 配置:

Router1>enable

Router1#configure terminal

Router1(config)#router ospf 1

Router1(config-router)#network 192.168.2.0   0.0.0.255   area 0

Router1(config-router)#network 192.168.3.0   0.0.0.255   area 0

Router1(config-router)#end

Ⅳ. 配置后,查看路由表

在完成上面的配置后,查看 Router0 的路由表,可得如下内容:

Router0#show ip route

C   192.168.1.0/24 is directly connected,FastEthernet0/0

C   192.168.2.0/24 is directly connected,FastEthernet0/1

O   192.168.3.0/24 [110/1] via 192.168.2.2,00:00:25,FastEthernet0/1

第三行,就是通过 OSPF 学习到的路由。

Ⅴ. 网络连通性测试

此时在 PC0 上 ping PC1,可以发现,可以 ping 通。

4.3.3 实训任务

(1) 根据图 4.3.2,在模拟器中搭建出网络,对路由器进行基本配置:主机名、端口描述、口令、IP 地址。Router1 的 F0/0 与 F0/1 的地址分别是 192.168.1.1、192.168.2.1;Router2 的 F0/0 与 F0/1 的地址分别是 192.168.2.254、192.168.3.1。

任务:

① 在按要求完成上述的配置后,用计算机 A 去 ping 计算机 C 与计算机 D,记录结果,并分析。用计算机 C 去 ping 计算机 A 与计算机 D,记录结果,并分析。

② 在路由器 Router1 与 Router2 上配置 OSPF 路由,使得三个网络可以互通;并验证(即用

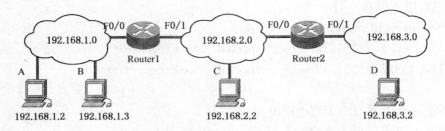

图 4.3.2　网络拓扑结构图

计算机 A 去 ping 计算机 C 与计算机 D,使得可以 ping 通)。

③ 查看路由器 Router1 与 Router2 的路由表,并对路由表中的路由条目及其字段进行说明。

(2) 根据图 4.3.3,在模拟器中搭建出网络,对路由器进行基本配置:主机名、端口描述、口令、IP 地址。Router1 的 F0/0 与 F0/1 的地址分别是 192.168.1.1、192.168.2.1;Router2 的 F0/0 与 F0/1 的地址分别是 192.168.2.254、192.168.3.1;Router3 的 F0/0 与 F0/1 的地址分别是 192.168.3.254、192.168.4.1;Router4 的 F0/0 与 F0/1 的地址分别是 192.168.4.254、192.168.5.1。

任务:

① 在按要求完成上述的配置后,在路由器 Router1、Router2、Router3 和 Router4 上通过配置 OSPF 路由,使得这五个网络可以互通;并验证(即用计算机 A 去 ping 计算机 C、计算机 D、计算机 E 和计算机 F,使得可以 ping 通);

② 试比较用 RIP 路由与 OSPF 路由互连网络的区别。

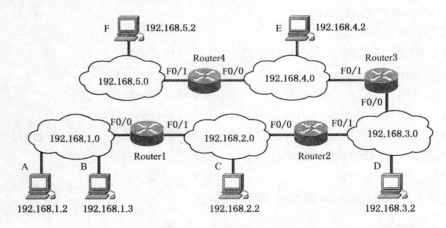

图 4.3.3　网络拓扑结构图

(3) 某单位的网络结构如图 4.3.4 所示。

任务:

① 请规划各网段的 IP 地址,在各路由器上配置 RIP 路由协议,使得 PC0、PC1 可以互通。

② 请从图中的网络拓扑分析一下,从 PC0 到 PC1 的路径有几条? 各自的度量值为多少?

③ 查看路由器 Router0 上的路由表,路由表中,到 PC1 所在网络的路由有几条? 为什么会这样呢?

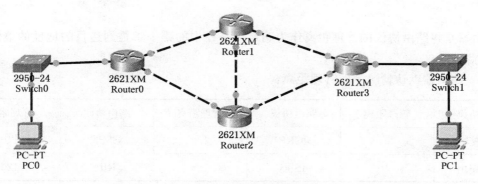

图 4.3.4 网络拓扑结构图

④ 请用 debug ip ospf events 查看路由器的事件情况（即与其他路由器交换信息的情况）。

4.4 路由重分发

本节内容

➤路由重分发的工作原理

➤路由重分发的配置及应用案例

学习目标

➤理解路由重分发的工作原理及特点

➤掌握路由重分发的配置及应用

4.4.1 路由重分发

1）路由重分发（Route Redistribution）

路由重分发，是指当网络中使用多种路由协议时，为了实现多种路由协议的协同工作，路由器将通过路由重分发将一种路由协议学习到的路由，转换为另一种路由协议的路由，并通过另一种路由协议广播出去，以实现不同的路由协议之间交换路由信息的目的。

在图 4.4.1 中，左边网络使用 RIP 路由协议，右边网络使用 OSPF 协议，通过在 Router1 上配置路由重分发，可以让 RIP 学习到的路由信息传到 OSPF 中，同样也可以让 OSPF 学习到的路由信息传发到 RIP 中，这样，可以让使用不同路由协议的两个网络可以互通。

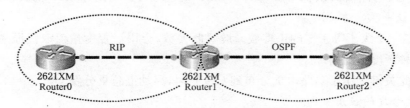

图 4.4.1 路由重分发

2）管理距离

管理距离（Administrative Distance），是用来确定一种路由协议的路由可信度或可靠性的度量值。每一种路由协议按可靠性从高到低，依次分配一个信任等级，这个信任等级就叫管理距离。

路由器是将路由协议的管理距离作为确定多路径中的哪一条是到达目的地址的最佳路由的第一标准。

Cisco 路由器默认情况下的管理距离：

路由协议	管理距离	路由协议	管理距离	路由协议	管理距离
直连接口	0	IGRP	100	OSPF	110
静态路由	1	IS-IS	115	RIP	120

华为路由器默认情况下的管理距离：

路由协议	管理距离	路由协议	管理距离	路由协议	管理距离
直连接口	0	IS-IS	15	OSPF	10
静态路由	60	BGP	255	RIP	100

3）度量值（Metric）

度量值，代表网络距离，它用来在寻找路由时，确定最优路由路径。每一种路由算法在产生路由表时，会为每一条通过网络的路径产生一个数值（度量值），最小的值表示最优路径。度量值的计算可以只考虑路径的一个特性，比如，跳数、带宽、时延、负载等，但复杂的度量值一般是综合了路径的多个特性产生的。

种子度量值（Seed Metric）：重分发外部路由进来的路由条目如果没有加上度量值，默认就是这个种子度量值所定义的度量值。

4.4.2　路由重分发的配置及应用案例

1）路由重分发的配置命令

命令格式：

Router(config-router)#redistribute　协议［协议进程号］　［metric 度量值］　［subnets］

参数说明：

协议：指源路由协议，即产生被分发路由的路由协议。可以是 RIP、OSPF、BGP 等。

协议进程号：与路由协议相对应，比如 OSPF 的进程号。但对于 RIP 就没有进程号，所以就不需要配置这一项。

度量值：是一个大于等于零的正整数。设置此参数，会用设置度量值取代原来的种子度量值。OSPF 的种子度量值为 20。

subnets：此关键字用于当路由重分布到 OSPF 时，启动汇总重分发。

2）路由重分发的应用案例

【配置举例】　某单位的网络拓扑示意图如图 4.4.2 所示，从左到右的各个路由器的接口 IP 地址所在的网络号分别为 192.168.1.0/24、192.168.2.0/24、192.168.3.0/24、192.168.4.0/24。现在左边网络采用 RIP 协议，右边网络使用 OSPF 进行路由。

Ⅰ. 各路由器的基本配置

配置各路由器接口 IP 地址，在路由器 Router0 上启动 RIP 协议；路由器 Router1 上的接口

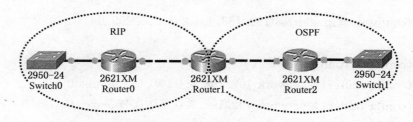

图 4.4.2 某单位网络拓扑示意图

0 和接口 1 上分别启动 RIP 和 OSPF 协议；路由器 Router2 上启动 OSPF 协议。具体配置如下：

路由器 Router0：

Router0(config)♯interface FastEthernet0/0
Router0(config-if)♯ip address 192.168.1.1 255.255.255.0

Router0(config)♯interface FastEthernet0/1
Router0(config-if)♯ip address 192.168.2.1 255.255.255.0

Router0(config)♯router rip
Router0(config-router)♯network 192.168.1.0
Router0(config-router)♯netwrok 192.168.2.0

路由器 Router1：

Router1(config)♯interface FastEthernet0/0
Router1(config-if)♯ip address 192.168.2.2 255.255.255.0

Router1(config)♯interface FastEthernet0/1
Router1(config-if)♯ip address 192.168.3.1 255.255.255.0

Router1(config)♯router rip
Router1(config-router)♯network 192.168.2.0
Router1(config-router)♯exit

Router1(config)♯router ospf 1
Router1(config-router)♯network 192.168.3.0 0.0.0.255 area 0
Router1(config-router)♯exit

路由器 Router2：

Router2(config)♯interface FastEthernet0/0
Router2(config-if)♯ip address 192.168.3.2 255.255.255.0

Router2(config)♯interface FastEthernet0/1

Router2(config-if)♯ip address 192.168.4.1 255.255.255.0

Router2(config)♯router ospf 1
Router2(config-router)♯network 192.168.3.0 0.0.0.255 area 0
Router2(config-router)♯network 192.168.3.0 0.0.0.255 area 0
Router2(config-router)♯exit

Ⅱ. 查看各路由器的路由表
路由器 Router0 的路由表：
Router0♯show ip route
Gateway of last resort is not set
C　　192.168.1.0/24 is directly connected，FastEthernet0/0
C　　192.168.2.0/24 is directly connected，FastEthernet0/1
我们可以看到，此时，路由器 Router0 上只有两条直连路由，并不知道到 192.168.3.0/24、192.168.4.0/24 的路由。因为 RIP 的范围，没有包括这两个网络。
路由器 Router2 的路由表：
Router2♯show ip route
Gateway of last resort is not set
C　　192.168.3.0/24 is directly connected，FastEthernet0/0
C　　192.168.4.0/24 is directly connected，FastEthernet0/1
我们可以看到，此时，路由器 Router2 上只有两条直连路由，并不知道到 192.168.1.0/24、192.168.2.0/24 的路由。因为 OSPF 的范围，没有包括这两个网络。
路由器 Router1 的路由表：
Router1♯show ip route
Gateway of last resort is not set
R　　192.168.1.0/24 [120/1] via 192.168.2.1，00:00:11，FastEthernet0/0
C　　192.168.2.0/24 is directly connected，FastEthernet0/0
C　　192.168.3.0/24 is directly connected，FastEthernet0/1
O　　192.168.4.0/24 [110/2] via 192.168.3.2，00:12:15，FastEthernet0/1
我们可以看到，此时，路由器 Router1 上有 4 条直连路由。其中通过 RIP 学到 192.168.1.0/24 的路由；通过 OSPF 学到 192.168.4.0/24 的路由。
Ⅲ. 在路由器 Router1 进行路由重分发
(1) 将 RIP 学习到的路由分发到 OSPF 中。
Router1(config)♯router ospf 1
Router1(config-router)♯redistribute rip
(2) 在路由器 Router2 上查看路由表：
Router♯show ip route
Gateway of last resort is not set
O E2 192.168.1.0/24 [110/20] via 192.168.3.1，00:01:27，FastEthernet0/0
O E2 192.168.2.0/24 [110/20] via 192.168.3.1，00:01:27，FastEthernet0/0

C   192.168.3.0/24 is directly connected，FastEthernet0/0

C   192.168.4.0/24 is directly connected，FastEthernet0/1

此时,路由器 Router2 已经学习到了 192.168.1.0/24、192.168.2.0/24 的路由了。

思考：

　　此时,在 Router2 上 ping 路由器 router0 上的任意接口,能通吗? 为什么?

（3）将 OSPF 学习到的路由重分发到 RIP。

Router1(config)♯router rip

Router1(config-router)♯redistribute ospf   1   metric   10

（4）在路由器 Router0 上查看路由表：

Router0♯show ip route

Gateway of last resort is not set

C   192.168.1.0/24 is directly connected，FastEthernet0/0

C   192.168.2.0/24 is directly connected，FastEthernet0/1

R   192.168.3.0/24 [120/10] via 192.168.2.2，00:00:04，FastEthernet0/1

R   192.168.4.0/24 [120/10] via 192.168.2.2，00:00:04，FastEthernet0/1

4.4.3 实训任务

【背景描述】

　　A 公司的企业网络使用 OSPF 协议路由,现在 A 公司兼并了 B 公司,B 公司的网络采用 RIP 进行路由。兼并后,A 公司的主管希望将两个企业网进行合并,希望以最小的成本,即在不改变原来路由协议的情况下,实现两个网络之间的互通。

【拓扑结构】

　　两个公司的网络拓扑、IP 地址分配的示意图如图 4.4.3 所示。

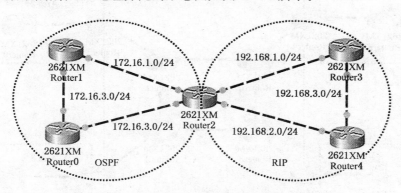

图 4.4.3 A 公司与 B 公司的网络拓扑示意图

【任务要求】

　　若你是一名网络高级技术支持工程师,请你对网络进行配置以达到要求,并进行验证。

4.5　多区域 OSPF、虚拟链路与路由汇总

本节内容

➤多区域的 OSPF 的工作原理

➤多区域的 OSPF 的配置及应用案例

➤OSPF 虚链路的配置及应用案例

➤OSPF 的路由汇总的配置及应用安全

学习目标

➤理解多区域 OSPF 的工作原理

➤掌握多区域 OSPF 的配置及应用

➤理解 OSPF 虚链路,掌握虚链路的配置及应用

➤理解 OSPF 的路由汇总,掌握路由汇总的配置及应用

4.5.1　多区域的 OSPF 的工作原理

1) 为什么 OSPF 要划分区域

(1) 随着网络规模日益扩大,当一个大型网络中的路由器都运行 OSPF 路由协议时,路由器数量的增多会导致链路状态数据库 LSDB 非常庞大,占用大量的存储空间,并使得运行 SPF 算法的复杂度增加,导致 CPU 负担很重。

(2) 在网络规模增大之后,拓扑结构发生变化的概率也增大,网络会经常处于"振荡"之中,造成网络中会有大量的 OSPF 协议报文在传递,降低了网络的带宽利用率。更为严重的是,每一次变化都会导致网络中所有的路由器重新进行路由计算(见图 4.5.1)。

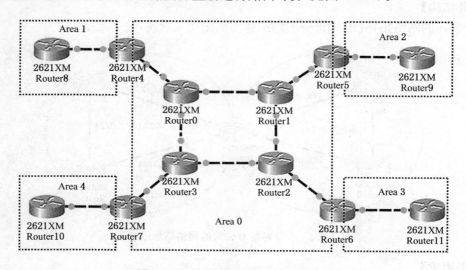

图 4.5.1　多区域 OSPF 网络拓扑结构

2) 解决方法

(1) OSPF 协议通过将自治系统划分成不同的区域(Area)来解决上述问题。

(2) 区域是从逻辑上将路由器划分为不同的组,每个组用区域号(Area ID)来标识

3) 区域示例

说明：

（1）区域的边界是路由器，而不是链路。

（2）一个路由器可以属于不同的区域，但是一个网段（链路）只能属于一个区域，或者说每个运行 OSPF 的接口必须指明属于哪一个区域。

（3）划分区域后，可以在区域边界路由器上进行路由聚合，以减少通告到其他区域的 LSA 数量，还可以将网络拓扑变化带来的影响最小化。

4) OSPF 分成多区域时的要点

每个非主干区域必须与主干区域相连。

5) OSPF 将一个大区域分成多小区域后的好处

（1）降低 SPF 计算频率及复杂度，加快收敛。

（2）减小路由表。

（3）限制了链路状态通告的传播范围，降低了通告 LSA 引起的流量等开销。

（4）增强稳定性，将不稳定限制在特定的区域。

4.5.2　多区域的 OSPF 的配置及应用案例

1) 多区域 OSPF 的基本配置

（1）启动 OSPF 进程

命令格式：

Router(config)♯router ospf　进程号

参数说明：

进程号：取值范围 1～65 535，进程号只具备本地意义，不同的路由器进程号可以相同，也可以不同。每一个进程号的 OSPF 会单独维持一个数据库，所以同一个路由器尽量运行同一个进程号的 OSPF 进程。

（2）宣告通过 OSPF 进行路由的网络

命令格式：

Router(config-router)♯network IP 地址　网络通配符　area　区域号

参数说明：

IP 地址与网络通配符：二者共同确定了参与到 OSPF 的网络号。通配符就是子网掩码的反码。

区域号：32 位，由网络工程师设定，对于单区域 OSPF，其区域号必须为 0，对于多区域的 OSPF，其他区域一般都要求与区域 0 直接相连。

2) 多区域 OSPF 的配置案例

【配置举例】　某单位的网络拓扑如图 4.5.2 所示，从左到右的各个路由器的接口 IP 地址所在的网络号分别为 192.168.1.0/24、192.168.2.0/24、192.168.3.0/24、192.168.4.0/24、192.168.5.0/24。现采用 OSPF 进行路由，并且划分成三个区域。现在让三个区域能够互通，各个路由器上的 OSPF 配置如下：

（1）路由器 Router1 上配置

　　Router1(config)♯router ospf 1

　　Router1(config-router)♯network 192.168.1.0 0.0.0.255 area 1

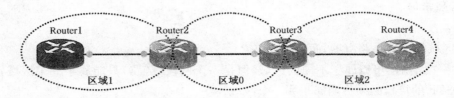

图 4.5.2　多区域 OSPF 网络拓扑结构图

　　　　Router1(config-router)♯network 192.168.2.0 0.0.0.255 area 1

（2）路由器 Router2 上配置

　　　　Router2(config)♯router ospf 1

　　　　Router2(config-router)♯net 192.168.2.0 0.0.0.255 area 1

　　　　Router2(config-router)♯net 192.168.3.0 0.0.0.255 area 0

（3）路由器 Router3 上配置

　　　　Router3(config)♯router ospf 1

　　　　Router3(config-router)♯net 192.168.3.0 0.0.0.255 area 0

　　　　Router3(config-router)♯net 192.168.4.0 0.0.0.255 area 2

（4）路由器 Router4 上配置

　　　　Router4(config)♯router ospf 1

　　　　Router4(config-router)♯net 192.168.4.0 0.0.0.255 area 2

　　　　Router4(config-router)♯net 192.168.5.0 0.0.0.255 area 2

（5）完成上面的配置后，在路由器 Router1 上查看路由表如下

Router1♯show ip route

Gateway of last resort is not set

C　　192.168.1.0/24 is directly connected，FastEthernet0/1

C　　192.168.2.0/24 is directly connected，FastEthernet0/0

O IA 192.168.3.0/24 [110/2] via 192.168.2.2，00:00:12，FastEthernet0/0

O IA 192.168.4.0/24 [110/3] via 192.168.2.2，00:00:12，FastEthernet0/0

O IA 192.168.5.0/24 [110/4] via 192.168.2.2，00:00:12，FastEthernet0/0

后面的三条路由都通过区域边界路由器学习到其他区域的路由。

4.5.3　OSPF 虚拟链路的配置及应用案例

1) OSPF 虚拟链路

多区域 OSPF 中，标准区域只能与主干区域之间才可以进行路由转发学习，两个标准区域之间是不能进行路由转发学习的。所以，多区域 OSPF 网络中，各标准区域一般都要与主干区域直接相连。但在实际工程中，由于某些条件的限制，使得某标准区域与主干区域不能直接相连，此时就需要此标准区域的边界路由器与主干区域的边界路由器之间建立虚拟链路。

2) OSPF 虚拟链路的配置

虚拟链路的配置命令如下：

命令格式：

Router(config-router)♯areae　区域号　virtual-link　对端的边界路由器 ID

参数说明：

区域号：是主干区域与需要建立虚拟链路的标准区域之间的区域号；

路由器 ID：如果路由器配置了 router-id，路由器 ID 就为此 ID；如果没有配置 router-id，但配置了 loopback 地址，路由器 ID 为最大的 loopback 地址；如果前两者都没有配置，路由器 ID 为此路由器接口 IP 地址中的最大 IP 地址。

3）OSPF 虚拟链路的配置案例

【配置举例】　在多区域 OSPF（见图 4.5.2）的基础上，再加一个路由器，并添加一个区域 3，IP 地址及网络拓扑结构如图 4.5.3 所示。

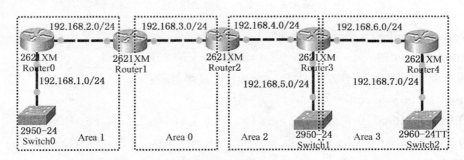

图 4.5.3　OSPF 虚拟链路

在路由器 Router3 上，进行 OSPF 配置，具体如下：

Router3(config)♯router ospf 1

Router3(config-router)♯network 192.168.4.0 0.0.0.255 area 2

Router3(config-router)♯network 192.168.5.0 0.0.0.255 area 2

Router3(config-router)♯network 192.168.6.0 0.0.0.255 area 3

最后一条配置是新加的。

在路由器 Router4 上，进行 OSPF 配置，具体如下：

Router4(config)♯router ospf 1

Router4(config-router)♯network 192.168.6.0 0.0.0.255 area 2

Router4(config-router)♯network 192.168.7.0 0.0.0.255 area 2

进行完上面的配置，我们在 Router4 上查看路由表：

Router4♯show ip route

Gateway of last resort is not set

C　　192.168.6.0/24 is directly connected，FastEthernet0/0

C　　192.168.7.0/24 is directly connected，FastEthernet0/1

可以看到 Router4 并没有学习到其他区域的路由，同样，可以查看 Router0、Router1、Router2 的路由表，可以发现，它们也没有学习到区域 3 的路由。

想让区域 3 与其他的区域能够互通，必须要在区域 3 的边界路由器 Router3 与主干区域的边界路由器 Router2 之间建立一条虚拟链路，如图 4.5.4 所示。

在路由器 Router2 上配置：

Router2(config)♯router ospf 1

Router2(config-router)♯area　2　virtual-link 192.168.6.1

在路由器 Router3 上配置：

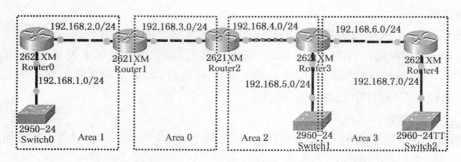

图 4.5.4　OSPF 虚拟链路的建立

Router3(config)♯router ospf 1

Router3(config-router)♯area　2　virtual-link 192.168.4.1

完成上面的配置后,再在路由器 Router4 上查看路由表:

Router4♯show ip route

 O IA 192.168.1.0/24 [110/5] via 192.168.6.1,00:20:41,FastEthernet0/0

 O IA 192.168.2.0/24 [110/4] via 192.168.6.1,00:20:41,FastEthernet0/0

 O IA 192.168.3.0/24 [110/3] via 192.168.6.1,00:20:41,FastEthernet0/0

 O IA 192.168.4.0/24 [110/2] via 192.168.6.1,00:20:41,FastEthernet0/0

 O IA 192.168.5.0/24 [110/2] via 192.168.6.1,00:20:41,FastEthernet0/0

 C　192.168.6.0/24 is directly connected,FastEthernet0/0

 C　192.168.7.0/24 is directly connected,FastEthernet0/1

思考:

 上面路由条目中的 110/5,110 表示什么? 5 又是表示什么?

4.5.4　OSPF 路由汇总、配置及应用案例

1) OSPF 路由汇总(Packet Tracer 不支持,请在 GNS3 下完成)

路由汇总,也称为路由归纳,就是将多条路由合并到一条超网络路由通告中,以解决路由器路由表条目的庞大和频繁地在整个自治系统中扩散 LSA。

OSPF 支持两种类型的路由汇总:区域间路由汇总和外部路由汇总。

2) 区域间路由汇总

区域间路由汇总,是指在区域边界路由器上进行路由汇总。汇总的对象是本区域内产生的路由。不适用于外部路由通过再发布注入 OSPF 内的路由。为了减少路由器中路由表的条目,一个区域内的网络应该尽可能地连续,以便进行路由汇总。

命令格式:

Router(config-router)♯areae　区域号　range　网络地址　掩码

参数说明:

区域号:需要进行路由汇总的区域号;

网络地址与掩码:二者一起共同确定汇总的路由。

【配置举例】　在§4.5.2"配置举例"的基础上,我们在路由器 Router1 上添加四个环回地

址,并将它加入到 OSPF 路由中。通过观察没有汇总之前的路由器的路由条目数量,与经过路由汇总后的,网络中的路由器的路由条目数量,由此说明,路由汇总的作用。

（1）在路由器 Router1 上添加 4 个环回接口,并将之加入到 OSPF 中。具体命令如下:

Router1(config)＃int loop 0
Router1(config-if)＃ip add 172.16.0.1 255.255.255.0
Router1(config-if)＃exit

Router1(config)＃int loop 1
Router1(config-if)＃ip add 172.16.1.1 255.255.255.0
Router1(config-if)＃exit

Router1(config)＃int loop 2
Router1(config-if)＃ip add 172.16.2.1 255.255.255.0
Router1(config-if)＃exit

Router1(config)＃int loop 3
Router1(config-if)＃ip add 172.16.3.1 255.255.255.0
Router1(config-if)＃exit

Router1(config)＃router ospf 1
Router1(config-router)＃network 172.16.0.0 0.0.0.255 area 1
Router1(config-router)＃network 172.16.1.0 0.0.0.255 area 1
Router1(config-router)＃network 172.16.2.0 0.0.0.255 area 1
Router3(config-router)＃network 172.16.3.0 0.0.0.255 area 1

（2）在 Router4 上查看路由表,请注意观察路由条目的数量。
Router4＃show ip route

```
        172.16.0.0/32 is subnetted, 4 subnets
O IA    172.16.1.1 [110/31] via 192.168.4.1, 00:00:11, FastEthernet0/0
O IA    172.16.0.1 [110/31] via 192.168.4.1, 00:00:11, FastEthernet0/0
O IA    172.16.3.1 [110/31] via 192.168.4.1, 00:00:11, FastEthernet0/0
O IA    172.16.2.1 [110/31] via 192.168.4.1, 00:00:11, FastEthernet0/0
C    192.168.4.0/24 is directly connected, FastEthernet0/0
C    192.168.5.0/24 is directly connected, FastEthernet0/1
O IA 192.168.1.0/24 [110/40] via 192.168.4.1, 00:17:30, FastEthernet0/0
O IA 192.168.2.0/24 [110/30] via 192.168.4.1, 00:17:32, FastEthernet0/0
O IA 192.168.3.0/24 [110/20] via 192.168.4.1, 00:17:32, FastEthernet0/0
R4#
```

此时,路由表中有 172.16.0.0、172.16.1.0、172.16.2.0、172.16.3.0 四条路由条目。
（3）在路由器 Router2 上进行路由汇总
Router(config-router)＃areae 1 range 172.16.0.0 255.255.252.0
请注意此条命令配置的位置是在路由器 Router2 上,并且注意网络号与子网掩码。
（4）再次在 Router4 上查看路由表,请注意观察路由条目的数量。
Router4＃show ip route

```
        172.16.0.0/22 is subnetted, 1 subnets
O IA    172.16.0.0 [110/31] via 192.168.4.1, 00:00:32, FastEthernet0/0
C    192.168.4.0/24 is directly connected, FastEthernet0/0
C    192.168.5.0/24 is directly connected, FastEthernet0/1
O IA 192.168.1.0/24 [110/40] via 192.168.4.1, 00:14:25, FastEthernet0/0
O IA 192.168.2.0/24 [110/30] via 192.168.4.1, 00:14:25, FastEthernet0/0
O IA 192.168.3.0/24 [110/20] via 192.168.4.1, 00:14:25, FastEthernet0/0
R4#
```

请注意,此时关于 172.16.0.0 的路由只有一条了。最上面的一句话说明是一个 172.16. 0.0/22 的子网。

3) 外部路由汇总

外部路由汇总,是指通过再发布被注入到 OSPF 网络中的外部路由的汇总。一般在自治系统边界路由器上进行。

命令格式:

Router(config-router)#summary-address 网络地址 掩码

参数说明:

网络地址与掩码:二者一起共同确定汇总的路由。

4.5.5 实训任务

【背景描述】

某企业的企业网络使用 OSPF 协议路由,已知企业网中的 OSPF 分为 3 个区域,网络拓扑示意图如图 4.5.5 所示,现已知区域 1 中的 IP 范围是从 192.168.0.0/24 ~ 192.168.9.0/24,区域 0 的 IP 范围为 192.168.100.0/24,区域 2 的 IP 范围为 192.168.200.0/24。现在需要对网络中路由器中的路由表进行优化。

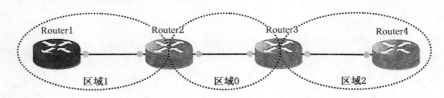

图 4.5.5 企业网络拓扑示意图

【任务要求】

你是一名网络高级技术支持工程师,请对网络进行必要的路由汇总,以减少路由表中的路由条目。

(1) 请你给出进行路由汇总的位置;

(2) 请给出具体的路由汇总的命令,并在 GNS3 中完成,并检测。

4.6 OSPF 特殊区域——Stub 区域

本节内容

➢多区域 OSPF 中路由器的分类与链路状态通告

➢多区域 OSPF 区域类型及特殊区域

➢多区域 OSPF 末节区域和完全末节区域的配置与应用案例

学习目标

➢理解多区域 OSPF 中路由器的分类与链路状态通告

➢理解多区域 OSPF 区域类型及特殊区域

➢掌握多区域 OSPF 末节区域和完全末节区域的配置及应用

4.6.1 多区域 OSPF 中的路由器分类与链路状态通告

1) 多区域 OSPF 中的路由器分类

OSPF 中的路由器可分成以下四种类型：

➢内部路由器：在一个普通区域内的路由器；

➢核心路由器：在 area0 区域内的路由器；

➢ABR 区域边界路由器：连接两个不同区域的路由器；

➢ASBR 自治系统边界路由器：连接 OSPF 域到另一个自治系统的路由器。

2) OSPF 的链路状态通告

OSPF 是目前应用最广泛的 IGP 协议，OSPF 通过链路状态通告（LSA）来实现路由器之间的路由信息的交流，OSPF 的 LSA 类型一共有 11 种，但常用的 LSA 只有 6 种。现在从 LSA 的产生、包含内容、传播范围等三个方面对常用的 LSA 进行说明。

（1）LSA1：路由器 LSA（Router LSA）

每个路由器都会生成。

描述本路由器所有连接和接口，并指明它们的状态和沿每条链路出站的成本代价。

只在本区域内传递，不会超过 ABR。

通过 LSA1 学习到的路由在路由表中由字母"O"指示。

（2）LSA2：网络 LSA（Network LSA）

在广播网络或非广播多路访问网络（NBMA）中，由指定路由器（DR）发出。

描述连接到本网络的有哪些路由器，以及本网的网络掩码。

只在本区域传递。

通过 LSA2 学习到的路由在路由表中由字母"O"指示。

（3）LSA3：网络汇总 LSA（Network Summary LSA）

由区域边界路由器（ABR）发出。

描述本区域内的所有路由信息，包括网络号和子网掩码。将本区域的路由汇总告知其他区域。

传播到整个 OSPF 的所有区域（特殊区域除外）。

注意：LSA3 每穿越一个 ABR，其通告路由器（ADV Router）都会发生改变，ADV Router 转变为最后一次穿越的 ABR 路由器。

（4）LSA4：ASBR 汇总 LSA（ASBR Summary LSA）

由区域边界路由器（ABR）发出。

描述的内容是指向自治系统边界路由器的路由。用来广播 ASBR 的位置。

传播到整个所有区域。

注意：自治系统边界路由器（ASBR）直连的网络不会产生 LSA4，因为 ASBR 会发出 LSA1，并说明自己是 ASBR。

（5）LSA5：自治系统外部 LSA（Autonomous System External LSA）

由自治系统边界路由器发出。

描述的是 OSPF 区域以外的非 OSPF 设备的路由信息（RIP、EIGRP、BGP 等）。

LSA5 可以传播到整个 OSPF 的所有区域（特殊区域除外）。

注意：LSA5 的通告路由器在穿越 ABR 的时候是不会改变的。通常在一个大型网络中，路由器的数据库中会存在大量的此类 LSA，给路由器形成较重的负荷。因此我们可以用 Stub 区域来限制此类 LSA 的传播。

（6）LSA7：NSSA 外部 LSA

是指在非纯末梢区域内（Not-So-Stubby Area）由 ASBR 发出的通告外部 AS 的 LSA。

仅仅在这个非纯末梢区域内泛洪。不能在整个自治系统内泛洪。

NSSA 网络中的 ABR 会将这类 LSA 转换为第 5 类 LSA 告诉主干区域。

4.6.2 多区域 OSPF 中区域类型

1）多区域 OSPF 的区域类型

OSPF 的区域可分为主干区域与标准区域两大类，主干区域的区域号为 0，其他非主干区域都称为标准区域。主干区域必须是连续的（也就是中间不会越过其他区域），也要求其余区域必须与骨干区域直接相连（但事实上，有时并不一定会这样，但最多与主干区域之间只可间隔一个标准区域，通过"虚拟链路"技术与主干区域相连）。

2）OSPF 的特殊区域

标准区域中，根据允许通过的链路状态通知的类型，又可以分为不同的区域类型，即四种特殊区域：

➢末节区域（Stub Area）；

➢完全末节区域（Totally Stubby Area）；

➢次末节区域（Not-So-Stubby Area）；

➢完全次末节区域（Totally Not-So-Stubby Area）。

（1）末节区域（Stub Area）

对于处于网络边缘的非主干区域，其中的路由器到外部区域的路由，必须要经过区域边界路由器（ABR）。那么，区域内的路由器可以不需要知道外部路由的详细情况，只需要一条指向 ABR 的默认路由（Default-Route）就可以了。这样可以使区域内路由器的路由表简化，且不受域外的路由变化的影响。这就是 OSPF 路由协议中"Stub Area"（末节区域）的设计理念。

在末节区域（Stub Area）中，区域外界路由器（ABR）将过滤掉所有外部路由进入末节区域，同时，末节区域内的路由器也不可以将外部路由重分布进 OSPF 进程，即末节区域内的路由器不可以成为 ASBR，但其他 OSPF 区域的路由（Inter-Area Route）可以进入末节区域，由于没有去往外部网络的路由，所以 ABR 会自动向末节区域内发送一条指向自己的默认路由

如果这个区域在网络的末梢（也就是边缘）就能够把它设置成为末梢区域，末梢区域不能有 ASBR，阻止类型 5 的 LSA 进入该区域，取而代之的是 ABR 通告的一条开销为 1 的默认路由，这样就能够大大减少该区域链路状态数据库的大小，因为反正去其他自制系统都只能经过 ABR 也就不需要学习到 5 类的 LSA 了，在这里说下，如果有两个 ABR 通告了默认路由，可以通过命令 area area-id default-cost 来修改默认路由的开销以控制路由。还要注意的是末梢区域不能配置虚链路。

配置末节区域：在末节区域中所有的路由器上配置命令 area area-id stub。

（2）完全末节区域（Totally Stub Area，Cisco 专有）

完全末节区域（Totally Stubby Area）除了阻止外部的类型 5 的 LSA 外，还会阻止汇总 LSA（类型 3 和类型 4 的 LSA，域间路由）进入该区域，通过在 ABR 上指定关键字 no-summary 让该区域变成完全末梢区域，ABR 通告默认路由到此区域，这样该区域的链路状态数据库中就只有域内路由和默认路由，这样链路状态数据库就更简洁了。

在 Totally Stubby Area（完全末节区域）下，ABR 将过滤掉所有外部路由和其他 OSPF 区域的路由（Inter-Area Route）进入完全末节区域，同时，末节区域内的路由器也不可以将外部路由重分布进 OSPF 进程，即完全末节区域内的路由器不可以成为 ASBR，由于没有去往外部网络的路由，所以 ABR 会自动向完全末节区域内发送一条指向自己的默认路由。

配置完全末梢区域：和末梢区域的配置是一样的，只要在 ABR 上加个 no-summary 就行了（area area-id stub no-summary）。

末节区域与完全末节区域的不同之处在于，末节区域可以允许其他 OSPF 区域的路由（Inter-Area Route）进入，而完全末节区域却不可以。

（3）次末节区域（Not-So-Stubby Area，NSSA，也称为非纯末节区域）

NSSA 是对末节区域的补充，像末节区域一样阻止 5 类 LSA，但 NSSA 可以包含 ASBR。NSSA 定义了一种特殊的 LSA——7 类 LSA，允许有限的外部路由注入到末梢区域，意思就是 NSSA 自己的 ASBR 学习到的外部路由以 7 类 LSA 在本区域中传播，而后将 7 类的 LSA 转换成 5 类的 LSA 传播到其他区域去，这样就过滤掉了从其他 ASBR 产生的 5 类 LSA 而保留了自身区域产生的 5 类 LSA。在路由表中 7 类的 LSA 用 O N2 或 O N1 表示（N1 和 N2 计算开销的方法和 E1、E2 是一样的），默认是 O N2。

在 Not-so-Stubby Area（NSSA）下，ABR 将过滤掉所有外部路由进入末节区域，同时也允许其他 OSPF 区域的路由（Inter-Area Route）进入 NSSA 区域，并且路由器还可以将外部路由重分布进 OSPF 进程，即 NSSA 区域内的路由器可以成为 ASBR，由于自身可以将外部网络的路由重分布进 OSPF 进程，所以 ABR 不会自动向 NSSA 区域内发送一条指向自己的默认路由，但可以手工向 NSSA 域内发送默认路由，并且只可在 ABR 上发送默认路由。

配置 NSSA 的方法：在区域内的所有路由器上配置命令：area area-id nssa，注意在 ABR 上要加上关键字 default-information-original，只有加上此关键字 ABR 才会通告一条 O　N2 的默认路由到此区域。

NSSA 与末节区域的最大区别在于，NSSA 区域可以允许自身将外部路由重分布进 OSPF，而末节区域则不可以。

（4）完全次末节区域（Totally Not-So-Stubby Area，也叫绝对次末节区域）

完全次末节区域，指在 5 类 LSA 进入的同时，也阻止类 3 和类 4 的 LSA 进入，通过在 ABR 上加关键字 no-summary 的域间路由都被到达 ABR 的默认路由替代了，此时因为加了 no-summary 所以不用加关键字 default-information-original 了。

在 Totally Not-so-Stubby Area（Totally NSSA）下，ABR 将过滤掉所有外部路由和其他 OSPF 区域的路由（Inter-Area Route）进入 Totally NSSA 区域，但路由器可以将外部路由重分布进 OSPF 进程，即 Totally NSSA 区域内的路由器可以成为 ASBR，由于没有去往其他 OSPF 区域的路由，所以 ABR 会自动向 Totally NSSA 内发送一条指向自己的默认路由，详见表 4.6.1。

表 4.6.1　OSPF 四种特殊区域对比

区域类型	接收区域间路由	ABR 是否自动发送默认路由	是否可以重分布外部路由
末节区域	是	是	否
完全末节区域	否	是	否
次末节区域	是	否	是
完全次末节区域	否	是	是

Totally NSSA 与 NSSA 的区别在于,NSSA 区域可以允许其他 OSPF 区域的路由(Inter-Area Route)进入,而 Totally NSSA 区域却不可以,但 Totally NSSA 区域的 ABR 会自动向 Totally NSSA 区域内发送一条指向自己的默认路由。

4.6.3　OSPF 末节区域与完全末节区域的配置及应用案例

1) OSPF 末节区域与完全末节区域的配置

命令格式:

Router(config-if)#area 区域号　stub　[no-summary]

参数说明:

区域号:即准备配置成末节区域或完全末节区域的区域号。

stub:当一个区域欲配置成末节区域或完全末节区域时,此域内的所有路由器都要配置 "area 区域号 stub"这条命令。

no-summary:表示将阻拦区域间的汇总路由。当一个区域欲配置成完全末节区域时,其区域边界路由器上必须加上此参数。但区域内的其他路由器不用加上此参数。也就是说,末节区域与完全末节区域在配置上,只是边界路由器上不同。

2) 应用案例

【配置举例】　已知某企业的网络拓扑如图 4.6.1 所示,区域 1 中 IP 范围为:192.168.1.0/24,192.168.2.0/24,区域 0 中的 IP 范围为:192.168.3.0/24,区域 2 中的 IP 范围为:192.168.4.0/24,192.168.5.0/24。外部网络为 200.2.2.0/24。现在要求:

(1) 企业内部网络使用多区域的 OSPF 实现路由,外部网络使用 RIP 路由,请完成配置,并验证。

(2) 如果区域 1 为末节区域,区域 2 为完全末节区域,请完成各路由器的配置,并验证。

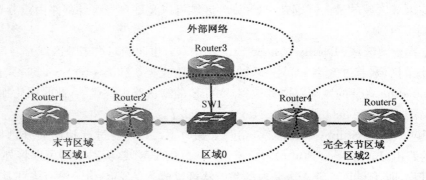

图 4.6.1　多区域 OSPF 网络拓扑结构图

Ⅰ. 路由器的基本配置

各路由器接口的 IP 地址,具体配置如下:

(1) 路由器 Router1 上配置

```
Router1(config)#interface  f0/0
Router1(config-if)#ip address 192.168.1.1 255.255.255.0
Router1(config-if)#no shutdown

Router1(config)#interface  f0/1
Router1(config-if)#ip address 192.168.2.1 255.255.255.0
Router1(config-if)#no shutdown

Router1(config)#router ospf 1
Router1(config-router)#network 192.168.1.0 0.0.0.255 area 1
Router1(config-router)#network 192.168.2.0 0.0.0.255 area 1
```

(2) 路由器 Router2 上配置

```
Router2(config)#interface  f0/0
Router2(config-if)#ip address 192.168.2.2 255.255.255.0
Router2(config-if)#no shutdown

Router2(config)#interface  f0/1
Router2(config-if)#ip address 192.168.3.1 255.255.255.0
Router2(config-if)#no shutdown

Router2(config)#router ospf 1
Router2(config-router)#network 192.168.2.0 0.0.0.255 area 1
Router2(config-router)#network 192.168.3.0 0.0.0.255 area 0
```

(3) 路由器 Router4 上配置

```
Router4(config)#interface  f0/0
Router4(config-if)#ip address 192.168.3.3 255.255.255.0
Router4(config-if)#no shutdown

Router4(config)#interface  f0/1
Router4(config-if)#ip address 192.168.4.1 255.255.255.0
Router4(config-if)#no shutdown

Router4(config)#router ospf 1
Router4(config-router)#network 192.168.3.0 0.0.0.255 area 0
Router4(config-router)#network 192.168.4.0 0.0.0.255 area 2
```

（4）路由器 Router5 上配置

Router5(config)#interface　f0/0

Router5(config-if)#ip address 192. 168. 4. 2 255. 255. 255. 0

Router5(config-if)#no shutdown

Router5(config)#interface　f0/1

Router5(config-if)#ip address 192. 168. 5. 1 255. 255. 255. 0

Router5(config-if)#no shutdown

Router5(config)#router ospf 1

Router5(config-router)#network 192. 168. 4. 0 0. 0. 0. 255 area 2

Router5(config-router)#network 192. 168. 5. 0 0. 0. 0. 255 area 2

（5）路由器 Router3 上配置

Router3(config)#interface　f0/0

Router3(config-if)#ip address 192. 168. 3. 2 255. 255. 255. 0

Router3(config-if)#no shutdown

Router3(config)#interface　f0/1

Router3(config-if)#ip address 200. 2. 2. 1 255. 255. 255. 0

Router3(config-if)#no shutdown

Router3(config)#router rip

Router3(config-router)#network 200. 2. 2. 0 255. 255. 255. 0

Router3(config)#router ospf 1

Router3(config-router)#network 192. 168. 3. 0 0. 0. 0. 255 area 0

Router3(config-router)#redistribute rip

Ⅱ. 查看区域 1 和区域 2 的情况（此时，还没有配置 Stub 和完全 Stub 区域）

（1）在路由器 Router1 上查看路由表

```
R1#sh ip route
Codes: C - connected, S - static, R - RIP, M - mobile, B - BGP
       D - EIGRP, EX - EIGRP external, O - OSPF, IA - OSPF inter area
       N1 - OSPF NSSA external type 1, N2 - OSPF NSSA external type 2
       E1 - OSPF external type 1, E2 - OSPF external type 2
       i - IS-IS, su - IS-IS summary, L1 - IS-IS level-1, L2 - IS-IS level-2
       ia - IS-IS inter area, * - candidate default, U - per-user static route
       o - ODR, P - periodic downloaded static route

Gateway of last resort is not set

O E2 200.2.2.0/24 [110/20] via 192.168.2.2, 00:02:18, FastEthernet0/1
O IA 192.168.4.0/24 [110/30] via 192.168.2.2, 00:00:04, FastEthernet0/1
O IA 192.168.5.0/24 [110/40] via 192.168.2.2, 00:00:04, FastEthernet0/1
C    192.168.1.0/24 is directly connected, FastEthernet0/0
C    192.168.2.0/24 is directly connected, FastEthernet0/1
O IA 192.168.3.0/24 [110/20] via 192.168.2.2, 00:05:39, FastEthernet0/1
R1#
```

请注意,此时区域 1 中的 Router1 中的路由表有 6 条路由,其中第一条为到外部网络(非 OSPF 区域,是通过重分发进 OSPF 的)200.2.2.0/24 的路由。路由类型为 E2。它的下一跳是通过区域 1 的边界网关 192.168.2.2。

(2) 在路由器 Router5 上查看路由表

```
R5#sh ip route
Codes: C - connected, S - static, R - RIP, M - mobile, B - BGP
       D - EIGRP, EX - EIGRP external, O - OSPF, IA - OSPF inter area
       N1 - OSPF NSSA external type 1, N2 - OSPF NSSA external type 2
       E1 - OSPF external type 1, E2 - OSPF external type 2
       i - IS-IS, su - IS-IS summary, L1 - IS-IS level-1, L2 - IS-IS level-2
       ia - IS-IS inter area, * - candidate default, U - per-user static route
       o - ODR, P - periodic downloaded static route

Gateway of last resort is not set

O E2 200.2.2.0/24 [110/20] via 192.168.4.1, 00:02:06, FastEthernet0/0
C    192.168.4.0/24 is directly connected, FastEthernet0/0
C    192.168.5.0/24 is directly connected, FastEthernet0/1
O IA 192.168.1.0/24 [110/40] via 192.168.4.1, 00:02:06, FastEthernet0/0
O IA 192.168.2.0/24 [110/30] via 192.168.4.1, 00:02:06, FastEthernet0/0
O IA 192.168.3.0/24 [110/20] via 192.168.4.1, 00:02:06, FastEthernet0/0
R5#
```

同样,此时区域 2 中的 Router5 中的路由表有 7 条路由,其中第一条为到外部网络(非 OSPF区域,是通过重分发进 OSPF 的)200.2.2.0/24 的路由。路由类型为 E2。它的下一跳是通过区域 2 的边界网关 192.168.4.1。

Ⅲ. 将查看区域 1 配置为末节区域,并查看情况

(1) 路由器 Router1 上配置

Router1(config)#router ospf 1

Router1(config-router)#area 1 stub   //stub 区域内部的所有路由器都要配置此命令

(2) 路由器 Router2 上配置

Router2(config)#router ospf 1

Router2(config-router)#area 1 stub   //stub 区域内部的所有路由器都要配置此命令

(3) 在路由器 Router1 上查看路由表

```
R1#sh ip route
Codes: C - connected, S - static, R - RIP, M - mobile, B - BGP
       D - EIGRP, EX - EIGRP external, O - OSPF, IA - OSPF inter area
       N1 - OSPF NSSA external type 1, N2 - OSPF NSSA external type 2
       E1 - OSPF external type 1, E2 - OSPF external type 2
       i - IS-IS, su - IS-IS summary, L1 - IS-IS level-1, L2 - IS-IS level-2
       ia - IS-IS inter area, * - candidate default, U - per-user static route
       o - ODR, P - periodic downloaded static route

Gateway of last resort is 192.168.2.2 to network 0.0.0.0

O IA 192.168.4.0/24 [110/30] via 192.168.2.2, 00:00:03, FastEthernet0/1
O IA 192.168.5.0/24 [110/40] via 192.168.2.2, 00:00:03, FastEthernet0/1
C    192.168.1.0/24 is directly connected, FastEthernet0/0
C    192.168.2.0/24 is directly connected, FastEthernet0/1
O IA 192.168.3.0/24 [110/20] via 192.168.2.2, 00:00:03, FastEthernet0/1
O*IA 0.0.0.0/0 [110/11] via 192.168.2.2, 00:00:03, FastEthernet0/1
R1#
```

在设置末节区域后,由于区域边界路由器阻止类型 5 的 LSA 的进入,并且向区域内发一个通往外部网络的默认路由。所以此时,路由表中没有了通往外部网络的路由的详细信息,只有一条默认路由,即路由表中的最后一条。它的下一跳是区域边界路由器的 IP 地址 192.168.2.2。

Ⅳ. 将查看区域 2 配置为完全末节区域,并查看情况

(1) 路由器 Router4 上配置

Router4(config)#router ospf 1

Router4(config-router)#area 2 stub no-summary　　//区域 2 的边界路由器上指明完全 stub

（2）路由器 Router5 上配置

Router5(config)#router ospf 1

Router5(config-router)#area 2 stub　　　//完全 stub 区域内部的所有路由器都要配置此命令

（3）在路由器 Router5 上查看路由表

```
R5#sh ip route
Codes: C - connected, S - static, R - RIP, M - mobile, B - BGP
       D - EIGRP, EX - EIGRP external, O - OSPF, IA - OSPF inter area
       N1 - OSPF NSSA external type 1, N2 - OSPF NSSA external type 2
       E1 - OSPF external type 1, E2 - OSPF external type 2
       i - IS-IS, su - IS-IS summary, L1 - IS-IS level-1, L2 - IS-IS level-2
       ia - IS-IS inter area, * - candidate default, U - per-user static route
       o - ODR, P - periodic downloaded static route

Gateway of last resort is 192.168.4.1 to network 0.0.0.0

C    192.168.4.0/24 is directly connected, FastEthernet0/0
C    192.168.5.0/24 is directly connected, FastEthernet0/1
O*IA 0.0.0.0/0 [110/11] via 192.168.4.1, 00:00:05, FastEthernet0/0
R5#
```

当区域被配置为完全末节区域时，不仅阻止类型 5 的 LSA 进入区域，还会阻止类型 3 和类型 4 的 LSA 进入区域，此时，所有区域间的路由信息也不会被广播进区域，区域内的路由器上只有到本区域的其他网络的路由信息，所有到其他区域以及到外部网络的路由，都被一条由区域边界路由器发出的默认路由代替了。即上面路由表中的最后一条，它的下一跳是区域边界路由器的 IP 地址 192.168.4.1。

4.6.4　实训任务

【背景描述】

A 企业的企业网络使用 OSPF 协议路由，随着企业业务扩展，网络随之扩大，由单区域变成多区域，即在区域 0 的基础上，增加了区域 1。随着业务的进一步扩展，网络又增加了区域 2。随着区域的增多，区域内的路由器的路由表的条目也不断增多，现在企业网欲对区域内的路由器的路由表的条目进行优化，以提高网络性能。

【任务要求】

你是一名网络高级技术支持工程师，请你提出解决方案，给出实现的实现配置。并对优化后的结果进行分析说明。

4.7　OSPF 特殊区域——NSSA 区域

本节内容

➢多区域 OSPF 次末节区域(NSSA)与完全次末节区域

➢多区域 OSPF 次末节区域(NSSA)和完全次末节区域的配置与应用案例

学习目标

➢理解多区域 OSPF 次末节区域(NSSA)与完全次末节区域

➢掌握多区域 OSPF 次末节区域(NSSA)和完全次末节区域的配置及应用

4.7.1 OSPF 次末节区域与完全次末节区域的配置及应用案例

1）OSPF 次末节区域与完全次末节区域的配置

命令格式：

Router(config-if)♯area 区域号 nssa ［no-summary］

参数说明：

区域号：即准备配置成末节区域或完全末节区域的区域号。

nssa：当一个区域欲配置成次末节区域或完全末节区域时，此域内的所有都要配置"area 区域号 nssa"这条命令。

no-summary：表示将阻拦区域间的汇总路由。当一个区域欲配置成完全次末节区域时，其区域边界路由器上必须加上此参数。但区域内的其他路由器不用加上此参数。也就是说，末节区域与完全末节区域在配置上，只是边界路由器上不同。

2）应用案例

【**配置举例**】 已知某企业的网络拓扑如图 4.7.1 所示，区域 1 中 IP 范围为：192.168.1.0/24，192.168.2.0/24，区域 0 中的 IP 范围为：192.168.3.0/24，区域 2 中的 IP 范围为：192.168.4.0/24。外部网络 1 为 200.2.2.0/24。外部网络 2 的 IP 范围为 203.3.3.0/24、204.4.4.0/24。现在要求：

（1）企业内部网络使用多区域的 OSPF 实现路由，外部网络使用 RIP 路由，将区域 2 配置成末节区域，请查看各路由器的路由表的情况，并分析。

（2）将区域 2 配置为次末节区域，请查看各路由器的路由表的情况，并分析。

（3）将区域 2 配置为完全末节区域，请查看各路由器的路由表的情况，并分析。

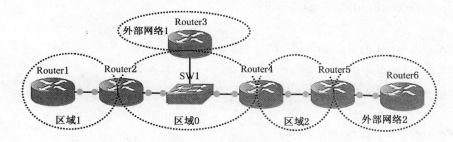

图 4.7.1 多区域 OSPF 网络拓扑结构图

Ⅰ. 路由器的基本配置，并且将区域 2 配置为末节区域

各路由器接口的 IP 地址，具体配置如下：

（1）路由器 Router1 上配置

　　Router1(config)♯interface f0/0

　　Router1(config-if)♯ip address 192.168.1.1 255.255.255.0

　　Router1(config-if)♯no shutdown

　　Router1(config)♯interface f0/1

　　Router1(config-if)♯ip address 192.168.2.1 255.255.255.0

　　Router1(config-if)♯no shutdown

Router1(config)♯router ospf 1

Router1(config-router)♯network 192. 168. 1. 0 0. 0. 0. 255 area 1

Router1(config-router)♯network 192. 168. 2. 0 0. 0. 0. 255 area 1

（2）路由器 Router2 上配置

Router2(config)♯interface　f0/0

Router2(config-if)♯ip address 192. 168. 2. 2 255. 255. 255. 0

Router2(config-if)♯no shutdown

Router2(config)♯interface　f0/1

Router2(config-if)♯ip address 192. 168. 3. 1 255. 255. 255. 0

Router2(config-if)♯no shutdown

Router2(config)♯router ospf 1

Router2(config-router)♯network 192. 168. 2. 0 0. 0. 0. 255 area 1

Router2(config-router)♯network 192. 168. 3. 0 0. 0. 0. 255 area 0

（3）路由器 Router3 上配置

Router3(config)♯interface　f0/0

Router3(config-if)♯ip address 192. 168. 3. 2 255. 255. 255. 0

Router3(config-if)♯no shutdown

Router3(config)♯interface　f0/1

Router3(config-if)♯ip address 200. 2. 2. 1 255. 255. 255. 0

Router3(config-if)♯no shutdown

Router3(config)♯router rip

Router3(config-router)♯network 200. 2. 2. 0 255. 255. 255. 0

Router3(config)♯router ospf 1

Router3(config-router)♯network 192. 168. 3. 0 0. 0. 0. 255 area 0

Router3(config-router)♯redistribute rip　metric 20

（4）路由器 Router4 上配置

Router4(config)♯interface　f0/0

Router4(config-if)♯ip address 192. 168. 3. 3 255. 255. 255. 0

Router4(config-if)♯no shutdown

Router4(config)♯interface　f0/1

Router4(config-if)♯ip address 192. 168. 4. 1 255. 255. 255. 0

Router4(config-if)#no shutdown

Router4(config)#router ospf 1
Router4(config-router)#network 192.168.3.0 0.0.0.255 area 0
Router4(config-router)#network 192.168.4.0 0.0.0.255 area 2
Router4(config-router)#area 2 stub　//将区域 2 配置成末节区域

(5) 路由器 Router5 上配置
Router5(config)#interface　f0/0
Router5(config-if)#ip address 192.168.4.2 255.255.255.0
Router5(config-if)#no shutdown

Router5(config)#interface　f0/1　　　　//此接口属于与区域 2 相连的外部网络
Router5(config-if)#ip address 203.3.3.1 255.255.255.0
Router5(config-if)#no shutdown

Router5(config)#router rip
Router5(config-router)#network 203.3.3.0 255.255.255.0

Router5(config)#router ospf 1
Router5(config-router)#network 192.168.4.0 0.0.0.255 area 2
Router5(config-router)#area 2 stub　//将区域 2 配置成末节区域
Router5(config-router)#redistribute　rip　metric 20

(6) 路由器 Router6 上配置
Router6(config)#interface　f0/0
Router6(config-if)#ip address　203.3.3.2 255.255.255.0
Router6(config-if)#no shutdown

Router6(config)#interface　f0/1
Router6(config-if)#ip address 204.4.4.1 255.255.255.0
Router6(config-if)#no shutdown

Router6(config)#router rip
Router6(config-router)#network 203.3.3.0
Router6(config-router)#network 204.4.4.0

Ⅱ. 查看路由器的路由表
(1) 查看区域 2 中的 Router5 的路由表

```
R5#sh ip route
Codes: C - connected, S - static, R - RIP, M - mobile, B - BGP
       D - EIGRP, EX - EIGRP external, O - OSPF, IA - OSPF inter area
       N1 - OSPF NSSA external type 1, N2 - OSPF NSSA external type 2
       E1 - OSPF external type 1, E2 - OSPF external type 2
       i - IS-IS, su - IS-IS summary, L1 - IS-IS level-1, L2 - IS-IS level-2
       ia - IS-IS inter area, * - candidate default, U - per-user static route
       o - ODR, P - periodic downloaded static route

Gateway of last resort is not set

C    203.3.3.0/24 is directly connected, FastEthernet0/1
R    204.4.4.0/24 [120/1] via 203.3.3.2, 00:00:16, FastEthernet0/1
C    192.168.4.0/24 is directly connected, FastEthernet0/0
R5#
```

　　路由器 Router5 实际上是自治系统的边界路由器,因为其 F0/1 接口是与外部网络 203.3.3.0/24 相连接的。

　　此时,Router5 路由表中也没有区域边界路由器广播到外部网络的默认路由。

　　(2) 查看区域 2 中的边界路由器 Router4 的路由表

```
R4#  sh ip route
Codes: C - connected, S - static, R - RIP, M - mobile, B - BGP
       D - EIGRP, EX - EIGRP external, O - OSPF, IA - OSPF inter area
       N1 - OSPF NSSA external type 1, N2 - OSPF NSSA external type 2
       E1 - OSPF external type 1, E2 - OSPF external type 2
       i - IS-IS, su - IS-IS summary, L1 - IS-IS level-1, L2 - IS-IS level-2
       ia - IS-IS inter area, * - candidate default, U - per-user static route
       o - ODR, P - periodic downloaded static route

Gateway of last resort is not set

O E2 200.2.2.0/24 [110/20] via 192.168.3.2, 00:36:25, FastEthernet0/0
C    192.168.4.0/24 is directly connected, FastEthernet0/1
O IA 192.168.1.0/24 [110/30] via 192.168.3.1, 00:36:25, FastEthernet0/0
O IA 192.168.2.0/24 [110/20] via 192.168.3.1, 00:36:25, FastEthernet0/0
C    192.168.3.0/24 is directly connected, FastEthernet0/0
R4#
```

　　可以发现,只有 5 条路由,由于区域 2 被设置为末节区域,所以在 OSPF 的类型 5 的 LSA 传播的。虽然在路由器 Router5 上将 RIP 重分发到了 OSPF,但外部网络的路由信息却没有传播到路由器 Router4 上来。但其作为区域外界路由器,路由表中有到外部网络 200.2.2.0/24 的详细路由信息。

　　(3) 查看区域 1 中的路由器 Router1 的路由表

```
R1#sh ip route
Codes: C - connected, S - static, R - RIP, M - mobile, B - BGP
       D - EIGRP, EX - EIGRP external, O - OSPF, IA - OSPF inter area
       N1 - OSPF NSSA external type 1, N2 - OSPF NSSA external type 2
       E1 - OSPF external type 1, E2 - OSPF external type 2
       i - IS-IS, su - IS-IS summary, L1 - IS-IS level-1, L2 - IS-IS level-2
       ia - IS-IS inter area, * - candidate default, U - per-user static route
       o - ODR, P - periodic downloaded static route

Gateway of last resort is not set

O E2 200.2.2.0/24 [110/20] via 192.168.2.2, 00:40:10, FastEthernet0/1
O IA 192.168.4.0/24 [110/30] via 192.168.2.2, 00:40:12, FastEthernet0/1
C    192.168.1.0/24 is directly connected, FastEthernet0/0
C    192.168.2.0/24 is directly connected, FastEthernet0/1
O IA 192.168.3.0/24 [110/20] via 192.168.2.2, 02:10:32, FastEthernet0/1
R1#
```

　　此时,区域 1 属于标准区域,所以,其内部的路由器 Router1 上的路由器也是 5 条,也有外部网络路由(200.2.2.0/24)的详细信息。

Ⅲ. 将区域 2 配置为 NSSA 区域

（1）路由器 Router4 上配置

Router4(config)♯router ospf 1

Router4(config-router)♯no area 2 stub　//取消区域 2 的末节区域配置

Router4(config-router)♯area 2 nssa　//将区域 2 配置成次末节区域

（2）路由器 Router5 上配置

Router5(config)♯router ospf 1

Router5(config-router)♯no area 2 stub　//取消区域 2 的末节区域配置

Router5(config-router)♯area 2 nssa　//将区域 2 配置成次末节区域

Ⅳ. 查看路由器的路由表

（1）查看区域 2 中的 Router5 的路由表

```
R5#sh ip route
Codes: C - connected, S - static, R - RIP, M - mobile, B - BGP
       D - EIGRP, EX - EIGRP external, O - OSPF, IA - OSPF inter area
       N1 - OSPF NSSA external type 1, N2 - OSPF NSSA external type 2
       E1 - OSPF external type 1, E2 - OSPF external type 2
       i - IS-IS, su - IS-IS summary, L1 - IS-IS level-1, L2 - IS-IS level-2
       ia - IS-IS inter area, * - candidate default, U - per-user static route
       o - ODR, P - periodic downloaded static route

Gateway of last resort is not set

C    203.3.3.0/24 is directly connected, FastEthernet0/1
R    204.4.4.0/24 [120/1] via 203.3.3.2, 00:00:16, FastEthernet0/1
C    192.168.4.0/24 is directly connected, FastEthernet0/0
O IA 192.168.1.0/24 [110/40] via 192.168.4.1, 00:01:51, FastEthernet0/0
O IA 192.168.2.0/24 [110/30] via 192.168.4.1, 00:01:51, FastEthernet0/0
O IA 192.168.3.0/24 [110/20] via 192.168.4.1, 00:01:51, FastEthernet0/0
R5#
```

此时,路由表中的条目只有 6 条,还是没有到外部网络（200.2.2.0/24）的默认路由。但是已经有了区域间路由的详细信息了。

（2）查看区域 2 中的边界路由器 Router4 的路由表

```
R4#sh ip route
Codes: C - connected, S - static, R - RIP, M - mobile, B - BGP
       D - EIGRP, EX - EIGRP external, O - OSPF, IA - OSPF inter area
       N1 - OSPF NSSA external type 1, N2 - OSPF NSSA external type 2
       E1 - OSPF external type 1, E2 - OSPF external type 2
       i - IS-IS, su - IS-IS summary, L1 - IS-IS level-1, L2 - IS-IS level-2
       ia - IS-IS inter area, * - candidate default, U - per-user static route
       o - ODR, P - periodic downloaded static route

Gateway of last resort is not set

O N2 203.3.3.0/24 [110/20] via 192.168.4.2, 00:02:53, FastEthernet0/1
O N2 204.4.4.0/24 [110/20] via 192.168.4.2, 00:02:53, FastEthernet0/1
O E2 200.2.2.0/24 [110/20] via 192.168.3.2, 00:02:53, FastEthernet0/0
C    192.168.4.0/24 is directly connected, FastEthernet0/1
O IA 192.168.1.0/24 [110/30] via 192.168.3.1, 00:02:53, FastEthernet0/0
O IA 192.168.2.0/24 [110/20] via 192.168.3.1, 00:02:53, FastEthernet0/0
C    192.168.3.0/24 is directly connected, FastEthernet0/0
R4#
```

此时,路由器 Router4 中的路由表的条目有 7 条,比原来多了两条通往外部网络 2 的路由（即:203.3.3.0/24、204.4.4.0/24 的路由）。说明当配置成次末节区域后,在次末节区域中,可以传输直连的外部网络 2 的路由信息了。

（3）查看区域 1 中的路由器 Router1 的路由表

```
R1#sh ip route
Codes: C - connected, S - static, R - RIP, M - mobile, B - BGP
       D - EIGRP, EX - EIGRP external, O - OSPF, IA - OSPF inter area
       N1 - OSPF NSSA external type 1, N2 - OSPF NSSA external type 2
       E1 - OSPF external type 1, E2 - OSPF external type 2
       i - IS-IS, su - IS-IS summary, L1 - IS-IS level-1, L2 - IS-IS level-2
       ia - IS-IS inter area, * - candidate default, U - per-user static route
       o - ODR, P - periodic downloaded static route

Gateway of last resort is not set

O E2 203.3.3.0/24 [110/20] via 192.168.2.2, 00:34:22, FastEthernet0/1
O E2 204.4.4.0/24 [110/20] via 192.168.2.2, 00:30:29, FastEthernet0/1
O E2 200.2.2.0/24 [110/20] via 192.168.2.2, 00:34:22, FastEthernet0/1
O IA 192.168.4.0/24 [110/30] via 192.168.2.2, 00:34:27, FastEthernet0/1
C    192.168.1.0/24 is directly connected, FastEthernet0/1
C    192.168.2.0/24 is directly connected, FastEthernet0/1
O IA 192.168.3.0/24 [110/20] via 192.168.2.2, 01:27:59, FastEthernet0/1
R1#
```

此时，我们可以看到 7 条路由，其中有两条外部网络 2 的路由信息。即上面的第一条与第二条。

Ⅴ．将区域 2 配置为完全次末节区域

（1）路由器 Router4 上配置

　　Router4(config)♯router ospf 1

　　Router4(config-router)♯no area 2 nssa　　//取消区域 2 的次末节区域配置

　　Router4(config-router)♯area 2 nssa　no-summary　　//将区域 2 配置成完全次末节区域

（2）路由器 Router5 上的配置不变

Ⅵ．查看路由器的路由表

（1）查看区域 2 中的 Router5 的路由表

```
R5#sh ip route
Codes: C - connected, S - static, R - RIP, M - mobile, B - BGP
       D - EIGRP, EX - EIGRP external, O - OSPF, IA - OSPF inter area
       N1 - OSPF NSSA external type 1, N2 - OSPF NSSA external type 2
       E1 - OSPF external type 1, E2 - OSPF external type 2
       i - IS-IS, su - IS-IS summary, L1 - IS-IS level-1, L2 - IS-IS level-2
       ia - IS-IS inter area, * - candidate default, U - per-user static route
       o - ODR, P - periodic downloaded static route

Gateway of last resort is 192.168.4.1 to network 0.0.0.0

C    203.3.3.0/24 is directly connected, FastEthernet0/1
R    204.4.4.0/24 [120/1] via 203.3.3.2, 00:00:02, FastEthernet0/1
C    192.168.4.0/24 is directly connected, FastEthernet0/0
O*IA 0.0.0.0/0 [110/11] via 192.168.4.1, 00:27:20, FastEthernet0/0
R5#
```

此时，路由表中多了一条通信外部网络的默认路由，即路由表的最后一条。

（2）查看区域 2 中的边界路由器 Router4 的路由表

```
R4#sh ip route
Codes: C - connected, S - static, R - RIP, M - mobile, B - BGP
       D - EIGRP, EX - EIGRP external, O - OSPF, IA - OSPF inter area
       N1 - OSPF NSSA external type 1, N2 - OSPF NSSA external type 2
       E1 - OSPF external type 1, E2 - OSPF external type 2
       i - IS-IS, su - IS-IS summary, L1 - IS-IS level-1, L2 - IS-IS level-2
       ia - IS-IS inter area, * - candidate default, U - per-user static route
       o - ODR, P - periodic downloaded static route

Gateway of last resort is not set

O N2 203.3.3.0/24 [110/20] via 192.168.4.2, 00:28:29, FastEthernet0/1
O N2 204.4.4.0/24 [110/20] via 192.168.4.2, 00:24:21, FastEthernet0/1
O E2 200.2.2.0/24 [110/20] via 192.168.3.2, 00:28:29, FastEthernet0/0
C    192.168.4.0/24 is directly connected, FastEthernet0/1
O IA 192.168.1.0/24 [110/30] via 192.168.3.1, 00:28:29, FastEthernet0/0
O IA 192.168.2.0/24 [110/20] via 192.168.3.1, 00:28:29, FastEthernet0/0
C    192.168.3.0/24 is directly connected, FastEthernet0/0
R4#
```

此时,与次末节区域相同。

(3) 查看区域 1 中的路由器 Router1 的路由表

```
R1#sh ip route
Codes: C - connected, S - static, R - RIP, M - mobile, B - BGP
       D - EIGRP, EX - EIGRP external, O - OSPF, IA - OSPF inter area
       N1 - OSPF NSSA external type 1, N2 - OSPF NSSA external type 2
       E1 - OSPF external type 1, E2 - OSPF external type 2
       i - IS-IS, su - IS-IS summary, L1 - IS-IS level-1, L2 - IS-IS level-2
       ia - IS-IS inter area, * - candidate default, U - per-user static route
       o - ODR, P - periodic downloaded static route

Gateway of last resort is not set

O E2 203.3.3.0/24 [110/20] via 192.168.2.2, 00:29:00, FastEthernet0/1
O E2 204.4.4.0/24 [110/20] via 192.168.2.2, 00:25:07, FastEthernet0/1
O E2 200.2.2.0/24 [110/20] via 192.168.2.2, 00:29:00, FastEthernet0/1
O IA 192.168.4.0/24 [110/30] via 192.168.2.2, 00:29:05, FastEthernet0/1
C    192.168.1.0/24 is directly connected, FastEthernet0/0
C    192.168.2.0/24 is directly connected, FastEthernet0/1
O IA 192.168.3.0/24 [110/20] via 192.168.2.2, 01:22:37, FastEthernet0/1
R1#
```

此时,与次末节区域时相同。

4.7.2 实训内容

【背景描述】

A 企业随着业务的扩展需求,其企业网本身在不同地扩展,同时与外界的通道也在增多。A 公司企业网内部使用多区域的 OSPF,现在原来被设置为末节区域的区域 3,要与外部网络 C 相连,并欲将 C 网络中的路由分发到 A 公司的 OSPF 中。

【任务要求】

若你是一名网络高级技术支持工程师,请你实现提出一个最优级化的解决方案,并配置实现。

4.8 BGP 协议

本节内容

➤BGP 及其工作机制

➤BGP 的基本配置

➤BGP 应用案例

学习目标

➤理解 BGP 的基本概念及其工作机制

➤掌握 BGP 的基本配置及应用

4.8.1 BGP 及其工作机制

1) 互联网的两层路由架构

整个互联网由很多个自治系统组成,互联网的路由采用两层架构的机制:自治系统内部路由与自治系统之间路由。

自治系统内部路由使用内部网关协议,如 RIP、OSPF 等。内部网关协议需要精确地维护当前自治系统网络拓扑的完整映射表,以及自治系统内部任意两点之间"最佳路径"的集合。

自治系统之间路由使用外部网关协议,如 BGP 协议。自治系统之间路由时,是以自治系统为对象的。级别高于自治系统内部路由,所以,自治系统内部的精确的拓扑结构信息在这一层次上可以被忽略。

2) 自治系统号

每一个自治系统都用一个唯一的自治系统号来标识。自治系统号由 ICANN(因特网号码分配管理局)负责统一编号、分配与管理。自治系统号长度为 16 个二进制位,共有 65 536 个号码。其中,0 号、65 535 号被指定为保留号,没有使用;23 456 号被指定保留给号码转换时使用;64 512 号到 65 534 号被指定为专用号码(类似于 IP 地址里的专用地址)。1~64 511 之间号码(除去 23 456 号)可以用于互联网路由。

3) BGP 的工作机制

BGP 主要在自治系统之间交换路由信息,并确保无环路的路由选择。对于 BGP 而言,整个互联网就是一张由自治系统组成的图。任何两个自治系统之间的连接就形成一条路径,路径信息的集合由一个被称为 AS_PATH 的 AS 号码序列表达。BGP 使用 TCP 协议,端口号为 179。

两个自治系统的边界路由器之间的 BGP 协议运动过程简介如下:

首先,手工指定对方(称为邻居或对等体)建立连接。

其次,交换路由。在 BGP 邻居刚建立连接时,交换所有的候选 BGP 路由。

第三,增量更新与从保活通知。在首次交换路由之后,一般只在网络路由信息发生变化时,才发送增量路由更新。如果没有路由变化,BGP 发言仍会周期性地发送 keepalive 消息来维持 BGP 连接。默认情况下,keepalive 数据包每隔 60 s 被发送一次。

4.8.2　BGP 的基本配置

1) 启用 BGP 路由

命令格式:

Router(config)# router　BGP　自治系统号

参数说明:

自治系统号:这里的 AS 不能任意指定(因为 BGP 的一边是您公司的网络,另一边是 Internet)。一台路由器只能有一个 BGP 实例,不会把一个路由器放到多个 BGP(AS)中。可用 AS 号是否一样,来判断邻居是 IBGP 还是 EBGP,如果是同一 AS,那么是 IBGP。

2) 配置邻居

命令格式:

Router(config-router)# neighbor　IP 地址　remote-as 自治系统号

参数说明:

IP 地址:这个命令是用于指定邻居的,BGP 的邻居需要手动指定。只有指定了邻居,才能激活 BGP 会话。命令中的 IP 地址是邻居(对方)的 IP。EBGP 情况下,这个 IP 地址应该是与你这个路由器直连的 IP,而 IBGP 情况下,这个 IP 地址可以是对方路由器上任何一个 IP 地址,当然要求两个路由器能 Ping 通。IBGP 的邻居 IP 一般情况下使用 Loopback 端口的 IP 地址进行邻居的指定。

自治系统号:指邻居所在的自治系统的自治系统号。

3) 通过 network 或 redistribute 通告路由

BGP 向其他 AS 通告其所在 AS 内部的路由的方式有两种:

一种是通过 network 命令通告需要的路由;另一种是通过 redistribute 命令将内部网关学

习到的路由进行重分发。

（1）用 network 通告

命令格式：

Router(config-router)♯network　网络号　mask　子网掩码

参数说明：

网络号：要通告的网络的网络号。

此命令不是像 IGP（如 RIP、OSPF）中用以确定要发送和接收路由更新的接口，以及通告哪些直连网络。在配置 BGP 时，network 命令与 BGP 在哪些接口上运行无关。此命令是用以告诉 BGP 路由进程通告哪些本地所学网络。这些网络可以是直连路由、静态路由或通过一个动态路由选择协议学到的路由。这些路由还必须存在于本路由器的路由表中，否则它们就不会在路由更新中被发送。

（2）用 redistribute 通告

命令格式：

Router(config-router)♯redistribute　协议［进程号］

参数说明：

协议：指把路由广播到 BGP 中的路由协议，如 OSPF。

进程号：可选，指与协议对应的进程号。

redistribute 可以将其他协议（包括静态、直连）整个导入 BGP，而 network 可以把路由表里具体的某一个条目导入 BGP 进程。

使用 redistribute 命令把 IGP 路由发往 BGP，操作简单，但缺点是 IGP 的不稳定会造成 BGP 内的路由动荡；另一缺点是可能引入错误的路由，一般不采用。

使用 network 命令把 IGP 路由发往 BGP，对发出的路由进行了有效的控制，稳定性有所增强。

4）查看 BGP 的状态信息

（1）显示 BGP 路由表中的条目

命令格式：

Router♯show ip bgp

说明：

该命令输出中含有 BGP 路由表的版本号，本地路由器每次收到变化了的路由信息后，就增加该版本号。

例：在运行 BGP 的某路由器上查看 BGP 的状态

Router♯show ip bgp

Network	Next Hop	Metric	LocPrf	Weight	Path
＊＞ 192.168.1.0/24	192.168.2.1	0	0	0	100 ?
＊＞ 192.168.2.0/24	0.0.0.0	0		32768	i
＊	192.168.2.0	0	0	0	100 ?
＊＞	0.0.0.0	0		32768	i
＊＞ 192.168.4.0/24	192.168.3.2	0	0	0	200 ?
＊＞ 192.168.5.0/24	192.168.3.2	0	0	0	200 ?

说明：

"＊"号：路由条目前的"＊"号代表有效，例如路由表中存在从其他协议学到的 ad 值更优的路由,就没有 *(此时是 r,表示装路由表失败)。

"＞"号:表示最优。一个网段,有多条路径时,最优的前面有"＞"号。并会被安放在路由器的 IP 路由表中。

(2) 显示每个 BGP 连接的详细信息

命令格式:

Router♯show ip bgp neighbors

说明:

该命令主要输出邻居路由器之间的 BGP 状态。"Established"之外的其他状态都说明对等体之间还不能交换路由信息。

当使用 show ip bgp 没有发现期望的 BGP 路由时,可以使用此命令查看路由器之间的 BGP 连接是否已经建立。

此命令后面可以跟多个参数,但 Cisco Packet Tracer 6 模拟器当前不支持。

(3) 显示所有 BGP 连接的汇总信息

命令格式:

Router♯show ip bgp summary

说明:

该命令主要输出路由器上 BGP 连接的汇总信息。

4.8.3　BGP 的应用案例

【配置举例】　两个 AS 内部使用单区域 OSPF 进行路由(见图 4.8.1),现要求外部通过BGP 互连。

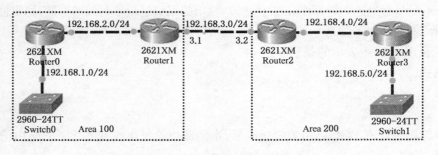

图 4.8.1　网络拓扑结构图

(1) 路由器 Router0 上配置 OSPF

　　　Router0(config)♯router ospf 1

　　　Router0(config-router)♯net 192.168.1.0 0.0.0.255 area 0

　　　Router0(config-router)♯net 192.168.2.0 0.0.0.255 area 0

(2) 路由器 Router1 上配置 OSPF 与 BGP

　　　Router1(config)♯router ospf 1

　　　Router1(config-router)♯net 192.168.2.0 0.0.0.255 area 0

　　　Router1(config-router)♯ redistribute bgp 100　　//将 BGP 学习到的路由分发到 OSPF 中

　　　Router1(config)♯router bgp 100　　//启动 BGP 进程,并指明所在的 AS 号

　　　Router1(config-router)♯ neighbor 192.168.3.2 remote-as 200　　//配置邻居

Router1(config-router)# redistribute ospf　1　//将 OSPF 路由分发到 BGP 中

（3）路由器 Router2 上配置

Router2(config)# router ospf 1

Router2(config-router)# net 192.168.4.0 0.0.0.255 area 0

Router2(config-router)# redistribute bgp　200

Router2(config)# router bgp 200

Router2(config-router)# neighbor　192.168.3.1 remote-as 100

Router2(config-router)# net 192.168.4.0 mask　255.255.255.0

Router2(config-router)# net 192.168.5.0 mask　255.255.255.0

（4）路由器 Router3 上配置

Router3(config)# router ospf 1

Router3(config-router)# network 192.168.4.0 0.0.0.255 area 0

Router3(config-router)# network 192.168.5.0 0.0.0.255 area 0

（5）验证

① 完成上面的配置后,在路由器 Router0 或路由器 Router3 上查看路由表,查看路由学习的情况。

② 并在路由器 Router0 上 ping 路由器 Router3 上的一个接口的 IP 地址,查看网络连通情况。

4.8.4　实训任务

【背景描述】

如图 4.8.2 所示,B 公司通过 Internet 开展业务。为了进一步做大做强,公司与产业链上下的 A 和 C 两家公司形成更紧密的合作关系。

【任务要求】

若你是一名网络高级技术支持工程师,请你在 B 公司的边界路由器与 A 公司和 C 公司的自治系统边界路由器之间配置 BGP。

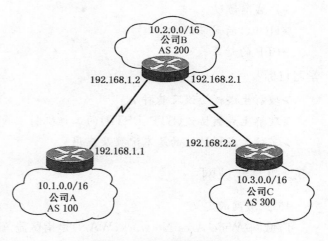

图 4.8.2　网络拓扑结构图

5 广域网设计

本章内容

　　5.1　广域网协议及封装

　　5.2　PPP 认证

学习目标

➤理解广域网及其协议,掌握 HDLC 和 PPP 的封装

➤掌握 PPP 的认证

5.1　广域网协议及封装

本节内容

　　➤广域网协议

　　➤HDLC 的封装

　　➤PPP 的封装

学习目标

　　➤理解生成树协议及其种类

　　➤理解生成树协议(STP、RSTP)的工作机制

　　➤掌握生成树协议的基本配置及应用

5.1.1　广域网

1) 广域网的定义

广域网(Wide Area Network,WAN)是指覆盖范围很广的一种跨地区的数据通信网络,其距离没有限制。它能连接多个城市或国家,或横跨几个洲并能提供远距离通信,形成国际性的远程网络。

广域网技术主要体现在 OSI 参考模型的物理层和数据链路层。大部分广域网都采用存储转发方式进行数据交换。广域网的通信子网主要使用分组交换技术。广域网的通信子网可以利用公用分组交换网、卫星通信网和无线分组交换网,它将分布在不同地区的局域网或计算机系统互连起来,达到资源共享的目的。如因特网(Internet)是世界范围内最大的广域网。

2) 广域网的连接类型

广域网的连接类型主要有三种:

(1) 租用线路(专线):租用线路指点到点连接或专线连接。租用线路是从本地 CPE 经过

DCE 交换机到远程 CPE 的一条预先建立的 WAN 通信路径。允许 DTE 网络在任何时候不用设备就可以传输数据进行通信。当不考虑使用成本时，它是最好的选择类型。它使用同步串行线路，速率最高可达 T3 级带宽(45Mb/s)。租用线路通常使用 HDLC 和 PPP 封装类型。

（2）电路交换：当你听到电路交换这个术语时，就想一想电话呼叫。它最大的优势是成本低。在建立端到端连接之前不能传输数据。电路交换使用拨号调制解调器或 ISDN，用于低带宽数据传输。

（3）包交换（分组交换）：这是一种 WAN 交换方法，允许和其他公司共享带宽以节省资金。可以将包交换想象为一种看起来像租用线路但费用更像电路交换的一种网络。不利因素是：如果要经常传输数据，则不要考虑这种类型，应当使用租用线路；如果是偶然突发性的数据传输，则包交换可以满足需要。帧中继和 X.25 是包交换技术。速率从 56K/s 到 T3。

3）广域网传输类型和传输设备

广域网一般使用串行连接器进行串行传输，即一个信道一次只传输一位。广域网的传输设备根据功能的不同，主要可分为数据终端设备(DTE)、数据通信设备(DCE)和信道传输单元(CSU)、数据传输单元(DSU)等，路由器接口默认情况下是 DTE，连接着 DCE。DCE 网络能为路由器提供时钟速率，如果没有 CSU/DSU 设备，那么需要通过 clock rate 命令为电缆的 DCE 一端设置时钟速率，可以通过 show controllers s0 查看是否配置了时钟速率。

DCE 设备：CSU/DSU。

DTE 设备：EIA/TIA-232、EIA/TIA-449、EIA-530、V.35(用于连接 CSU/DSU)、X.21(用于连接 X.25)、HSSI 等。

常用的网络连接方法：DTE—CSU/DSU—DCE—CSU/DSU—DTE。在实验环境中一般采用的连接方法为 DTE—DCE。

4）广域网的协议

广域网使用的协议有帧中继、ISDN、LAPB、LAPD、HDLC、PPP、ATM 等，这里主要介绍 HDLC 和 PPP 协议。

HDLC(High-Level Data Link Control Protocol，高级数据链路控制协议)是一个在同步网上传输数据、面向比特的、点到点的数据链路层协议，它是由国际标准化组织(ISO)根据 IBM 公司的 SDLC(Synchronous Data Link Control)协议扩展开发而成的。HDLC 使用帧特性和校验以及在同步串行数据链路上的封装方法。没有任何认证可以用于 HDLC。HDLC 具有效率高、实现简单的特点。

HDLC 工作过程可以分成建立连接、数据传输、超时断连三个阶段：

（1）协商建立连接阶段：HDLC 每隔 10 s 互相发送链路探测的协商报文，报文的收发顺序是由序号决定的，序号失序则造成链路断连。这种用来探询点到点链路是否处于激活状态的报文称为保活(Keep Alive)报文。

（2）数据传输阶段：将数据封装成 HDLC 报文进行传输。在数据传输过程中，仍然进行保活报文的交互，以探测链路的合法有效性。

（3）超时断连阶段：当 HDLC 接口连续 10 次无法收到对方的确认信息时，HDLC 协议 Line Protocol 由 UP 转为 Down。此时链路处于断开状态，数据无法通信。

HDLC 的帧结构有两种类型，一种是 ISO HDLC 帧结构，一种是 Cisco HDLC 帧结构。ISO HDLC 采用 SDLC 的帧格式，支持同步，全双工操作，分为物理层及 LLC 两个子层，其帧结构如图 5.1.1 所示，ISO HDLC 的帧由标志字段、地址字段、控制字段、数字字段、帧校验序列字段等组成。Cisco HDLC 是从 ISO 3309 发展来的,其帧格式比 ISO HDLC 帧格式多了一个专用字段,以提供对多协议环境的支持。ISO HDLC 只能支持单协议环境。

锐捷路由器的同步串行口默认封装 Cisco HDLC,所以锐捷路由器可以和 Cisco 路由器直接相连,但如果把锐捷路由器和不支持 Cisco HDLC 的路由器相连,就需要采用其他协议(如 PPP)(见图 5.1.1)。

ISO HDLC帧格式

标志字段F	地址字段A	控制字段C	数字字段D	FCS	标志字段F

Cisco HDLC帧格式

标志字段F	地址字段A	控制字段C	专用字段P	数字字段D	FCS	标志字段F

图 5.1.1　ISO HDLC 与 Cisco HDLC 帧格式

PPP 协议是一种点对点串行通信协议。PPP 协议是 IETF 在 1992 年制定的,经过 1993 年和 1994 年的修订,现在的 PPP 协议在 1994 年就已成为因特网的正式标准[RFC1661]。

PPP 具有处理错误检测、支持多个协议、允许在连接时协商 IP 地址、允许身份认证等功能。PPP 提供了三类功能:成帧;链路控制协议 LCP;网络控制协议 NCP。PPP 是面向字符类型的协议。

PPP 协议由于能够提供用户验证、易于扩充和支持同异步而获得较为广泛的应用。

5.1.2　广域网协议的配置和案例

1) 广域网协议配置命令

广域网协议配置的主要命令及格式如下:

(1) 配置接口的封装协议

命令格式:

Router(config-if)＃encapsulation hdlc|PPP

说明:

用来指明此接口上使用封装的协议,比如 HDLC、PPP、Frame-relay 等。

同步口上默认值封装的协议是 HDLC,如果从其他协议改变封装到 HDLC 协议,需要使用 encapsulation 命令指定。

(2) 配置保活间隔时间

命令格式:

Router(config-if)＃keepalive *seconds*

说明:

seconds:同步口的 HDLC 可以配置的参数只有 keepalive 的间隔时间,默认值是 10 s,可以根据链路的流量来设置这个时间。

(3) 设置时钟速率

命令格式:

Router(config-if)＃clock rate *clockrate*

说明:

clockrate:取值范围从 1 200～4 000 000 中选取。

（4）打开同步口接口的报文调试开关，实现对 HDLC 协议的监控

命令格式：

Router(config)♯debug serial interface

说明：

debug serial interface 命令用来观察所有端口上所接收的保活信息。

2）案例

【**配置举例**】 某网络的拓扑结构与各设备的 IP 地址如图 5.1.2 所示，两个路由器之间使用串行线路。如果现在要求两个路由器之间使用 HDLC 协议进行封装，且时钟速率为 64 000 bps，请配置，并验证。

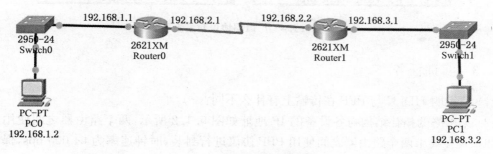

图 5.1.2　广域网网络拓扑图

（1）路由器 Router0 上的协议封装配置

　　主要是指明封装的协议为 HDLC，并设置速率为 64 000 bps。

　　　　Router0(config)♯interface　serial 1/0

　　　　Router0(config-if)♯encapsulation hdlc

　　　　Router0(config-if)♯ clock rate 64000

（2）路由器 Router1 上的协议封装配置

　　主要是指明封装的协议为 HDLC。

　　　　Router1(config)♯interface　serial 1/0

　　　　Router1(config-if)♯encapsulation hdlc

（3）验证

　　在 PC0 上 Ping 通 PC1，切换到模拟状态下，查看包的传输情况，当 ICMP 包传到 Router0 时，打开数据包，如图 5.1.3 所示。

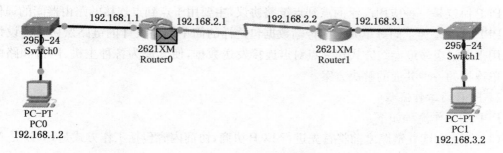

图 5.1.3　广域网协议数据包

由图 5.1.4 可以看到，ICMP 包进入路由器时，在第二层是 Ethernet II 的帧格式，从路由器串口出去时，已变为 HDLC 的帧格式。

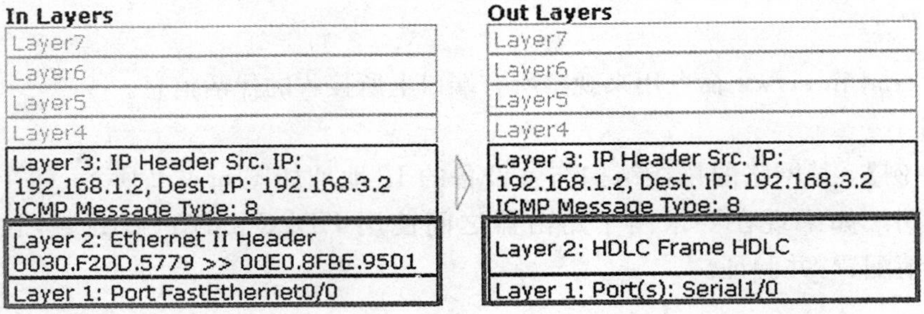

图 5.1.4　广域网协议封装查看

5.1.3　实训任务

（1）请说明 HDLC 与 PPP 在传输上有什么不同？

（2）某网络的拓扑结构与各设备的 IP 地址如图 5.1.2 所示，两个路由器之间使用串行线路。如果现在要求两个路由器之间使用 PPP 协议进行封装，时钟速率为 64 000 bps，保活时间为 15 s，请完成配置，并验证。

5.2　PPP 认证

本节内容

➤PPP 协议认证

➤PPP PAP 认证

➤PPP CHAP 认证

学习目标

➤理解 PPP 协议认证的方式及工作机制

➤掌握 PPP PAP 认证和 CHAP 认证的配置及应用

5.2.1　PPP 协议及其工作机制

PPP 协议是一种应用广泛的点到点链路协议，主要用于点到点连接的路由器间的通信。

PPP 协议是为了同等单元之间传输数据包这样的简单链路设计的链路层协议。设计的目的是用来通过拨号或专线方式建立点对点连接发送数据，使其成为各种主机、网桥和路由器之间简单连接的一种共通的解决方案。

1）PPP 的工作流程

PPP 的工作流程如下：

（1）PPP 在建立链路之前将首先进行 LCP 协商，协商内容包括工作方式是 SP 还是 MP、验证方式和最大传输单元等项目；

（2）LCP 协商过后就进入了 Establish 阶段，此时 LCP 状态为 Opened，表示链路已经建立；

（3）如果配置了验证（远端验证本地或者本地验证远端）就进入 Authenticate 阶段，开始 CHAP 或 PAP 验证；

（4）如果验证失败，进入 Terminate 阶段，拆除链路，LCP 状态转为 Closed；如果验证成功，就进入 Network·协商阶段（NCP），此时 LCP 状态仍为 Opened，而 IPCP 和 IPXCP 状态从 Closed 转为 Opened；

（5）NCP 支持 IPCP、IPXCP 和 BRIDGECP 协商，IPCP 协商主要包括双方的 IP 地址，IPXCP 协商主要包括双方的网络号和节点号，BRIDGECP 协商主要包括双方的 MAC 地址、MAC 地址类型、生成树和 Bridge 标识。通过 NCP 协商来选择和配置一个或多个网络层协议。每个选中的网络层协议配置成功后，该网络层协议就可通过这条链路发送报文了。

（6）该链路将一直保持通信，直至有明确的 LCP 或 NCP 帧关闭这条链路，或发生了某些外部事件。

2）PPP 的验证方式

PPP 支持两种验证方式，即 PAP 和 CHAP。

（1）PAP

PAP 是一种简单的明文验证方式。PAP 为 2 次握手验证，口令为明文，PAP 验证过程如下：

➤被验证方发送用户名和口令到验证方；

➤验证方根据用户配置查看是否有此用户以及口令是否正确，然后返回不同的响应。

（2）CHAP

CHAP 是一种加密的验证方式，能够避免建立连接时传送用户的真实密码。CHAP 为 3 次握手验证，口令为密文（密钥）。CHAP 验证过程如下：

➤验证方向被验证方发送一些随机产生的报文；

➤被验证方用自己的口令字和 MD5 算法对该随机报文进行加密，将生成的密文发回验证方；

➤验证方用自己保存的被验证方口令字和 MD5 算法对原随机报文加密，比较二者的密文，根据比较结果返回不同的响应。

5.2.2　配置 PAP 验证

1）配置 PAP 服务端

服务端需要配置一个数据库，保存客户端的用户名和密码。

（1）在服务器上配置 PAP 验证

命令格式：

Router(config)♯username *username* password *password*

Router(config)♯interface *interface-id*

Router(config-if)♯encapsulation ppp

Router(config-if)♯ppp authentication pap

参数说明：

username 与 *password* 分别表示用于向数据库中添加客户端的用户名和密码。

interface 命令用于指定要配置的接口，必须是 Serial 口，*interface-id* 是接口号。

encapsulation ppp 命令指定该接口采用 PPP 协议封装。

ppp authentication pap 命令用于在该接口上启用 PAP 验证。

（2）取消配置的 PAP 验证

命令格式：

    Router(config)＃interface *interface-id*

    Router(config-if)＃no ppp authentication pap

【**配置举例 1**】 网络中的 2 个路由器 Router0 与 Router1 之间需要配置 PAP 认证（见图 5.2.1），现已知路由器 Router0 作为服务器，使用串口 Serial 0/0 连向客户端路由器 Router1。现假设用户名为 bob，密码为 abcde。服务器端（路由器 Router0）方的配置如下：

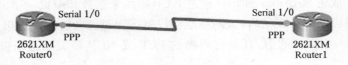

图 5.2.1　PAP 认证网络拓扑图

Router0＞enable

Router0＃configure terminal

Router0(config)＃username bob password abcde

Router0(config)＃interface serial 1/0

Router0(config-if)＃encapsulation ppp

Router0(config-if)＃ppp authentication pap

2）配置 PAP 客户端

在 PAP 验证中，客户端需要向服务端发送用户名和密码，由服务端检查用户的合法性。

在客户端配置 PAP 验证：

命令格式：

    Router(config)＃interface *interface-id*

    Router(config-if)＃encapsulation ppp

    Router(config-if)＃ppp pap sent-username *username* password *password*

说明：

    interface 命令用于指定要配置的接口，必须是 Serial 口，*interface-id* 是接口号。

    encapsulation ppp 命令指定该接口采用 PPP 协议封装。

    ppp pap sent-username 命令配置 PAP 验证发送的用户名和密码，该名字和密码必须和服务端数据库中的名字和密码相同。

【**配置举例 2**】 下面是例 1 中客户端的配置。它在 Serial 0/0 口配置了 PPP 协议以及 PAP 验证所需的用户名和密码，这里的用户名和密码由服务端提供。

Router1＞enable

Router1＃configure terminal

Router1(config)＃interface s1/0

Router1(config-if)＃encapsulation ppp

Router1(config-if)＃ppp pap sent-username bob password abcde

3）配置双向 PAP 验证

PAP 验证可以配置为双向的，两端都需要验证对方的身份，只有双方的验证都通过了，

PPP 连接才会建立。

【配置举例 3】　两个路由器 Router0 和 Router1 之间的 PPP 连接采用 PAP 验证,验证的
用户名都为 aaa,密码都为 123。

Router0＞enable

Router0♯configure terminal

Router0(config)♯username aaa password 123

Router0(config)♯interface s1/0

Router0(config-if)♯encapsulation ppp

Router0(config-if)♯ppp pap sent-username aaa password 123

Router0(config-if)♯ppp authentication pap

Router1＞enable

Router1♯configure terminal

Router1(config)♯username aaa password 123

Router1(config)♯interface s1/0

Router1(config-if)♯encapsulation ppp

Router1(config-if)♯ppp pap sent-username aaa password 123

Router1(config-if)♯ppp authentication pap

为了简化 PAP 验证的配置,我们通常把两端验证的用户名和密码设置成相同的。如果一
台路由器需要配置多个接口的 PAP 验证,通常也只配置一个公用用户名和公用密码,这已经可
以起到验证效果,而配置过程可以简化许多。

5.2.3　配置 CHAP 验证

1) 配置 CHAP 服务端

服务端需要配置一个数据库,保存客户端的用户名和密码。

(1) 配置服务器端的 CHAP 验证的命令配置

命令格式:

Router(config)♯username *username* password *password*

Router(config)♯interface *interface-id*

Router(config-if)♯encapsulation ppp

Router(config-if)♯ppp authentication chap

参数说明:

username 与 *password* 分别表示用于向数据库中添加客户端的用户名和密码。

interface 命令用于指定要配置的接口,必须是 Serial 口,*interface-id* 是接口号。

encapsulation ppp 命令指定该接口采用 PPP 协议封装。

ppp authentication chap 命令用于在该接口上启用 CHAP 验证。

(2) 取消配置的 CHAP 验证

命令格式:

Router(config)♯interface *interface-id*

Router(config-if)♯no ppp authentication chap

【**配置举例 4**】 网络中的 2 个路由器 Router0 与 Router1 之间需要配置 CHAP 认证(见图 5.2.2),现已知路由器 Router0 作为服务器,使用串口 Serial 1/0 连向路由器 Router1。现假设用户名为 bob,密码为 abcde。服务器端(路由器 Router0)方的配置如下:

图 5.2.2　CHAP 认证网络拓扑图

Router0＞enable

Router0 # configure terminal

Router0(config) # username bob password abcde

Router0(config) # interface s1/0

Router0(config-if) # encapsulation ppp

Router0(config-if) # ppp authentication chap

2) 配置 CHAP 客户端

CHAP 客户端的配置有 2 种方式,一种是显式地指明服务器注册好的用户名;另一种是以自己的主机名作为用户名,向服务器进行认证。(当然,客户端的用户名事先已在服务器端进行了注册)

(1) 显式指明用户名

如果服务端要求进行 CHAP 验证,客户端需要使用服务端提供的用户名和密码加密询问消息。

命令格式:

Router(config) # interface *interface-id*

Router(config-if) # encapsulation ppp

Router(config-if) # ppp chap hostname *username*

Router(config-if) # ppp chap password *password*

参数说明:

interface 命令用于指定要配置的接口,必须是 Serial 口,*interface-id* 是接口号。

encapsulation ppp 命令指定该接口采用 PPP 协议封装。

ppp chap hostname 命令配置 CHAP 验证使用的用户名,该名字必须和服务器端数据库中的名字相同。

ppp chap password 命令配置 CHAP 验证使用的密码,该密码必须和服务器端数据库中的密码相同。

【**配置举例 5**】 本例中 Router1 是客户端,它在 Serial 1/0 口配置了 PPP 协议以及 CHAP 验证所需的用户名和密码,这里的用户名和密码由服务器端提供。

Router1＞enable

Router1 # configure terminal

Router1(config) # interface s1/0

Router1(config-if) # encapsulation ppp

Router1(config-if) # ppp chap hostname bob

Router1(config-if)♯ppp chap password abcde

（2）使用客户端的主机名作为用户名

在默认情况下，客户端把自己的主机名作为 CHAP 验证的用户名使用，所以可以把服务器端提供的用户名设置为主机名进行 CHAP 验证。

【配置举例 6】　本例把 Router1 路由器的名字设置为验证使用的用户名，在 Serial 1/0 口只需配置 PPP 协议以及 CHAP 验证所需的密码即可。

Router1>enable

Router1♯configure terminal

Router1(config)♯hostname bob

bob(config)♯interface s1/0

bob(config-if)♯encapsulation ppp

bob(config-if)♯ppp chap password abcde

3）配置双向 CHAP 验证

CHAP 验证可以配置为双向的，两端都需要验证对方的身份，只有双方的验证都通过了，PPP 连接才会建立。

【配置举例 7】　Router0 端验证的用户名为 aaa，密码为 123；Router1 端验证的用户名为bbb，密码为 456。

Router0>enable

Router0♯configure terminal

Router0(config)♯username bbb password 456

Router0(config)♯interface s1/0

Router0(config-if)♯encapsulation ppp

Router0(config-if)♯ppp chap hostname aaa

Router0(config-if)♯ppp chap password 123

Router0(config-if)♯ppp authentication chap

说明：Router0 端数据库中存放的对端的用户名和密码；接口上配置的是本地的用户名和密码。Router1 也是如此。

Router1>enable

Router1♯configure terminal

Router1(config)♯username aaa password 123

Router1(config)♯interface s1/0

Router1(config-if)♯encapsulation ppp

Router1(config-if)♯ppp chap hostname bbb

Router1(config-if)♯ppp chap password 456

Router1(config-if)♯ppp authentication chap

为了简化 CHAP 验证的配置，我们通常把两端验证的用户名和密码设置成相同的。如果一台路由器需要配置多个接口的 CHAP 验证，通常也只配置一个公用用户名和公用密码，这已经可以起到验证效果，而配置过程可以简化许多。

5.2.4　实训任务

在模拟器中搭建如图 5.2.3 所示的网络,Router0、Router1 与 Router2 之间通过串行接口相连,使用 PPP 协议互连。PC0、PC1 与 PC2 的 IP 地址分别是 192.168.1.2、192.168.2.2 和 192.168.3.2。

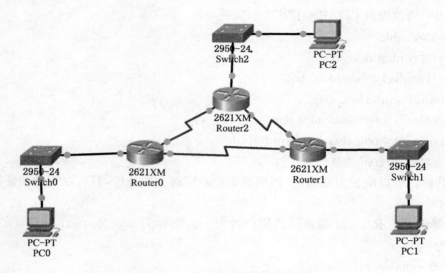

图 5.2.3　PPP 认证网络拓扑图

要求:

(1) 请对网络进行配置,使得 PC0、PC1 与 PC2 之间可以互通。

(2) 将 Router1 与 Router2 之间的链路关闭,以 Router0 作为服务器,在 Router0 与 Router1 之间配置 PAP 验证;配置后,验证 PC0、PC1 之间的互通性。

(3) 将 Router1 与 Router2 之间的链路关闭,以 Router0 作为服务器,在 Router0 与 Router1 之间配置 CHAP 验证;配置后,验证 PC0、PC1 之间的互通性。

6 交换机端口安全与访问控制列表

本章内容

学习目标

➤理解并掌握交换机端口安全

➤理解并掌握标准访问控制列表和扩展访问控制列表

➤理解并掌握自反访问控制列表

➤理解并掌握基于时间的 ACL

6.1 交换机端口安全

本节内容

➤交换机端口安全

➤交换机端口安全的配置及案例

学习目标

➤理解交换机端口安全的基本概念及其工作机制

➤掌握交换机端口安全的配置及应用

6.1.1 交换机端口安全

1) 交换机端口安全

交换机端口安全,是指为了保障用户的安全接入,对交换机的端口进行安全属性的设置。交换机端口安全主要包含三个方面的内容:一是限制交换机端口的最大连接数量;二是限制交换机端口连接设备为指定的设备(根据交换机端口的地址绑定);三是当出现违例事件时,能检测出来,并进行指定的处理措施。

限制交换机端口的最大连接数量可以控制交换机端口下连接的主机数,并防止用户未经批准私自采用集线器等设备,扩展网络的设备数量;也可以防止用户进行恶意的 ARP 欺骗。比如,公司一些员工为了增加网络终端的数量,会在未经授权的情况下,将集线器、交换机等设备插入到办公室的网络接口上。如此的话,会导致这个网络接口对应的交换机接口流量增加,从而导致网络性能的下降。在企业网络的日常管理中,这也是经常遇到的一种危险的行为。

交换机端口的地址绑定,可以针对 IP 地址、MAC 地址、IP+MAC 进行灵活的绑定,可以实现对用户进行严格的控制,保证用户的安全接入和防止常见的内网的网络攻击。

通过交换机端口安全中的地址绑定,可以防止未经授权的用户主机随意连接到企业的网络中,从而避免一些网络安全问题的发生。比如,公司员工从自己家里拿来一台电脑,可以在不经管理员同意的情况下,拔下某台主机的网线,插在自己带来的电脑上。然后连入到企业的网路中,这会带来很大的安全隐患。如员工带来的电脑可能本身就带有病毒,从而使得病毒通过企业内部网络进行传播,或者非法复制企业内部的资料等。

2) 交换机端口安全地址(Secure MAC Address)

在交换机端口上激活端口安全后,该端口就具备了一定的安全功能,例如能够限制端口(所连接的)的最大 MAC 地址数量,从而限制接入的主机用户数量;或者限定接口所连接的特定 MAC 地址,从而实现接入用户身份的限制。所有这些过滤或者限制动作的依据,是交换机端口维护的一个安全地址表。

安全地址表中的地址的获取有三种方式:通过端口动态学习得到 MAC 地址;通过管理员在端口下手工配置得到;通过黏滞自动得到安全地址。

3) 安全违例的处理方式

配置了交换机的端口安全功能后,当实际应用超出配置的要求时,比如,超过了设置最大接入数量,或接入计算机的 MAC 地址与设置不符等,将产生一个安全违例,对安全违例的处理方式有三种:

(1) Protect:当新的计算机接入时,如果发生安全违例,只是将安全违例的数据包丢弃,不会有其他行为,也即只是这个新的计算机将无法接入,但原有已接入的计算机不受影响。如果在端口设置了最大接入数量,且已达到接入最大数量的情况下,新接入的 MAC 地址的包将被丢弃,直到 MAC 地址表中的安全 MAC 地址数降到所配置的最大安全 MAC 地址数以内,或者增加最大安全 MAC 地址数。而且这种行为没有安全违例行为发生通知。

(2) Restrict:当新的计算机接入时,如果发生安全违例,则这个新的计算机将无法接入,而原有接入的计算机不受影响。但这种行为模式会有一个 SNMP 捕获消息发送,并记录系统日志,且违例计数器增加 1。SNMP 捕获通知发送的频率可以通过 snmp-server enable traps port-security trap-rate 命令来控制,默认值为 0,表示在发生任何安全违例事件时发送 SNMP 捕获通知。

(3) Shutdown:当新的计算机接入时,如果发生安全违例,则该接口将会被关闭,则这个新的计算机和原有的计算机都无法接入。发生安全违例事件时,端口立即呈现错误(error-disabled)状态,关闭端口(端口指示灯熄灭)。同时也会发送一个 SNMP 捕获消息并记录系统日志,违例计数器增加 1。

当端口因为违例而被关闭后,在全局配置模式下使用命令 errdisable　recovery 来将接口从错误状态中恢复过来。

6.1.2　交换机端口安全的配置

交换机端口安全的配置步骤:

(1) 在接口上启用端口安全

端口安全开启后,端口安全相关参数都采用有默认配置。

(2) 配置每个接口的安全地址(Secure MAC Address)

可通过交换机动态学习、手工配置,以及 stciky 等方式创建安全地址。

（3）配置端口安全的违例处理方式

默认为 shutdown，可选的还有 protect、restrict。

（4）配置安全地址老化时间（可选）

1）启用交换机端口安全

模式：接口配置模式。

命令格式：

Switch(config-if)♯switchport port-security

说明：

启用交换机端口安全功能。启用交换机端口安全的端口必须工作在 Access 模式下。当端口工作在该模式时，端口用来接入计算机，启用端口安全命令时接口模式一定要处于静态模式，如果接口处于动态模式，则不能启用端口安全功能。

2）限定端口可连接设备的最大值

模式：接口配置模式。

命令格式：

Switch(config-if)♯switchport port-security maximum 最大设备数

说明：

设置此端口下可连接的最大设备数目。如果端口下通过级联交换机扩展连入网络的计算机数量，请注意在计算设备数量时，要包含级联的交换机。在 Cisco Packet Tracer 中交换机的端口安全的最大设备数为 1 到 132。默认 MAC 地址数目为 1。

3）配置交换机端口的地址绑定

模式：接口配置模式。

命令格式：

Switch(config-if)♯switchport port-security mac-address *MAC 地址*［ip-address *IP 地址*］

说明：

用于将端口与其连接的设备的 MAC 地址、IP 地址相绑定。非绑定地址的设备不能从此端口接入到网络中。Cisco 的二层交换机的端口安全只支持 MAC 地址绑定，三层交接机才支持 IP 地址绑定。

4）配置交换机端口的自动黏滞安全 MAC 地址

模式：接口配置模式。

命令格式：

Switch(config-if)♯switchport port-security mac-address sticky

说明：

启用黏滞获取安全 MAC 地址时，接口将所有动态安全 MAC 地址（包括那些在启用黏滞获取之前动态获得的 MAC 地址）转换为黏滞安全 MAC 地址，并将所有黏滞安全 MAC 地址添加到运行配置。交换机正常学习到的地址，当端口 down 掉后会丢失；而通过 sticky 学习到的地址，不会因端口的 down 掉而丢失，如果在学习完毕后，将运行配置保存到启动配置文件中，即使交换机断电重启后，先前学习的安全地址仍然存在。

这条命令可以将网络管理员从手工查找指定网络 MAC 地址，并将其加入到端口安全列表中的繁琐工作中解脱出来。

5）设置安全违例的处理方式

模式：接口配置模式。

命令格式：

Switch(config-if)♯ switchport port-security violation [protect|restrict|shutdown]：

说明：

protect 只是丢弃违例的数据包，不会报告。restrict 会丢弃违例数据包，并产生一个报告。Shutdown 在当违例发生时，会关闭端口，并产生一个报告。默认是关闭端口（shutdown）。如果一个端口允许多个接入设备时，应避免使用 shutdown 处理方式，因为一旦产生违例，此端口下的所有设备都将不能接入网络。

6）配置交换机端口的安全地址的老化时间

模式：接口配置模式。

命令格式：

Switch(config-if)♯switchport port-security aging {static | time *time*}

说明：

static：表示老化时间将同时应用于手工配置的安全地址和自动学习的地址，否则只应用于自动学习的地址。

time：表示这个端口上安全地址的老化时间，范围是 0～1 440，单位是分钟。如果设置为 0，则老化功能实际上被关闭。

默认情况下，不老化任何安全地址。

在正常端口（即没有启用端口安全的端口）下动态学习到的 MAC 地址，在老化时间到了之后，交换机会将它从 MAC 地址表中删除。但对于启用了 Port Security 的端口下的 MAC 地址，如果是通过安全命令静态手工添加的，则不受 MAC 地址老化时间的限制，也就是说通过安全命令静态手工添加的 MAC 在 MAC 地址表中永远不会消失。而即使在 Port Security 接口下动态学习到的 MAC 地址，也永远不会消失。

基于上述原因，有时限制了 Port Security 端口下的最大 MAC 地址数量后，当相应的地址没有活动了，为了腾出空间给其他需要通信的主机使用，则需要让 Port Security 端口下的 MAC 地址具有老化时间，也就是说需要交换机自动将安全 MAC 地址删除。

对于 sticky 得到的 MAC 地址，不受老化时间限制，并且不能更改。

7）查看交换机的端口安全配置

模式：特权模式。

命令格式：

Switch♯ show port-security [interfaces | address]

说明：

查看交接机端口安全的配置，以及安全配置的接口与安全地址表。

8）删除交换机端口安全地址

模式：特权模式。

命令格式：

Switch♯ clear port-security [all | configured | dynamic | sticky]

说明：

all：表示清除所有安全地址表项。

configured:表示清除所有手工配置的安全地址表项;

dynamic:表示清除所有 port-security 接口上通过动态学习到的安全地址表项;

sticky:表示清除所有 sticky 安全地址表项。

6.1.3 交换机端口安全案例

A 公司要求对网络进行严格控制。为了防止公司内部用户的 IP 地址冲突,防止公司内部的网络攻击和破坏行为,为每一位员工分配了固定的 IP 地址,并且只允许公司员工主机连接到指定交换机的指定端口上,不得随意连接在其他端口上。例如,B 员工分配的 IP 地址是 192. 168. 1. 2/24,主机 MAC 地址是 00 - 06 - 1B - 0A - 0B - 0C。该 PC 只能连接交换机 SwitchA 的 Fastethernet 0/1 端口上。

【方案设计】

根据网络需要,可在交换机 SwitchA 的 Fastethernet 0/1 端口上启用端口安全,并将最大接入数量设置为 1,且进行 PC 的 MAC 地址与 IP 地址绑定。违例处理方式采用 restrict 方式。

【具体配置】

```
SwitchA(config)#interface fastethernet 0/1
SwitchA(config-if)#shutdown
SwitchA(config-if)#switchport mode access
SwitchA(config-if)#switchport port-security
SwitchA(config-if)#switchport port-security maximum 1
SwitchA(config-if)#switchport port-security mac-address 06. 1b0a. 0b0c ip-address
192. 168. 1. 2
SwitchA(config-if)#switchport port-security violation restrict
SwitchA(config-if)#no shutdown
```

6.1.4 实训任务

(1) 交换机端口安全的作用有哪些?

(2) 交换机端口安全的违例处理方式有哪几种? 违例处理方式间有什么不同?

(3) A 公司为了保障公司网络的安全,要求在公司中只能使用公司提供的电脑,不得私自将外来电脑、手机等在公司内部上网。并且要求,分配每位员工的电脑的连入网络的端口固定,不允许私自更改接入位置。请作为网络管理员的你,给出一个解决方案,并尽量快速简便地完成此任务。[提示:可使用 sticky 功能快速简便地获取安全地址。]

6.2 ACL 配置——标准与扩展 ACL

本节内容

➢访问控制列表

➢标准访问控制列表配置及案例

➢扩展访问控制列表配置及案例

学习目标

➢理解访问控制列表的基本概念及其工作机制

➢掌握标准访问控制列表的配置及应用

➢掌握扩展访问控制列表的配置及应用

6.2.1　访问控制列表

1）**访问控制列表**（Access Control List，ACL）

访问控制列表（ACL）是一种基于包过滤的访问控制技术，它可以根据设定的条件对接口上的数据包进行过滤，允许其通过或丢弃。访问控制列表被广泛地应用于路由器和三层交换机。借助于访问控制列表，可以有效地控制用户对网络的访问，从而最大程度地保障网络安全。

访问控制列表由一系列包过滤规则组成，每条规则明确地定义对指定类型的数据进行的操作（允许、拒绝等），访问控制列表可关联作用于三层接口、VLAN，并且具有方向性。当设备收到一个需要进行访问控制列表处理的数据分组时，会按照访问控制列表的表项自顶向下进行顺序处理。一旦找到匹配项，列表中的后续语句就不再处理，如果列表中没有匹配项，则此分组将会被丢弃。

2）**访问控制列表的作用**

访问控制列表的主要作用如下：

（1）拒绝、允许特定的数据流通过网络设备，如防止攻击、访问控制、节省带宽等；

（2）对特定的数据流、报文、路由条目等进行匹配和标识，以用于其他目的路由过滤，如QoS、Route-map 等。

3）**ACL 的分类**

根据过滤字段（元素）可将访问控制列表分为以下两类：

（1）标准访问控制列表：只能根据数据包的源 IP 地址进行过滤；编号范围：1～99。

（2）扩展访问控制列表：可以根据协议、源/目的 IP 地址、源/目的端口号进行包过滤。编号范围：100～199。

根据访问控制列表的命名方式可将访问控制列表分为以下两类：

（1）编号访问控制列表：编号 ACL 在所有 ACL 中分配一个唯一的号码。

（2）名称访问控制列表：名称 ACL 在所有 ACL 分配一个唯一的名称。名称 ACL 有利于让使用者通过 ACL 的名称了解此 ACL 的作用。更加有利于使用与维护。

4）**ACL 的使用**

ACL 的使用分为两步：

（1）创建访问控制列表 ACL，根据实际需要设置对应的条件项。

（2）将 ACL 应用到路由器指定接口的指定方向（in/out）上。

在 ACL 的配置与使用中需要注意以下事项：

（1）ACL 是自顶向下顺序进行处理，一旦匹配成功，就会进行处理，且不再比对以后的语句，所以 ACL 中语句的顺序很重要。应当将最严格的语句放在最上面，最不严格的语句放在底部。

（2）当所有语句没有匹配成功时，会丢弃分组。这也称为 AC 隐性拒绝。

（3）每个接口在每个方向上，只能应用一个 ACL。

（4）标准 ACL 应该部署在距离分组的目的网络近的位置，扩展 ACL 应该部署在距离分组发送者近的位置。

6.2.2 标准访问控制列表的配置及案例

1) 标准 ACL 的创建

命令格式：

Router(config)# access-list *acl 编号*{ permit ｜ deny } *source* ［*source-wildcard*］［*log*］

说明：

ACL 编号：标准访问控制列表的表号范围：1~99、1 300~1 999。

source：源 IP 地址或网络号；

source-wildcard：与源 IP 地址或网络号对应的通配掩码；

log：将使与该语句匹配的任何信息输出到路由器的控制台端口。默认情况下，这些消息不会显示连接到路由器的 telnet 连接，除非执行如下命令：

Router# terminal monitor

这些消息也可以转发到系统上场服务器中，这样的设置有助于调试和安全目的。

2) 删除配置的 ACL

命令格式：

Router(config)# no access-list *acl 编号*

说明：

将指定的 ACL 删除。

3) 应用 ACL 到指定的接口

命令格式：

Router(config)# interface 　*接口类型 模块号/接口号*

Router(config-if)# ip 　access-group *acl 编号* 　*in ｜ out*

说明：

in ｜ out：是数据包相对路由器而言的。

注意：

一个路由器的一个接口的一个方向上只能指定一个 ACL。

4) 查看访问控制列表

命令格式：

Ruijie(config)# show access-lists 　［*access-list-number*］

说明：

查看所有(或指定)的 ACL 的信息。

5) 通配符 any 和 host

通配符 any 可代替 0.0.0.0 　255.255.255.255，也即代表任何 IP 地址。

host 表示检查 IP 地址的所有位都必须匹配，即对应的通配掩码为 0.0.0.0。

【配置举例 1】　除拒绝主机 192.168.1.1 之外，允许其他的所有分组都可以通过。可以使用以下命令。

Router(config)# access-list 1 deny 192.168.1.1 0.0.0.0

Router(config)# access-list 1 permit 0.0.0.0 255.255.255.255

下面的命令与上面的等效。

Router(config)# access-list 1 deny host 192.168.1.1

Router(config)# access-list 1 permit any

【配置举例 2】　A 网络的拓扑及各设备的 IP 地址,如图 6.2.1 所示,现在需要通过标准访问控制列表来限制网络中一些设备的相互通信。具体如下:

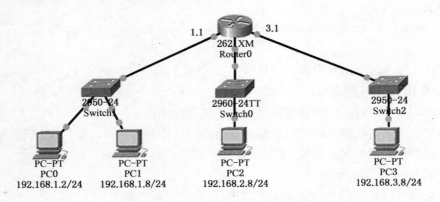

图 6.2.1　标准 ACL 访问控制网络拓扑图

Ⅰ. 禁止 192.168.1.0 网段的机器访问 192.168.3.0 网段,其他人都可以访问。

Router(config)# access-list 1 deny 192.168.1.0 0.0.0.255

Router(config)# access-list 1 permit any

Router(config)# interface FastEthernet1/0

Router(config-if)# ip access-group 1 out

说明:

此时,在 PC0 上可以 ping 通 PC2,但 ping 不通 PC3。

> 注意:
>
> 　　基于编号的访问控制列表,如果在已有的 ACL 上,添加的控制规则,会加在原有的规则的后面。如要修改某些规则的顺序,必须先将原来的访问控制列表删除,然后重新建立并编写访问控制列表。
>
> 　　基于命名的访问控制列表,可以通过规则语句的编号,来确定规则的作用顺序。

> 思考:
>
> 　　(1) 如果第一条命令中最后的 0.0.0.255 没有写,那么会出现什么情况呢? 分析原因。
>
> 　　(2) 如果上面的配置中,没有 access-list 1 permit any,又会出现什么情况呢?
>
> 　　(3) 如果将此 ACL 部署在路由器与 192.168.1.0 相连的 F0/0 接口的 in 方向上,会有什么情况呢?

Ⅱ. 如果现在 192.168.1.0 网段中允许 192.168.1.8 访问 192.168.3.0,其他禁止。其他网段都允许访问 192.168.3.0 网段:

Router(config)# access-list 1 permit host 192.168.1.8

Router(config)# access-list 1 deny 192.168.1.0 0.0.0.255

Router(config)# access-list 1 permit any

Router(config)# interface FastEthernet1/0

Router(config-if)# ip access-group 1 out

说明：

此时，在 PC0 上 ping 不通 PC3，但 PC1 可以 ping 通 PC3。PC2 可以 ping 通 PC3。

6.2.3 扩展访问控制列表的配置及案例

1）扩展 ACL 的创建

格式：

Router(config) ♯ access-list *acl* 编号 { permit | deny } protocol [*source source-wild-card destination destination-wildcard*] [*operator port*] [*established*] [*log*]

说明：

ACL 编号：标准访问控制列表的表号范围：100～199、2 000～2 699；

Protocol：可以是 IP、ICMP、TCP、UDP、OSPF 等；

source：源 IP 地址或网络号；

source-wildcard：与源 IP 地址或网络号对应的通配掩码；

destination：目的 IP 地址或网络号；

destination-wildcard：与目的源 IP 地址或网络号对应的通配掩码；

operator：操作符，用于告诉路由器如何让端口进行匹配；这些操作符仅能用于 TCP 和 UDP 连接。操作符有：lt(小于)、gt(大于)、neq(不等于)、eq(等于)、range(端口号范围)；

port：端口号或者端口名称；

established：仅用于 TCP 连接，使用此关键字的前提是，假设在网络内部产生 TCP 流量，并且要对回到网络的返回流量进行过滤。在这种情况下，此关键字可以允许(或拒绝)任何 TCP 数据段报头中 RST 或 ACK 位设置为 1 的 TCP 流量。

2）配置案例

【配置举例】 B 单位的网络的拓扑及网段的 IP 地址，如图 6.2.2 所示，其中：

网段 192.168.1.0/24：企业一般员工使用；网段 192.168.2.0/24：企业财务部门使用；网段 192.168.3.0/24：企业网络管理中心服务器。

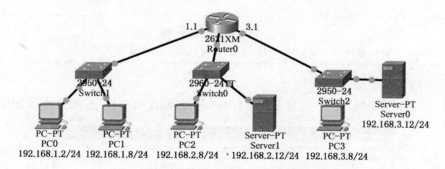

图 6.2.2 扩展 ACL 访问控制网络拓扑图

现在网络中需要使用扩展访问控制列表进行一些网络访问控制。具体如下：

Ⅰ. 192.168.3.0/24 网段只对外开放服务器 192.168.3.12 上的 WWW 和 FTP 服务，其他电脑及服务不对外开放。其他网段不可以访问。

Router(config) ♯ access-list 101 permit TCP any host 192.168.3.12 eq www

Router(config) ♯ access-list 101 permit TCP any host 192.168.3.12 eq ftp

Router(config)♯interface FastEthernet1/0

Router(config-if)♯ip access-group 101 out

✧ACL 验证

(1) WWW 服务验证

① 打开 PC0 配置对话框,并点击打开 Web Browser,如图 6.2.3 所示。

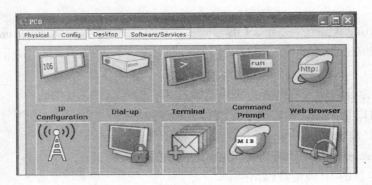

图 6.2.3　Packet Tracer 中的 Web Browser

② 在浏览器中输入 http://192.168.3.12,可以打开服务器上的网页,如图 6.2.4 所示。

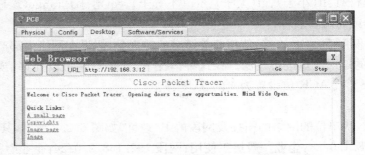

图 6.2.4　访问结果

思考:

　　此时从 PC0 上 ping 服务器 192.168.3.12,可以 ping 通吗? 为什么呢?

(2) FTP 服务的验证

① 在服务器 192.168.3.12 配置 FTP 的用户名、密码及用户权限,操作步骤如图 6.2.5 所

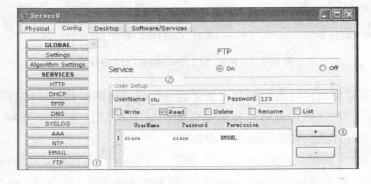

图 6.2.5　FTP 用户与密码设置

示。建立一个用户名为 stu,密码为 123,拥有 read 权限的用户。从图中也可以看到,FTP 服务器有一个默认用户 cisco,并拥有所有权限。

② 在 PC0 上登录到服务器 192.168.3.12 的 FTP 服务,访问结果如图 6.2.6 所示。

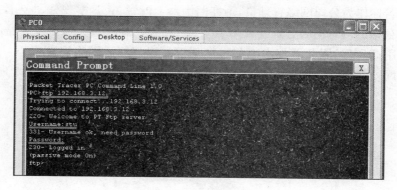

图 6.2.6　访问结果

II. 192.168.2.0/24 网段主动对外进行 TCP 连接,如访问 WWW、FTP 服务器等,但外面不可以主动访问 192.168.2.0/24 网段内的机器。

Router(config) # access-list 101 permit TCP any 192.168.2.0 0.0.0.255 established
Router(config) # interface FastEthernet0/1
Router(config-if) # ip access-group 101 out

◇ACL 验证

PC2 可以打开 WWW 服务器 192.168.2.12、192.168.3.12;但从 192.168.2.0 外,不能主动访问 192.168.2.0 内的机器。比如,不能从 PC0 上打开服务器 192.168.2.12 上的 WWW 服务。

6.2.4　实训任务

(1) 在部署访问控制列表时,对于标准访问控制列表与扩展访问控制列表,在部署地点上有什么不同的要求? 并说明理由。

(2) 假设 QQ 都是使用 UDP 协议,端口使用 8000、8001、4000、4001 等,现在实验室内不许使用 QQ,作为网络管理员的你,应该如何设置 ACL 呢? (提示说明:QQ 也用 80 口,所以只通过过滤上面几个端口,不能将 QQ 从根本上封掉。)

(3) ABC 公司的经理部、财务部门和销售部门分属不同的三个网段,三个部门之间用路由器进行信息传递。网络拓扑结构如图 6.2.7 所示。

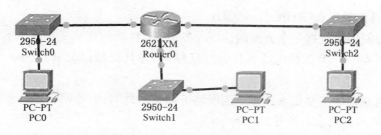

图 6.2.7　ABC 公司网络拓扑结构图

其中,PC0 代表财务部门的主机,PC1 代表经理部的主机,PC2 代表销售部门的主机。

任务:

为了安全起见,公司领导要求销售部门不能对财务部门进行访问,但经理部可以对财务部门进行访问。若你作为公司网络管理员,请在路由器上配置 ACL 实现公司要求的流量控制。

(4) XYZ 公司的网管中心分别架设 WWW、FTP 服务器,其中,FTP 服务器供技术部专用,市场部不可使用;WWW 服务器技术部和市场部都可以访问。网络管理中心、市场部、技术部分属于不同的网段与 VLAN,通过三层交换机互连。网络拓扑结构如图 6.2.8 所示。

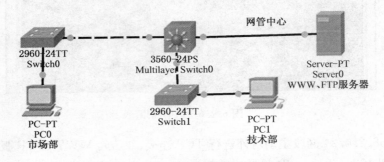

图 6.2.8　XYZ 公司网络拓扑结构图

任务:

(1) 规划 VLAN、IP 网段;

(2) 对三层交换机配置 ACL,并实现上面要求的流量控制,即 FTP 服务,只有技术部可以访问;WWW 服务,技术部与市场部都可以访问。

6.3　ACL 高级配置——自反 ACL

本节内容

➢自反访问控制列表

➢自反访问控制列表配置及案例

学习目标

➢理解访问控制列表的基本概念及其工作机制

➢掌握自反访问控制列表的配置及应用

6.3.1　自反访问控制列表

1) 自反访问控制列表(Reflexive ACL)

自反访问控制列表根据一个方向的访问控制列表,自动创建出一个反方向的控制列表,是和原来的控制列表——IP 的源地址和目的地址颠倒,并且源端口号和目的端口号完全相反的一个列表。

自反访问控制列表主要用来让指定的网络可以访问外网,但外网不可以主动地访问内网。

2) 自反访问控制列表的工作流程

(1) 由内网始发的流量到达配置了自反访问表的路由器,路由器根据此流量的第三层和第四层信息,自动生成一个临时性的访问表,临时性访问表的创建依据下列原则:

protocol 不变,source-IP 地址、destination-IP 地址严格对调,source-port、destination-port 严格对调。对于 ICMP 这样的协议,会根据类型号进行匹配。

(2) 路由器将此流量传出,流量到达目标,然后响应流量从目标返回到配置了自反访问表的路由器。

(3) 路由器对入站的响应流量进行评估,只有当返回流量的第三、四层信息,与先前基于出站流量创建的临时性访问表的第三、四层信息严格匹配时,路由器才会允许此流量进入内部网络。

3) 自反访问控制列表的超时

自反访问列表生成的自反访问表中的条目是临时性的。当到了一定时间后会失效并被删除。自反访问表的超时分成以下几种情况:

对于 TCP 流量,当下列三种情况任何一种出现时,才会删除临时性的访问表:

(1) 两个连续的 FIN 标志被检测到,之后 5 s 删除。

(2) RST 标志被检测到,立即删除。

(3) 配置的空闲超时值到期(缺省是 300 s)

对于 UDP,由于没有各种标志,所以只有当配置的空闲超时值(300 s)到期才会删除临时性的访问表。

4) 自反访问控制列表的特点

➤自反 ACL 用于动态管理会话流量。路由器检查出站流量,当发现新的连接时,便会在临时 ACL 中添加条目以允许应答流量进入。

➤自反 ACL 仅包含临时条目。

➤自反 ACL 还可用于不含 ACK 或 RST 位的 UDP 和 ICMP。

➤自反 ACL 仅可在扩展命名 IP ACL 中定义。

➤帮助保护您的网络免遭网络黑客攻击,并可内嵌在防火墙的防护中。

➤提供一定级别的安全性,防御欺骗攻击和某些 DoS 攻击。自反 ACL 方式较难以欺骗,因为允许通过的数据包需要满足更多的过滤条件。

➤此类 ACL 使用简单。与基本 ACL 相比,它可对进入网络的数据包实施更强的控制。

6.3.2 自反访问控制列表的配置及案例

1) 自反 ACL 的配置步骤

自反 ACL 只能在命名的扩展 ACL 中定义。自反 ACL 的配置分为三个步骤:

(1) 定义用于控制由内网到外网流量的命名的扩展访问控制列表,并在其中指定需要作自反映射的语句,并命名;

命令格式:

Router(config)♯ip access-list extended 命名的扩展访问控制列表的名称

Router(config-ext-nacl)♯permit 协议 源 IP 通配符 目的 IP 通配符 reflect 自反 ACL 名称 timeout 时间

参数说明:

自反访问控制列表,就是在命名扩展访问列表定义的基础上,多了一个关键字 reflect,并给需要自反的 ACL 控制语句命名。

关键字 timeout 用来指明自反访问控制列表的超时时间,以秒为单位。

（2）定义用于控制从外网到内网的访问控制列表，在其中引用第一步自反命名的语句，以建立映射；

命令格式：

Router(config)# ip access-list extended 命名的扩展访问控制列表的名称

RA(config-ext-nacl)# evaluate 自反 ACL 名称

参数说明：

此处的"命名的扩展访问控制列表的名称"应与第一步的中"命名的扩展访问控制列表的名称"不同。即此处相当于又定义了一个命名扩展访问控制列表。

但此处第二条命令中的"自反 ACL 名称"必须与第一步中的"自反 ACL 名称"相同。

（3）将上面定义的两个命名扩展访问控制列表分别作用于内、外接口。

2）自反 ACL 的应用案例

【实验环境】GNS3 模拟器，Cisco 路由器 3745 的 IOS 镜像。

【网络拓扑结构】如图 6.3.1 所示网络有三台路由器 R1、R2、R3 串连在一起，路由器相连的接口的 IP 地址见图示。正常连接情况下，三台路由器之间是可以相互 ping 通的。

【配置要求】现在要求路由器 R1 可以主动访问路由器 R3，但路由器 R3 却不能主动访问路由器 R1。

图 6.3.1　自反 ACL 网络拓扑图

【分析】本案例可以通过在路由器 R2 上部署自反访问控制列表，让路由器 R1 通往路由器 R3 的数据包通过，并且让路由器 R3 对路由器 R1 的响应包也可以通过，但阻止 R3 主动发往路由器 R1 的包。

（1）定义内网访问外网的 ACL，对需要进行自反映射的语句命名

R2(config)# ip access-list extended AAA

R2(config-ext-nacl)# permit ip 192.168.1.0 0.0.0.255 any reflect BBB

　　//指定对该条语句执行自反，自反列表的名字为 BBB

（2）定义外网访问内网的 ACL，在其中引用内网 ACL 中的自反语句命名

R2(config)# ip access-list extended CCC

R2(config-ext-nacl)# evaluate BBB

　　//计算并生成自反列表（对第一步定义的名字为 BBB 的条目，进行自反计算并生成相应的条目）

R2(config-ext-nacl)# deny ip any

（3）将创建的自反列表应用于相应的接口

R2(config)# int f0/1　　　　　　　　　　//R2 对 R3 的接口

R2(config-if)# ip access-group AAA out　　//应用 R1 对 R3 的 ACL

R2(config)# int f0/0　　　　　　　　　　//R2 对 R1 的接口

R2(config-if)# ip access-group CCC out　　//应用 R1 对 R3ACL 的自反 ACL

注意：自反 ACL 只能在命名的扩展 ACL 里定义。

（4）验证

此时，在 R1 上 ping 192.168.2.2，发现是通的。

```
R1#ping 192.168.2.2

Type escape sequence to abort.
Sending 5, 100-byte ICMP Echos to 192.168.2.2, timeout is 2 seconds:
!!!!!
Success rate is 100 percent (5/5), round-trip min/avg/max = 92/137/244 ms
R1#
```

在 R3 上 ping 192.168.1.1，发现是不通的。

```
R3#ping 192.168.1.1

Type escape sequence to abort.
Sending 5, 100-byte ICMP Echos to 192.168.1.1, timeout is 2 seconds:
UUUUU
Success rate is 0 percent (0/5)
R3#
```

6.3.3 实训任务

（1）扩展访问控制列表中的 established 关键字的工作机制，与自反访问控制列表的工作机制有什么不同，试比较二者的作用与运用场景。

（2）某公司企业网中的财务部网络，为了安全的考虑，不允许其他部门的 PC 访问财务部门网络中的计算机，但财务部有些业务需要访问企业网络的其他服务器，请作为高级网络工程师的你，给出解决方案，并模拟实现。

6.4 ACL 高级配置——基于时间的 ACL

本节内容

➤基于时间的访问控制列表
➤基于时间的访问控制列表配置
➤基于时间的访问控制列表案例

学习目标

➤理解基于时间的访问控制列表的基本概念及其工作机制
➤掌握基于时间的访问控制列表的配置
➤掌握基于时间的 ACL 在实际工程中的应用

6.4.1 基于时间的访问控制列表

通过前面的访问控制列表的学习，应该可以解决网络中大部分过滤网络数据包的要求了。但在实际工作中，有时会遇到要求根据时间的不同，执行不同的数据包的过滤策略，这就要用到基于时间的访问控制列表。基于时间的访问控制列表属于访问控制列表的高级技巧之一。

基于时间的访问控制列表是根据定义的特定时间段对网络中传输的数据包进行过滤的一种技术。特定时间段可以是绝对时间段，也可以是相对时间段。绝对时间段是指比如从具体的某年某月某时到某年某月某时。相对时间段可以是一周的不同星期，或者一天中的不同时间，或者两者的结合。

基于时间的访问控制列表,其实是扩展访问控制列表的一个高级扩展功能,它具备以下作用:

➤根据时间允许或拒绝用户对资源的访问,提供了更加精细与灵活的访问控制。

➤在 Internet 服务提供商对上网收费根据时间变化时,可以利用基于时间的访问控制列表调节网络数据流量。

➤可以根据时间不同,实施不同的服务质量,为各种网络应用提供更好的服务。

➤通过基于时间的访问控制列表可以控制日志消息的记录时段,从而避开访问高峰时段,方便管理的分析。

6.4.2 基于时间的访问控制列表的配置

基于时间的访问控制列表的配置可以分成三大步。首先确定时间范围;其次定义带有时间范围的扩展访问控制列表;最后,将扩展访问控制列表作用在指定的路由器接口上。

1)路由器的时间及时间范围的设置

(1)设置时区

要使用基于时间的访问控制列表,首先必须在路由器上配置正确的时间。要正确设置一个路由器(或交换机)的时间,首要的第一步是设定正确的时区。这成为第一步的理由是:如果你先设定了时间,而后再设定时区,那么你将不得不再次重新设定时间。设备时区的命令格式及参数说明如下:

命令格式:

Router(config)# clock timezone 时区名称 时间偏移

参数说明:

时区名称:由管理员自定义;

时间偏移:是指你当前所在的地区相对格林尼治标准时间(GMT,Greenwich Mean Time)相差多少小时。此字段的数值范围为−23～23。比如我们在东8区,这个时间偏移为8。

例:中国某地的某路由器,可以如下设置时区:

Router(config)# clock timezone ABC 8

上面的命令,将路由器的时区名称设置为 ABC,时间偏移设置为8。

(2)设置时钟

设定完时区后,就可以设定路由器的时间了。必须在特权模式(Privileged Mode)设置,而不是全局配置模式(Global Configuration Mode)。设置时间的命令格式及参数说明如下:

命令格式:

Router# clock set 时:分:秒 日 月 年

参数说明:

时间:指当前的时:分:秒。

日:当前日期,数值在 1～31 之间。

月:一年 12 个月的英文名称。January、February、March、April、May、June、July、August、September、October、November、December。

年:当前所处的年份。

注意:绝大多数 Cisco 路由器和交换机都没有内部时钟,所以无法保存时间,也就是说机器断电或重启,将会丢失时间设置。唯一不会改变的是时区设置,因为路由器在它的配置文件中对其进行了保存。

例:某路由器的时间可以如下设置:

Router# clock set 8:00:00 12 nov 2015

上面的命令将路由器的时间设置为 2015 年 11 月 12 日 8:00:00。

(3)定义时间范围

基于时间的访问控制列表,必须要先定义好特定的时段,即需要进行特殊处理的时间范围。时间范围的定义包括两方面的内容:时间范围的名称定义、时间范围定义。时间范围可以是绝对时间范围,也可以是周期性的时间范围。具体命令格式及参数如下:

① 定义时间范围名称

命令格式:

Router(config)# time-range 时间范围名称

Router(config-time-range)#

参数说明:

时间范围名称:由管理员自行对时间范围进行命名。

此命令执行后,在时间范围设置子模式中,可以设置绝对时间范围、周期性时间范围、默认时间范围等。

② 绝对时间范围的定义

命令格式:

Router(config-time-range)# absolute start 时:分 日 月 年 end 时:分 日 月 年

参数说明:

➤时:分:小时与分钟,24 小时格式。

➤日:取值范围 1～31,表示一个月中的哪一天。

➤月:十二个月的英文名称;

➤年:Cisco 路由器支持的取值范围为 1993～2035。

绝对时间范围是从 start 开始,到 end 结束,如果没有配置 end,将一直持续下去。一个时间范围的名称中,只能有一个绝对时间定义语句。

③ 周期性时间范围的定义

命令格式:

Router(config-time-range)# periodic 天 时:分 to 天 时:分

参数说明:

天:可以是一个星期中的任何一天,对应的英文单词分别为:Monday、Tuesday、Wednesday、Thursday、Friday、Saturday、Sunday 等。另外,weekdays 表示从周一到周五;weekends 表示周六、周日。

时:分:小时与分钟,24 小时格式。

一个时间范围名称中,可以有多个周期性定义语句。并且周期性定义语句中允许使用大量的参数,其范围可以是一星期中的某一天、几天的组合。

例:定义一个周期性时间范围 Work,即周一到周五每天上午 8:00 到 12:00,下午 14:00 到 18:00。

Router(config)# time-range work

Router(config-time-range)♯　periodic weekdays 8：00 to 12：00

Router(config-time-range)♯　periodic weekdays　14：00 to 18：00

2）扩展访问控制列表的配置

（1）定义扩展访问控制列表

命令格式：

Router(config)♯　access-list *acl* 编号　{ permit | deny } protocol [*source source-wild-card destination destination-wildcard*] [*operator port*] [*time-range* 时间范围名称]

参数说明：

支持基于时间范围的扩展访问列表，会有一个 time-range 的关键字，在定义扩展访问列表时，加上此关键字，并在其后跟上定义好的时间范围名称即可。

例：定义允许在某时间范围内访问服务器 192.168.1.8 的扩展访问列表，设置如下所示：

Router(config)♯　access-list 101 permit ip any host 192.168.1.8　*time-range work*

（2）将定义的扩展访问列表作用到指定的路由器接口

命令格式：

Router(config)♯　interface　接口类型 插槽号/接口号

Router(config-if)♯　ip　access-group *acl* 编号　*in* | *out*

参数说明：

in | *out*：是数据包相对路由器而言的。

（3）基于时间的访问控制列表的信息查看

① 查看路由器时间

Router♯　show clock

② 查看路由器上定义的时间范围

Router♯　show time-range

6.4.3　基于时间的访问控制列表配置案例

【案例背景】

某学校的机房要求在上课时间不允许上网，上课时间为上午 8：00～11：40，下午 14：00～17：40，中午和晚上允许上网，放假时，也可以上网。假设本学期是从 3 月 1 日到 7 月 10 日。

【网络拓扑结构】　（见图 6.4.1）

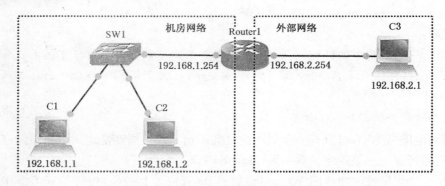

图 6.4.1　网络拓扑结构

【IP 地址分配】

本案例在 GNS3 中进行实验，图 6.4.1 中，路由器左边接口(Fastethernet 0/0)与机房网络相连，假设机房的 IP 地址为 192.168.1.0/24，C1 与 C2 代表是机房中的 2 台 PC；路由器右边接口(Fastethernet 0/1)与外网相连，假设外网的 IP 地址为 192.168.2.0/24。C3 代表是外网中的一台 PC。

网络拓扑中各设备的 IP 地址分配如下：

C1：IP 地址 192.168.1.1，默认网关 192.168.1.254；

C2：IP 地址 192.168.1.2，默认网关 192.168.1.254；

C3：IP 地址 192.168.2.1，默认网关 192.168.2.254。

路由器 Fastethernet 0/0 的 IP 地址为 192.168.1.254，Fastethernet 0/1 的 IP 地址为 192.168.2.254。

【配置与验证】

(1) IP 地址配置及验证

按照 IP 地址的分配，配置网络各设备的 IP 地址。配置后，C1、C2、C3 可以相互 ping 通(见图 6.4.2)。

```
VPCS[1]> ping 192.168.2.1
192.168.2.1 icmp_seq=1 ttl=63 time=31.250 ms
192.168.2.1 icmp_seq=2 ttl=63 time=31.250 ms
192.168.2.1 icmp_seq=3 ttl=63 time=31.250 ms
192.168.2.1 icmp_seq=4 ttl=63 time=31.250 ms
192.168.2.1 icmp_seq=5 ttl=63 time=31.250 ms

VPCS[1]>
```

图 6.4.2 C1 ping C3

(2) 在路由器上配置时区与时间

```
Router(config)# clock timezone ABC 8
Router# clock set 8:00 12 may 2015
```

请注意，2015 年 5 月 12 日是星期二。

(3) 定义时间范围

```
Router(config)#time-range classtime
Router(config-time-range)# absolute start 8:00 1 march 2015 end 17:40 10 july 2015
Router(config-time-range)# periodic weekdays 8:00 to 11:40
Router(config-time-range)# periodic weekdays 14:00 to 17:40
Router(config-time-range)#exit
Router(config)#
```

在上面将时间范围名称定义为 classtime，绝对时间范围从 3 月 1 日到 7 月 10 日，表示学期时间。周期性时间范围每周周一到周五的上午 8:00～11:40，下午 14:00～17:40，即上课时间。

(4) 定义扩展访问控制列表

```
Router(config)# access-list 101 deny ip 192.168.1.0 0.0.0.255 any time-range classtime
Router(config)# access-list 101 permit ip any any
```

(5) 将扩展访问控制列表作用在路由器与机房相连接的接口上

```
Router(config)#interface fastethernet 0/0
```

Router(config-if)♯ip access-group 101 in

（6）验证

此时，再从 C1 上 ping C3，发现结果如图 6.4.3 所示，提示通信被禁止了。

```
UPCS[1]> ping 192.168.2.1
*192.168.1.254 icmp_seq=1 ttl=255 time=15.625 ms (ICMP type:3, code:13, Communic
ation administratively prohibited)
*192.168.1.254 icmp_seq=2 ttl=255 time=31.250 ms (ICMP type:3, code:13, Communic
ation administratively prohibited)
*192.168.1.254 icmp_seq=3 ttl=255 time=15.625 ms (ICMP type:3, code:13, Communic
ation administratively prohibited)
*192.168.1.254 icmp_seq=4 ttl=255 time=15.625 ms (ICMP type:3, code:13, Communic
ation administratively prohibited)
*192.168.1.254 icmp_seq=5 ttl=255 time=31.250 ms (ICMP type:3, code:13, Communic
ation administratively prohibited)
UPCS[1]>
```

图 6.4.3　基于时间的 ACL 应用后的测试结果

（7）更改路由器时间，再测试

如果我们此时将路由器的时间改为 2015 年 5 月 16 日 8：00，再用 C1 去 ping C3，并查看结果。我们发现，现在又可以通了。

思考：
　为什么更改时间后，又可以通了呢？

6.4.4　实训任务

A 公司经理最近发现，有些员工在上班时间经常上网浏览与工作无关的网站，有些员工在上班时上 QQ，影响了工作。因此他通知网络管理员，在网络上进行设置，在上班时间只允许浏览与工作相关的几个网站，禁止访问其他网站和上 QQ。

假设允许浏览的网站的 IP 地址分别为 200.2.2.2，200.3.3.3，200.4.4.4。公司上班时间为每周一到周六的上午 8：00～12：00，下午 13：00～17：00。

如果你就是 A 公司的网络管理员，你就应该如何完成经理交给你的任务。请给出方案，并在 GNS3 中模拟配置实现。

7 NAT 与 VPN

本章内容

7.1 网络地址转换(NAT)

7.2 虚拟专用网(VPN)

学习目标

➢理解网络地址转换的工作原理

➢掌握网络地址转换的配置及应用

➢理解 VPN 的工作原理

➢掌握 VPN 的配置及应用

7.1 网络地址转换(NAT)

本节内容

➢网络地址转换

➢静态网络地址转换及案例

➢动态网络地址转换及案例

➢基于端口的网络地址转换及案例

➢网络地址转换状态信息的查看

学习目标

➢理解网络地址转换的基本概念及分类

➢掌握静态网络地址转换的配置及应用

➢掌握动态网络地址转换的配置及应用

➢掌握基于端口的网络地址转换的配置及应用

➢掌握网络地址转换的状态信息的查看

7.1.1 网络地址转换

1) 网络地址转换(Network Address Translation,NAT)

网络地址转换是一种用于实现私用 IP 地址与公用 IP 地址之间的映射转换的技术。网络地址转换是在 1994 年提出的,主要是为了缓解 IP v4 的 IP 地址不足问题。

2011 年 2 月,IP v4 的地址已经耗尽,ISP 已经不能申请到新的 IP 地址块了,但直到今天 IP v6 仍还没有完全普及开来。所以,网络地址转换技术的使用非常广泛,几乎所有的单位中的网络都用到了 NAT 技术。

2）NAT 的一些术语

（1）内部本地地址（Inside Local Address）

指本网络内部主机的 IP 地址。该地址通常是未注册的私有 IP 地址。

（2）内部全局地址（Inside Global Address）

指内部本地地址在外部网络表现出的 IP 地址。它通常是注册的合法 IP 地址，是 NAT 对内部本地地址转换后的结果。

（3）外部本地地址（Outside Local Address）

指外部网络的主机在内部网络中表现的 IP 地址。

（4）外部全局地址（Outside Global Address）

指外部网络主机的 IP 地址。

（5）内部源地址 NAT

把 Inside Local Address 转换为 Inside Global Address。这也是我们通常所说的 NAT。在数据报送往外网时，它把内部主机的私有 IP 地址转换为注册的合法 IP 地址，在数据报送入内网时，把地址转换为内部的私有 IP 地址。

（6）外部源地址 NAT

把 Outside Global Address 转换为 Outside Local Address。这种转换只是在内部地址和外部地址发生重叠时使用。

（7）NAPT

NAPT 又称 port NAT 或 PAT，它是通过端口复用技术，让一个全局地址对应多个本地地址，以节省对合法地址的使用量。

3）NAT 的类型

（1）按照私有 IP 地址与公用 IP 地址的对应关系，可以分为：

➤静态 NAT；

➤动态 NAT。

（2）根据 NAT 转换的内容及层次，可分为：

➤基于 IP 的 NAT；

➤基于端口的 NAT。

（3）根据 ip nat 的命令组合方式，可分为：

➤ip nat inside source；

➤ip nat inside destation；

➤ip nat outside source；

➤ip nat outside destation。

本节主要进行对于本地源 IP 地址的 NAT 实验。

7.1.2　静态 NAT 的配置及案例

这里指的是内部源地址的静态 NAT 的配置。它有以下特征：

➤内部本地地址和内部全局地址是一对一映射；

➤静态 NAT 是永久有效的。

通常我们为那些需要固定公用 IP 地址的主机建立静态 NAT，比如一个位于内部网络中，但却需要被外部主机访问的服务器。

（1）静态 NAT 的配置

命令格式：

Router(config)＃ip nat inside source static *local-address global-address*

说明：

这个命令用于指定内部本地地址和内部全局地址的对应关系。如果加上 permit-inside 关键字，则内网的主机既能用本地地址访问，也能用全局地址访问该主机，否则只能用本地地址访问。

（2）指定路由器进行 NAT 的内部网络接口与外部网络接口：

命令格式：

Router(config)＃interface *interface-id*

Router(config-if)＃ip nat inside

说明：

以上命令指定了在路由器上进行 NAT 转换的内部接口。

命令格式：

Router(config-if)＃interface *interface-id*

Router(config-if)＃ip nat outside

说明：

此命令指定了路由器进行 NAT 转换的外部接口。

（3）删除配置的静态 NAT：

命令格式：

Router(config)＃no ip nat inside source static *local-address global-address*

说明：

该命令可删除 NAT 表中指定的项目，不影响其他 NAT 的应用。

如果在接口上使用 no ip nat inside 或 no ip nat outside 命令，则可停止该接口的 NAT 检查和转换，会影响各种 NAT 的应用。

【配置举例】　某单位网络使用 192.168.1.0/24 的私有网段，其中有一台服务器 192.168.1.8，希望以公网地址 200.2.2.8 的身份，对外部公网提供访问服务。网络拓扑以及各设备的 IP 地址，如图 7.1.1 所示。

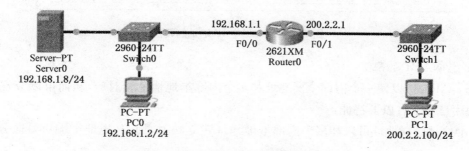

图 7.1.1　静态 NAT 网络拓扑结构

Ⅰ. 配置 192.168.1.8 与 200.2.2.8 之间的静态 NAT

Router＞enable

Router＃configure terminal

Router(config)＃ip nat inside source static 192.168.1.8 200.2.2.8

Ⅱ. 指明 NAT 的内部接口与外部接口

Router(config)♯interface f0/0

Router(config-if)♯ip nat inside

Router(config-if)♯exit

Router(config)♯interface f0/1

Router(config-if)♯ip nat outside

Router(config-if)♯end

Router♯

Ⅲ. 验证

(1) 在 PC1(200.2.2.100)上 ping 200.2.2.8,可能 ping 通；

(2) 将模拟器转换到模拟状态下,再一次在 PC1(200.2.2.100)上 ping 200.2.2.8,查看 IP 包的传送路径,并在当包传到路由器时,单击打开数据包,查看包进出路由器时的 IP 地址变化。

从图 7.1.2 中可以发现,当此 IP 包进入路由器的目的 IP 地址为 200.2.2.8,而此 IP 包从路由器出去时,目的 IP 地址变成为 192.168.1.8；源 IP 地址没有变化,都是 200.2.2.100。

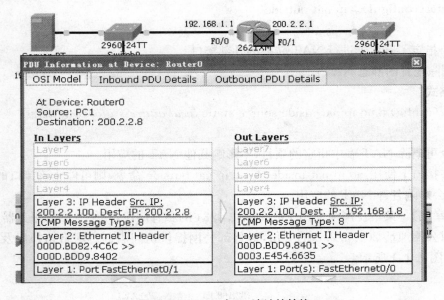

图 7.1.2   NAT 中 IP 地址的转换

2) 静态 NAPT 的配置

静态 NAPT 可以使一个内部全局地址和多个内部本地地址相对应,从而可以节省合法 IP 地址的使用量。它有以下特征：

➤一个内部全局地址可以和多个内部本地地址建立映射,用 IP 地址＋端口号区分各个内部地址；

➤从外部网络访问静态 NAPT 映射的内部主机时,应该给出端口号；

➤静态 NAPT 是永久有效的。

(1) 静态 NAPT 的配置

命令格式：

Router(config)♯ip nat inside source static {tcp|udp} *local-address port global-ad-*

dress port

说明：

这个命令用于指定内部本地地址和内部全局地址的对应关系，其中包括 IP 地址、端口号、使用的协议等信息。

（2）指定路由器进行 NAT 的内部网络接口与外部网络接口

命令格式：

Router(config)♯interface *interface-id*

Router(config-if)♯ip nat inside

以上命令指定了网络的内部接口。

Router(config-if)♯interface *interface-id*

Router(config-if)♯ip nat outside

以上命令指定了网络的外部接口。

你可以配置多个 Inside 和 Outside 接口。

（3）删除配置的静态 NAPT

命令格式：

Router(config)♯no ip nat inside source static {tcp|udp} *local-address port global-address port*

该命令可删除 NAT 表中指定的项目，不影响其他 NAT 的应用。

如果在接口上使用 no ip nat inside 或 no ip nat outside 命令，则可停止该接口的 NAT 检查和转换，会影响各种 NAT 的应用。

【配置举例】 某单位网络使用 192.168.1.0/24 的私有网段，其中有两台 WWW 服务器 192.168.1.8、192.168.1.12；一台 FTP 服务器 192.168.1.12，这三台服务器，都希望以公网地址 200.2.2.8 的身份，对外部公网提供访问服务。其中，两台 WWW 服务器 192.168.1.8、192.168.1.12，对外的网络端口分别为 80、8080。网络拓扑以及各设备的 IP 地址，如图 7.1.3 所示。

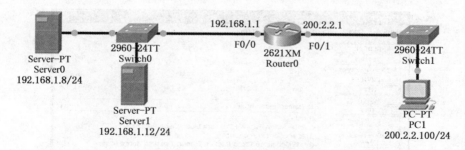

图 7.1.3 静态 NAPT 网络拓扑结构

Ⅰ. 配置静态 NAPT；

Router>enable

Router♯configure terminal

Router(config)♯ip nat inside source static tcp 192.168.1.8 80 200.2.2.8 80

Router(config)♯ip nat inside source static tcp 192.168.1.12 80 200.2.2.8 8080

Router(config)♯ip nat inside source static tcp 192.168.1.12 21 200.2.2.8 21

Router(config)♯ip nat inside source static tcp 192.168.1.12 20 200.2.2.8 20

Ⅱ. 指明 NAT 的内部接口与外部接口

Router(config)＃interface f0/0

Router(config-if)＃ip nat inside

Router(config-if)＃exit

Router(config)＃interface f0/1

Router(config-if)＃ip nat outside

Router(config-if)＃end

Router＃

Ⅲ. 验证

（1）对 Server0、Server1 上的 WWW 服务器页面进行设置，即在网页中添加上画线部分（见图 7.1.4、图 7.1.5），用于区分访问的 WWW 服务器。

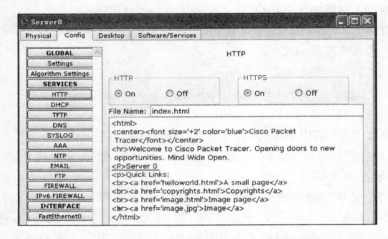

图 7.1.4　Server0 上的 WWW 服务器配置

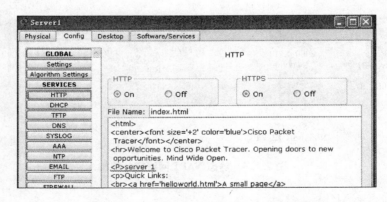

图 7.1.5　Server1 上的 WWW 服务器配置

（2）在 PC1（200.2.2.100）上通过浏览器可以访问 200.2.2.8 和 200.2.2.8：8080，查看访问结果。

（3）将模拟器转换到模拟状态下，再一次在 PC1（200.2.2.100）上浏览器上访问 200.2.2.8：8080，查看 IP 包的传送路径，并在当包传到路由器时，单击打开数据包，查看包进出路由器时 IP 地址的变化。

进入路由器的包的详细参数如图 7.1.6 所示,请注意标注的目的 IP 与端口号。

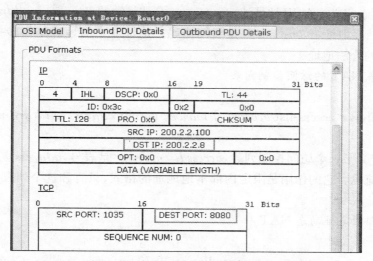

图 7.1.6 从外网进入路由器的数据包的参数

从路由器出去的包,即经过静态 NAPT 后,包的详细参数如图 7.1.7 所示,请注意标注的目的 IP 与端口号。

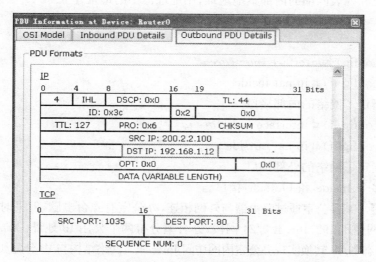

图 7.1.7 来自外网经过 NAT 后的传向内网的数据包参数

7.1.3 动态 NAT 的配置及案例

这里指的是内部源地址的动态 NAT 的配置。它有以下特征:

➢内部本地地址和内部全局地址是一对一映射;

➢动态 NAT 是临时的,如果过了一段时间没有使用,映射关系就会删除。

动态映射需要把合法地址组建成一个地址池,当内网的客户机访问外网时,从地址池中取出一个地址为它建立 NAT 映射,这个映射关系会一直保持到会话结束。

1)定义动态 NAT 的地址池

命令格式:

Router(config)#ip nat pool *pool-name start-address end-address* netmask *subnet-mask*

说明：

这个命令用于定义一个 IP 地址池，*pool-name* 是地址池的名字，*start-address* 是起始地址，*end-address* 是结束地址，*subnet-mask* 是子网掩码。地址池中的地址是供转换的内部全局地址，通常是注册的合法地址。

2）定义动态 NAT 的访问控制列表

命令格式：

Router(config)＃access-list *access-list-number* permit *address wildcard-mask*

说明：

这个命令定义了一个访问控制列表，*access-list-number* 是表号，*address* 是地址，*wildcard-mask* 是通配符掩码。它的作用是限定内部本地地址的格式，只有和这个列表匹配的地址才会进行 NAT 转换。

3）启动内部源地址动态 NAT

命令格式：

Router(config)＃ip nat inside source list *access-list-number* pool *pool-name*

说明：

这个命令定义了动态 NAT，*access-list-number* 是访问列表的表号，*pool-name* 是地址池的名字。它表示把和列表匹配的内部本地地址，用地址池中的地址建立 NAT 映射。

4）指定网络的内部接口与外部接口

命令格式：

　　Router(config)＃interface *interface-id*

　　Router(config-if)＃ip nat inside

以上命令指定了网络的内部接口。

　　Router(config-if)＃interface *interface-id*

　　Router(config-if)＃ip nat outside

以上命令指定了网络的外部接口。

可以配置多个 Inside 和 Outside 接口。

【配置举例】 某办公室通过路由器与外网相连，办公室有 4 台电脑，但平时只有 2 人会同时上网，办公室内网使用 192.168.1.0/24 网段，办公室分得两个公用 IP 地址：200.2.2.2、200.2.2.3，现要求使用动态 NAT 转换实现办公室内网访问 Internet。网络结构与 IP 分配如图 7.1.8 所示。

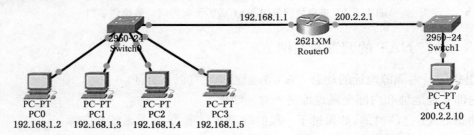

图 7.1.8　动态 NAT 网络拓扑结构图

Ⅰ. 配置地址池、访问控制列表，启动内部源地址的动态 NAT 转换

Router＞enable

Router＃configure terminal

Router(config)♯ip nat pool np 200.2.2.2 200.2.2.3 netmask 255.255.255.0

Router(config)♯access-list 1 permit 192.168.1.0 0.0.0.255

Router(config)♯ip nat inside source list 1 pool np

说明：访问列表的定义不要太宽，应尽量准确，否则可能会出现不可预知的结果。

Ⅱ．指明 NAT 的内部接口与外部接口

Router(config)♯interface f0/0

Router(config-if)♯ip nat inside

Router(config-if)♯interface f0/1

Router(config-if)♯ip nat outside

Router(config-if)♯end

Router♯

Ⅲ．验证

（1）PC0—PC3 的默认网关都配置为 192.168.1.1，PC4 不配置默认网关。此时从 PC4 上 ping 内网中的 PC0、PC1、PC2、PC3，都是 ping 不通的。（思考：为什么 ping 不通呢？）

（2）从 PC0 上 ping 外网的 PC4，可以发现是可以通的。请切换到模拟状态下，重新从 PC0 上 ping 外网的 PC4，查看其 IP 包通过路由器时的变化情况。

> **操作并思考：**
> 　当从 PC0、PC1 上 ping 通 PC4 后，紧接着从 PC2 上 ping 外网的 PC4，可以 ping 通吗？为什么会这样呢？

7.1.4　动态 NAPT 的配置及案例

　　动态 NAPT 可以使一个内部全局地址和多个内部本地地址相对应，从而可以节省合法 IP 地址的使用量。它有以下特征：

　　➢一个内部全局地址可以和多个内部本地地址建立映射，用 IP 地址＋端口号区分各个内部地址。（锐捷路由器中每个全局地址最多可提供 64512 个 NAT 地址转换）

　　➢动态 NAPT 是临时的，如果过了一段时间没有使用，映射关系就会删除。

　　➢动态 NAPT 可以只使用一个合法地址为所有内部本地地址建立映射，但映射数量是有限的，如果用多个合法地址组建成一个地址池，每个地址都能映射多个内部本地地址，则可减少因地址耗尽导致的网络拥塞。

　　动态 NAPT 的配置与动态 NAT 基本上相同，只是在 NAT 定义中，需要加上 overload 关键字：

Router(config)♯ip nat inside source list *access-list-number* pool *pool-name overload*

　　这个命令定义了动态 NAPT，*access-list-number* 是访问列表的表号，*pool-name* 是地址池的名字。它表示把和列表匹配的内部本地地址，用地址池中的地址建立 NAPT 映射。*overload* 关键字表示启用端口复用。

　　加上 overload 关键字后，系统首先会使用地址池中的第一个地址为多个内部本地地址建立映射，当映射数量达到极限时，再使用第二个地址。

　　【配置举例】　某办公室通过路由器与外网相连，办公室有 4 台电脑，内网使用 192.168.1.0/24 网段，办公室分得一个公用 IP 地址：200.2.2.2，现要求使用 NAPT 转换实现办公室内网所有电脑都能同时访问 Internet。网络结构与 IP 分配如图 7.1.9 所示。

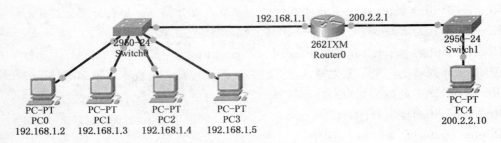

图 7.1.9　动态 NAPT 网络拓扑结构图

Ⅰ. 配置地址池、访问控制列表，启动内部源地址的动态 NAT 转换

Router＞enable

Router＃configure terminal

Router(config)＃ip nat pool np 200. 2. 2. 2 200. 2. 2. 2 netmask 255. 255. 255. 0

Router(config)＃access-list 1 permit 192. 168. 1. 0 0. 0. 0. 255

Router(config)＃ip nat inside source list 1 pool np overload

说明：overload 关键字表示启用端口复用。

Ⅱ. 指明 NAT 的内部接口与外部接口

Router(config)＃interface f0/0

Router(config-if)＃ip nat inside

Router(config-if)＃interface f0/1

Router(config-if)＃ip nat outside

Router(config-if)＃end

Router＃

Ⅲ. 验证

(1) PC0、PC1、PC2、PC3 可以同时 ping 通 PC4，说明配置成功。

(2) 切换到模拟状态下，查看 IP 包通过路由器时的 TCP/IP 参数（源/目的 IP 地址、源/目的端口号）的变化情况。

7.1.5　NAT 信息的查看

1) 显示 NAT 转换记录

命令格式：

　　Router＃show ip nat translations [*verbose*]

说明：

这个命令显示 NAT 转换记录，加上 *verbose* 关键字时，可显示更详细的转换信息。

如：

Router＞enable

Router＃show ip nat translations

Pro	Inside global	Inside local	Outside local	Outside global
tcp	70. 6. 5. 113：1815	192. 168. 10. 5：1815	211. 67. 71. 7：80	211. 67. 71. 7：80

这里显示的是一次 NAT 的转换记录,内容依次为:协议类型(Pro)、内部全局地址及端口(Inside global)、内部本地地址及端口(Inside local)、外部本地地址及端口(Outside local)、外部全局地址及端口(Outside global)。

2)显示 NAT 规则和统计数据

命令格式:

Router#show ip nat statistics

如:

Router>enable

Router#show ip nat statistics

Total active translations:372,max entries permitted:30000

Outside interfaces:Serial 1/0

Inside interfaces:FastEthernet 0/0

Rule statistics:

[ID:1] inside source dynamic

hit:24737

match (after routing):

ip packet with source-ip match access-list 1

action:

translate ip packet's source-ip use pool abc

包括:当前活动的会话数(Total active translations)、允许的最大活动会话数(max entries permitted)、连接外网的接口(Outside interfaces)、连接内网的接口(Inside interfaces)、NAT 规则(Rule,允许存在多个规则,用 ID 标识)。

规则 1(ID:1):NAT 类型(本例为内部源地址动态 NAT)、此规则被命中次数(hit 值)、路由前还是路由后(match 值,本例为路由前)、地址限制(本例受 access-list 1 限制)、转换行为(action 值,本例用地址池 abc 转换源地址)。

3)清除 NAT 转换记录

命令格式:

Router#clear ip nat translation *

说明:

该命令会清除 NAT 转换表中的所有转换记录,它可能会影响当前的会话,造成一些连接丢失。

7.1.6 实训任务

(1)在如图 7.1.10 所示的网络拓扑图中,Router0 的 F0/0 的 IP 地址为 192.168.1.1/24,F0/1 的 IP 地址为 202.168.2.1/24,PC0 的地址为 192.168.1.2/24,PC2 的 IP 地址为 192.168.1.3,PC0 与 PC2 的默认网关都为 192.168.1.1;PC1 的地址为 202.168.2.2/24,其默认网关为空。

要求:

① 在 PC0 与 PC2 上分别 ping 202.168.2.1 与 PC1,记录结果。

② 在 Router0 上配置静态 NAT:

Router(config)#ip nat inside source static 192.168.1.2 202.168.2.3

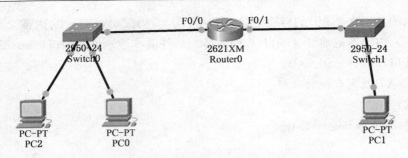

图 7.1.10　网络拓扑结构图

Router(config)♯int f0/1

Router(config-if)♯ip nat inside

Router(config-if)♯exit

Router(config)♯int f0/0

Router(config-if)♯ip nat outside

Router(config-if)♯exit

然后,再在 PC0 与 PC2 上 ping 202.168.2.1 与 PC1,记录结果。

③ 在 ping 后,在 Router 上使用 NAT 的查看命令 show ip nat translations 查看 NAT 的转换表。

④ 对上面(1)与(2)的结果进行分析说明。

⑤ 在 PC1 上 ping 202.168.2.3,记录结果,此时的 202.168.2.3 代表的是哪台设备?

⑥ 如果 PC0 与 PC2 是两台 Web 服务器,都希望能从外网可以访问,但现在只有一个公有 IP202.168.2.3,请问你有什么方法来解决。

(2) 在如图 7.1.11 所示的网络拓扑图中,Router0 的 F0/0 的 IP 地址为 192.168.1.1/24,与内网相连;F0/1 的 IP 地址为 202.2.2.1/24,与外网相连。PC0 的地址为 192.168.1.2/24,PC1 的 IP 地址为 192.168.1.3,PC2 的地址为 192.168.1.4/24,PC3 的 IP 地址为 192.168.1.5,它们的默认网关都为 192.168.1.1;PC4 的地址为 202.2.2.2/24,其默认网关为空。如果现在有两个公用 IP(202.2.2.3 与 202.2.2.4)可供内网来访问外网。

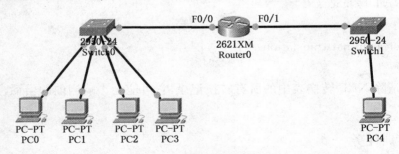

图 7.1.11　网络拓扑结构图

要求:

① 在 Router1 上进行动态 NAT 配置,使得内网里的 PC0、PC1、PC2 与 PC3 可以动态地通过两个公用 IP 与 PC4 通信。

② 在 PC0、PC1、PC2 与 PC3 上轮流 ping PC4,当切换得较快时,你会发现什么现象?并加以解释。

③ 如何使用动态 NAPT 来实现内网与外网的通信?此时重复(2)的操作,会出现上一次

的现象吗? 为什么?

④ 如果只有一个分配给路由器用的公用地址 202.2.2.1/24,如何使内网的 PC 可以与外网通信,请配置实现。

(3) 某部门有 200 台计算机与一台 WEB 服务器,现在只分得两个公用 IP:202.1.1.1、202.1.1.2;现在要求利用 NAT 技术让部门的 200 台计算机都能上网,且将 WEB 服务器放在此部门的内网中,但外网可以访问。请写出你的设计方案,并给出具体的配置。

7.2　虚拟专用网(VPN)

本节内容

> 虚拟专用网及其工作机制
> VPN 的配置命令及步骤
> VPN 应用案例

学习目标

> 理解 VPN 的基本概念及其工作机制
> 掌握 VPN 的配置及应用

7.2.1　虚拟专用网

1) 虚拟专用网及其工作机制

虚拟专用网(Virtual Private Network,VPN),是一种连网技术,主要用于利用开放的公众网络(比如 Internet)建立专用数据传输通道,将分处两地的机构网络连接起来,好像使用一条专线将分处两地的机构网络直接连接起来一样,并可实现保密通信。

图 7.2.1 以一个机构分处两地的两个部门网络之间的互连说明使用隧道技术实现虚拟专用的原理。

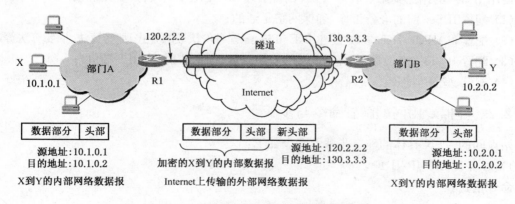

图 7.2.1　使用隧道技术构建的虚拟专用网

假定某机构在两个相隔较远的部门建立了专用网 A 和 B,其网络地址分别为专用地址 10.1.0.0 和 10.2.0.0。现在这两个部门需要通过 Internet 构成一个 VPN,让这两个部门之间可以像有一条专线直接相连一样进行通信。

每个部门的专用网与 Internet 相连的路由器至少要有一个合法的全局 IP 地址,如图 7.2.1 中的路由器 R1 和 R2 与 Internet 相连接口的全局地址分别为 120.2.2.2 和 130.3.3.3。这两个路由器与内部网络的接口地址则是使用专用网的本地地址。

在每个部门 A 或 B 内部的通信量都不需要经过 Interent。但如果部门 A 的主机 X 要与部门 B 的主机 Y 通信,主机 X 发给主机 Y 的 IP 数据报的源地址是 10.1.0.1,目的地址是 10.2.0.2。路由器 R1 收到数据报后,发现其目的网络必须通过 Internet 才能到达,就把整个数据报用事先约定好的加密算法与加密密钥进行加密,这样做是为了保证内部数据报的安全,然后重新加上数据报的头部,封装成为在 Interent 上传输的外部网络数据报,新头部中的源 IP 地址是路由器 R1 的全局地址 120.2.2.2,目的地址是路由器 R2 的全局地址 130.3.3.3。路由器 R2 收到数据报后,将其数据报进行解密,恢复出原来的内部数据报,交付给主机 Y。

从上可见,虽然主机 X 向主机 Y 发送的数据报通过了公用网 Internet 传输,但在效果上就好像是在本部门的专用网上传送一样。如果主机 Y 要向主机 X 发送数据报,那么所经过的步骤也是类似的。

2) 虚拟专用网的类型

按照连接对象的类型,虚拟专用网可分为两种类型:站点到站点的 VPN 和远程访问 VPN。

站点到站点的 VPN,也即站点间的 VPN,就是在两个站点间建立一个隧道,让两个站点间好像有一条专线直接连接一样,以实现两个站点间的安全通信。站点到站点 VPN 可用来在公司总部和其分支机构、办公室之间建立的 VPN;替代了传统的专线或分组交换 WAN 连接;它们形成了一个企业的内部互联网络。

远程访问 VPN,主要用于远程或移动用户的远程访问连接。比如,单位员工在家里通过远程访问 VPN 接入到单位的内部网,以便访问内部服务器上的相关资源。

按照虚拟专用网实现的协议,虚拟专用网可分为三种类型:IPSec VPN、SSL VPN 和 MPLS VPN。

本节只讨论使用 IPSec 实现的站点间的 VPN。

3) 使用 IPSec 的站点到站点间 VPN 建立步骤

使用 IPSec 的站点到站点间的 VPN 的配置步骤可以由以下四大步骤组成

(1) 配置 IPSec 前的准备工作,确保网络是通的;

(2) 配置 ISAKMP/IKE 参数(创建 IKE 策略,配置身份认证的方式、加密算法、摘要算法等);

(3) 配置 IPSEC(变换集、确定 VPN 的变换流量、加密映射、应用到端口);

(4) 测试、验证与排错。

7.2.2　虚拟专用网的配置命令与步骤

站点间的 VPN 具体的配置步骤及命令如下:

1) 启动 ISAKMP/IKE

命令格式:

Router(config) # crypto isakmp enable

说明:

此命令用于启动 ISAKMP/IKE。

ISAKMP,即 Internet Security Association and Key Management Protocol,Internet 安全关联和密钥管理协议,主要定义了消息格式、密钥交换协议机制,并且为 IPSec 建立一个 SA 的协商过程。

IKE,即 Internet Key Exchange,Internet 密钥交换,IKE 完善了 ISAKMP 协议,补上了 ISAKMP 所没有的密钥管理,以及在两个 IPSec 对等体之间共享密钥。

2）建立并配置 IKE 协商策略

命令格式：

　　Router(config)♯ crypto isakmp policy *priority_number*　　//建立 IKE 协商策略

　　Router(config-isakmp)♯ authentication{pre-share| rsa-encr | rsa-sig}　　//指定身份认证类型

　　Router(config-isakmp)♯ encryption{des | 3des | aes }　　//配置加密算法

　　Router(config-isakmp)♯ hash{ md5 | sha1 }　　　　//配置摘要算法

　　Router(config-isakmp)♯ lifetime *seconds*　　　　　　//SA 的活动时间

说明：

建立一个策略,并为建立的策略指定一个策略编号 *priority_number*,该编号范围是 1 到 10000。数字越低,策略的优先级越高。

authentication 命令 VPN 的双方用来指定身份认证的类型,有预共享密钥(pre-share)、RSA 加密的 nonce(rsa-encr)和数字证书(rsa-sig)三种方式。本节只使用预共享密钥,对于后两种方式暂不说明。

encryption 命令用来指定为管理连接加密信息的加密算法,默认是 des。

hash 命令用来指定摘要算法。

3）设置共享密钥和对端地址

命令格式：

Router(config)♯ crypto　isakmp key *keystring* address *peer-address*

或者：

Router(config)♯ crypto　isakmp key *keystring* hostname *peer-hostname*

说明：

keystring:共享密钥,最长不超过 128 个字符。认证时,对端必须使用该密钥。

peer-address:VPN 对端的 IP 地址。

peer-hostname:对端的名称,一般不建议使用。

4）建立传输变换集

命令格式：

　　Router(config)♯ crypto ipsec transform-set *transform-set-name transform*1 [*transform*2 [*transform*3] [*transform*4]]

　　Router(config-crypto-trans)♯mode {tunnel | transport}

说明：

数据包在 VPN 传输的过程中,当从内部网络到外部网络时,需要对数据包进行变换处理。变换处理根据事先定义好的传输变换集进行,每个传输变换集都需要设置一个唯一的名称 *transform-set-name*。传输变换集定义变换规则,主要是指要使用变换协议和采用的相关算法。表 7.2.1 列出了变换集中可以使用的有效变换规则。

变换集的连接模式有两种,隧道模式(tunnel)和传输模式(transport)。默认为隧道模式。传输模式使用相对较少,主要用于使用较少的点到点被保护连接。隧道模式可以更好地保护两个网络之间的流量。

表 7.2.1　变换规则

安全协议	参　数	说　明
AH 完整性	ah-md5-hmac	使用 MD5 的 AH 数据包完整性检测
AH 完整性	ah-sha-hmac	使用 SHA 的 AH 数据包完整性检测
ESP 完整性	esp-md5-hmac	使用 MD5 的 ESP 数据包完整性检测
ESP 完整性	esp-sha-hmac	使用 SHA 的 ESP 数据包完整性检测
ESP 加密	esp-null	不使用加密的 ESP
ESP 加密	esp-des	使用 DES 加密的 ESP
ESP 加密	esp-3des	使用 3DES 加密的 ESP
ESP 加密	esp-aes	使用 AES 加密的 ESP
压缩	comp-lzs	使用 Lempel-Ziv-Stac(LZS)的压缩

5）创建并配置加密映射

命令格式：

Router(config)♯ crypto map　*map-name*　*seq-num*　ipsec-isakmp　//创建加密映射

Router(config-crypto-map)♯ match address　*access-list-number* //指定由 ACL 确定的需要进行 VPN 转换的流量

Router(config-crypto-map)♯ set peer *ip_address*　//设置对端的 IP 地址

Router(config-crypto-map)♯ set transform-set *name*　//指定传输模式集的名称

说明：

crypto map 命令建立加密映射，并给此加密映射指定一个唯一的名称，在加密映射名称后面，给它分配一个序列号，这个号用于指定加密映射的条目，每个加密映射中，可以有多个条目在里面。路由器会根据序列号从小到大的顺序处理这些映射。ipsec-isakmp 参数是用来说明使用 ISAKMP/IKE 来协商安全参数。

match address 命令后面跟的 ACL，用来指定需要进行 VPN 变换的流量。

set peer 命令用来指定对端路由器的 IP 地址或名称。

set transform-set 命令用来指定用来进行 VPN 传输变换的传输变换集的名称。

6）应用加密映射到需要进行 VPN 的接口

命令格式：

Router(config)♯ interface *type* [*slot_num/*] *interface_num*

Router(config-if)♯ crypto map *map-name*

说明：

当在路由器的一个接口上激活了加密映射后，路由器使用该接口上的 IP 地址作为 IPSec 数据包的源 IP 地址。

7）与 VPN 相关的参数查询

查看 IKE 策略：

Router♯ show crypto isakmp policy

查看 IPsce 策略：

Router♯ show crypto ipsec transform-set

查看 SA 信息:

Router♯ show crypto ipsec sa

查看加密映射:

Router♯ show crypto map

7.2.3 虚拟专用网案例

【配置举例】 某企业总部与分部网络的示意图如图 7.2.2 所示,左边 Router0 及以下为总部网络,右边 Router1 及以下为分部网络。中间的路由器 Router2 表示是 Internet 上的某个路由器。各路由器的接口的 IP 地址如图所示。现在要求在总部与分部之间建立一个站点到站点间的 VPN。

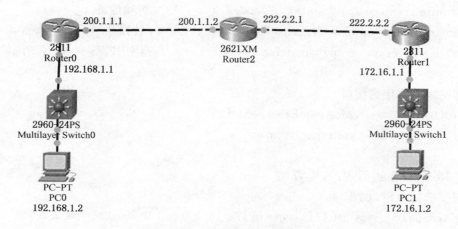

图 7.2.2　VPN 网络拓扑结构图

(1) 各设备的 IP 地址按图 7.2.2 所示配置(具体命令略)

(2) 在 Router0、Router1 上配置默认路由

Router0(config)♯ip route0. 0. 0. 0 0. 0. 0. 0 200. 1. 1. 2

Router1(config)♯ip route 0. 0. 0. 0 0. 0. 0. 0 222. 2. 2. 1

配置完成后,从 Router0 上可以 ping 通 PC0、Router1(222. 2. 2. 2)。从 Router1 上可以 ping 通 PC1、Router0(200. 1. 1. 1)。

┌───┐
思考:

此时,为什么 PC0 不能 ping 通 Router1 呢?
└───┘

(3) 在 Router0 上进行 VPN 配置

//指定要进行 VPN 的流量

Router0(config)♯access-list 111 permit ip 192. 168. 1. 0 0. 0. 255. 255 172. 16. 1. 0 0. 0. 0. 255

Router0(config)♯crypto isakmp policy 10　　　//创建 IKE 协商策略,并指定优先级

Router0(config-isakmp)♯encryption 3des　　　//配置加密算法

Router0(config-isakmp)♯hash md5　　　//配置摘要算法

Router0(config-isakmp)#authentication pre-share　　　//指定使用预定义密钥

//设置口令为 ABCD,对端 IP 为 222.2.2.2
Router0(config)#crypto isakmp key ABCD address 222.2.2.2

//设置转换模式集的名称(此处命名为 tf),以及 VPN 采用的方式及算法
Router0(config)#crypto ipsec transform-set tf esp-3des

//设置加密映射
Router0(config)#crypto　map vpnmap 5　ipsec-isakmp　　//设置加密映射的名称
outer(config-crypto-map)#set peer 222.2.2.2　　　　//对端地址
Router0(config-crypto-map)#set transform-set tf　　//转换集
Router0(config-crypto-map)#match address 111　　　　//指明用来定义 VPN 的流量 ACL 号

//将加密映射作用到接口上
Router0(config)#interface FastEthernet0/1
Router0(config-if)#crypto map vpnmap

(4) 在 Router1 上进行 VPN 配置
//指定要进行 VPN 的流量
Router1(config)#access-list 111 permit ip 172.16.1.0 0.0.0.255 192.168.1.0 0.0.0.255
Router1(config)#crypto isakmp policy 10　　　//创建 IKE 协商策略,并指定优先级
Router1(config-isakmp)#encryption 3des　　　//配置加密算法
Router1(config-isakmp)#hash md5　　　　　//配置摘要算法
Router1(config-isakmp)#authentication pre-share　　//指定使用预定义密钥

//设置口令为 ABCD,对端 IP 为 200.1.1.1
Router1(config)#crypto isakmp key ABCD address 200.1.1.1

//设置转换模式集的名称(此处命名为 tf),以及 VPN 采用的方式及算法
Router1(config)#crypto ipsec transform-set tf esp-3des

//设置加密映射
Router1(config)#crypto　map vpnmap 5　ipsec-isakmp　　//设置加密映射的名称
Router1(config-crypto-map)#set peer 200.1.1.1　　　　//对端地址
Router1(config-crypto-map)#set transform-set tf　　//转换集
Router1(config-crypto-map)#match address 111　　　　//指明用来定义 VPN 的流量 ACL 号

//将加密映射作用到接口上
Router1(config)#interface FastEthernet0/0

Router1(config-if)♯crypto map vpnmap

（5）VPN 验证

完成上面的配置后，我们在 PC0 上 ping PC1，我们发现可以 ping 通。

```
PC>ping 172.16.1.2

Pinging 172.16.1.2 with 32 bytes of data:

Reply from 172.16.1.2: bytes=32 time=0ms TTL=126
Reply from 172.16.1.2: bytes=32 time=0ms TTL=126
Reply from 172.16.1.2: bytes=32 time=0ms TTL=126
Reply from 172.16.1.2: bytes=32 time=0ms TTL=126
```

我们切换到模拟模式下，进一步查看从 PC0 到 PC1 的包的传输过程。

当包传输到 Router0 上时，点击打开包，可以发现数据包进入时的源和目的 IP 地址，以及数据从路由器出去时的 IP 地址之间的关系，如图 7.2.3 所示。

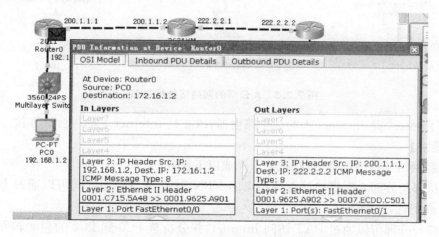

图 7.2.3　从内网经过 VPN 到外网时数据包的转换

当包传到路由器 Router1 时，再次打开包，对比查看包进入路由器的源和目的 IP 地址，与包从路由器出去时包的源和目的 IP 地址，如图 7.2.4 所示。

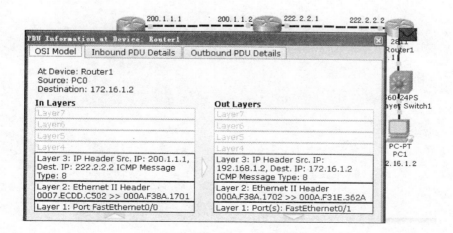

图 7.2.4　数据包从外网到内网时的转换

7.2.4　实训任务

【背景描述】

A 企业总部在北京,在武汉有分公司,总部与分部之间业务联系频繁而紧密,现在总部与分部之间建立站点到站点的 VPN。同时,公司是通过 PAT 访问 Internet 的。

【拓扑结构】 （见图 7.2.5）

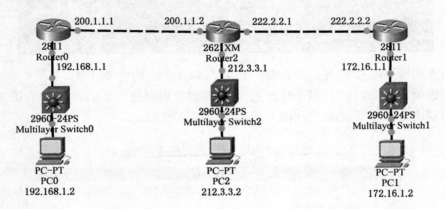

图 7.2.5　A 公司的网络拓扑示意图

路由器 Router2 是 Internet 上的一个路由器,PC2 是 Internet 上的一台计算机。

【任务要求】

作为高级网络工程师的你,现在被要求完成以下任务:

（1）在总部与分部之间搭建站点到站点的 VPN,让总部与分部之间可以通过专用地址相互访问。完成配置,并验证。

（2）总部与分部可以通过 PAT 访问 Internet,并分析从 PC0 到 PC2 的包的转发流程以及 IP 地址的转换情况。

8　网络可靠性设计

本章内容

学习目标

➤理解生成树协议的工作原理,掌握生成树协议的配置及应用

➤理解端口聚合的工作原理,掌握端口聚合的配置及应用

➤理解路由冗余协议(HSRP、VRRP)的工作原理,掌握路由冗余配置及应用

8.1　生成树协议

本节内容

➤生成树协议及种类

➤生成树协议的工作机制

➤生成树协议的配置

➤生成树协议的应用案例

学习目标

➤理解生成树协议及其种类

➤理解生成树协议(STP、RSTP)的工作机制

➤掌握生成树协议的基本配置及应用

8.1.1　生成树协议及其种类

1) 生成树协议(Spanning Tree Protocol ,STP)

在网络设计中,为了增强通信链路的可靠性,一般会在交换机之间设计一条或多条冗余链路,以保证当一条链路出现问题时,还可通过其他的链路来进行数据通信。但交换机的工作机制,比如,收到一个在转发表中找不到其所在位置的帧以及广播帧时,会向除接收端口之外的其他端口转发。使得用交换机连接的网络中不允许出现环路,否则,环路的存在,必然会形成广播风暴,从而将网络全部堵塞。

一方面,用交换机连接的网络中,不允许环路;另一方面,网络中需要通过冗余链路来增加网络通信的可靠性又是十分必要的,但冗余链路又必然会使网络产生环路。为解决这二者之间的矛盾,于是生成树协议应运而生。

　　生成树协议的工作机制:生成树协议运行在交换机上,通过在交换机之间相互交换信息,发现环路,按照一定的机制将环路上的端口阻塞,从而在逻辑上将交换机之间构成一棵树。当链路出现故障时,生成树协议可以自动发现,并通过将先前阻塞的端口打开,以使得备用链路发挥作用。这样,既解决了环路问题,又保证了通信的可靠性。

　　2) 生成树协议的种类

　　(1) IEEE 通用生成树 CST(STP,IEEE802.1D)

　　CST 不考虑 VLAN,以交换机为单位运行 STP(整个网络中生成一个 STP 实例),实际上,CST 运行在 VLAN1 上,也就是默认的 VLAN 上。当 STP 选举后,有的端口被阻塞,可能就造成有的 VLAN 不能通信。

　　CST 是 Radia Perlman 为早期的 DEC 桥所写,后被 IEEE 收容形成 802.1D 标准。在当时,大部分第二层的设备还是以端口数较少的网桥为主,所以没有考虑到端口数较多的二层交换机。随着技术的发展,二层交换机开始盛行,这就导致了 VLAN 的盛行,致使 802.1D 已经不再适用。因为两台 Switch 间存在冗余链路不一定就会导致环路,所以 Cisco 为了满足用户需求,就对 802.1D 进行了扩展,便出现了 PVST。

　　(2) PVST(Per-VLAN Spanning Tree,每 VLAN 生成树)

　　PVST 是 Cisco 的私有协议,PVST 为每一个 VLAN 创建一个 STP 实例。PVST 为每一个 VLAN 运行一个 STP 实例,能优化根网桥的位置,能为 VLAN 提供最优的路径。

　　PVST 缺点如下:

　　➢为了维护每一个 STP,需要占用更多的 CPU 资源;

　　➢为了支持各个 VLAN 的 BPDU 报文,需要占用更多的 Trunk 带宽;

　　➢PVST 与 CST 不兼容,使得运行 PVST 的 Cisco 交换机不能与其他厂商的交换机协同工作。

　　(3) PVST+(Per VLAN Spanning Tree Plus,增强的按 VLAN 生成树)

　　为了解决与其他厂商的交换机协同工作,Cisco 很快又推出了经过改进的 PVST+协议,并成为了交换机产品的默认生成树协议。经过改进的 PVST+协议在 VLAN1 上运行的是普通 STP 协议,在其他 VLAN 上运行 PVST 协议。在 VLAN1 上生成树状态按照 STP 协议计算。在其他 VLAN 上,普通交换机只会把 PVSTBPDU 当作多播报文按照 VLAN 号进行转发。但这并不影响环路的消除,只是有可能 VLAN1 和其他 VLAN 的根桥状态可能不一致。

　　(4) RSTP(快速生成树协议,IEEE802.1W)

　　随着时间的推移,越来越多的人感觉传统 Spanning Tree 的收敛时间过长,简直无法接受,特别是在 Cisco 别出心裁地提出了 Portfast,Backbonefast,Uplinkfast 等一系列 Spanning Tree 特性后,IEEE 不得不对已过时的 802.1D 进行修改,便有了 802.1W,也就是所说的 RSTP,基本就是在 802.1D 的基础上添加了几个类似 Cisco 的特性。

　　(5) Rapid PVST+

　　对 Cisco 来说,为和上一代 PVST+区分,便把具有 RSTP 特性的 PVST+,称为 Rapid PVST+。

　　(6) MST(多生成树协议,IEEE802.1S)

　　随着网络的发展及应用,当在一个交换机上配置成百上千个 VLAN,这就要求运行相同数目的 Spanning Tree 实例,这不论从管理上还是 Spanning Tree 的运算上,都是人类和一颗普通的 Power PC 无法承受的,因而便应运而生了 802.1S,即 MST。

MSTP(Multiple Spanning Tree Protocol,多生成树协议)就是对网络中众多的 VLAN 进行分组,一些 VLAN 分到一个组里,另外一些 VLAN 分到另外一个组里。这里的"组"就是后面讲的 MST 实例(Instance)。每个实例一个生成树,BPDU 是只对实例进行发送的,这样就可以既达到了负载均衡,又没有浪费带宽,因为不是每个 VLAN 一个生成树,这样所发送的 BP-DU 数量明显减少了。

【说明】

IEEE 颁发的 STP、RSTP 都属于单生成树实例的生成树协议,是把整个交换网络当成一个生成树,是基于端口的。

Cisco 的 PVST、PVST+、Rapid-PVST+则是多生成树实例的生成树协议,它是为交换网络中每个 VLAN 分配、维护着一个生成树实例,是基于 VLAN 的。

MSTP 也是多生成树实例的生成树协议,但它们是把多个具有相同拓扑的 VLAN 放进一个生成树实例中,是基于实例的,与 PVST、PVST+、Rapid-PVST+等基于 VLAN 的多生成树是有本质区别的。

8.1.2　生成树协议工作原理

1) STP 基本术语

(1) 桥接协议数据单元 BPDU

交换机之间周期性地发送 STP 的桥接协议数据单元(BPDU)来实现交换机之间的信息交换,从而了解交换机的连接情况,生成根交换机,关闭某些端口,使网络中的交换机连接拓扑形成一个树,消除回路。

(2) 路径成本(见表 8.1.1)

STP 依赖于路径成本,树的生成是根据路径成本最小为原则的。

表 8.1.1　802.1D 路径成本

链路带宽	成本
10 Gbps	2
1 000 Mbps	4
100 Mbps	19
10 Mbps	100

(3) 网桥 ID

使用 STP 时,拥有最低网桥 ID 的交换机将成为根交换机。

网桥 ID 由 8 字节组成,即 2 个字节的优先级和 6 个字节的网桥的 MAC 地址组成。

网桥的优先级是从 0～65535 的数,默认值为 32768(0X8000),优先级最低的将成为网桥。如果优先级相同,则比较网桥 MAC 地址,具有最低 MAC 地址的交换机将成为根网桥。

(4) 端口 ID

端口 ID 参与决定到根网桥的路径。

端口 ID 由 2 字节组成,即 1 个字节的优先级和 1 个字节的端口编号组成。

端口优先级从 0～255,默认值是 128(0X80)。端口编号则是按照端口在交换机上的顺序排列。

2）STP 运行过程

（1）STP 的执行步骤

STP 的执行分成以下四步：

① 根据网桥 ID,选举一个根网桥；

② 在每个非根交换机上,根据根路径成本、网桥 ID、端口 ID,选举一个根端口；

③ 每个网段上,根据根路径成本、网桥 ID、端口 ID,选举一个指定端口；

④ 阻塞非根、非指定端口。

（2）生成树收敛、生成树拓扑变更

如果一个交换网络中的所有交换机和网桥的端口都处在阻塞状态或者转发状态时,这个交换网络就达到了收敛。

当网络拓扑变更时,交换机必须重新计算 STP,端口状态会发生改变,这样会中断用户通信,直到计算出一个重新收敛的 STP 拓扑。

3）STP 的端口状态

STP 正常的端口状态有四种：

➤Blocking（阻塞）：只能接收 BDPU,不能接收和传输数据,不能将 MAC 加入到地址表；

➤Listening（监听）：可以接收和发送 BPDU,不能接收和传输数据,不能将 MAC 加入到地址表；

➤Learning（学习）：可以接收和发送 BPDU,可以学习 MAC 地址,并加入地址表,但不能传输数据；

➤Forwarding（转发）：能发送和接收数据、学习 MAC 地址、发送和接收 BPDU。

当交换机加电启动后,所有端口从初始化状态进入到阻塞状态,它们开始监听 BPDU,当交换机第一次启动时,它会认为自己是根网桥,所以会转换为监听状态。如果一个端口处于阻塞状态,并在一个最大老化时间（20 s）内没有接收到新的 BPDU,端口也会转换为监听状态。

在监听状态,所有交换机选举根网桥,在非根网桥上选举根端口,并且为每个网段选举指定端口。经过一个转发延迟（15 s）后,进入学习状态。

如果一个端口在学习状态结束后（再经过一个转发延迟 15 s）还是根端口或指定端口,这个端口就进入转发状态。否则,转回阻塞状态。

最后,生成树经过一段时间（默认值是 50 s 左右）稳定之后,所有端口或者进入转发状态,或者进入阻塞状态。STP BPDU 仍然会定时（默认每隔 2 s）从各个交换机的指定端口发出,以维护链路状态,如果网络拓扑发生变化,生成树会重新计算,端口状态也会随之改变。

4）RSTP 基本概念

（1）RSTP 的端口角色

RSTP 除了根端口和指定端口外,新增了两种端口：

➤替代端口（Alternate）：为当前的根端口到根网桥提供了替代路径；

➤备份端口（Backup）：提供了到达同段网络的备份路径,是对一个网段的冗余连接。

（2）RSTP 的端口状态

RSTP 只有三种端口状态：

➤丢弃（Discarding）：对应 STP 的阻塞、监听状态

➤学习（Learning）：对应 STP 的学习状态；

➤转发（Forwarding）：对应 STP 的转发状态。

在稳定的网络中,根端口和指定端口处于转发状态,替代端口和备份端口处于丢弃状态。

5) RSTP 的优点

(1) 为根端口和指定端口设置了替换端口和备用端口,当根端口/指定端口失效时,无时延地更替。

(2) 在只连接了两个交换端口的点对点链路中,指定端口只需与下游网桥进行一次握手就可以无时延地进入转发状态。

(3) 直接与终端相连而不是与其他网桥相连的端口,可由管理员定义为边缘端口,直接进入转发状态。

8.1.3 生成树协议的配置

1) 启动/停止生成树协议

命令格式:

Switch(config)# spanning vlan vlan 编号范围

说明:

Cisco 交换机的生成树协议 PVST、rapid-PVST 都是针对 VLAN 的,也即每个 VLAN 都是一个独立的生成树,不同 VLAN 的生成树可以不同。这条命令是启动指定 VLAN 的生成树协议。

生成树协议默认是启动的。

如果要停止生成树协议,可使用以下命令:

Switch(config)# no spanning vlan vlan 编号范围

2) 配置生成树协议的类型

命令格式:

Switch(config)# spanning-tree mode *stp* | *rstp* | *mstp* | *pvst* | *rapid-pvst*

说明:

不同交换机支持的生成树协议可能并不相同。

在模拟器中,只支持 PVST 和 rapid-PVST。

3) 配置交换机的优先级

命令格式:

Switch(config)# spanning vlan vlan ID 范围 priority 优先级

说明:

这条命令是设置交换机在指定 VLAN 中优先级。

优先级的范围 0～61440,增幅为 4096。也即优先级数可以是 0、4096、8192、12288、16384、20480、24576、28672、32768、36864、40960、45056、49152、53248、57344、61440 等值中的一个。

优先级默认为 32768。优先级值最小者将成为根网桥。

如将交换机在 VLAN 1、3—5 的优先级设为 4096 的命令为

Switch(config)# spanning-tree vlan 1,3—5 priority 4096

4) 指定根网桥

命令格式:

Switch(config)# spanning vlan vlan ID 范围 root primary

说明:

此命令直接将交换机指定为根网桥。

5）查看生成树协议配置信息

Switch♯show spanning-tree

Switch♯show spanning-tree　active　　　　　//显示活动的生成树情况

Switch♯show spanning-tree　detail　　　　　//显示每个生成树的详细信息

Switch♯show spanning-tree　summary　　//显示生成树摘要信息

8.1.4　生成树协议应用案例

【配置举例】　三台交换机的连接如图 8.1.1 所示。

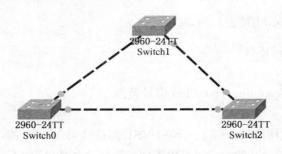

图 8.1.1　生成树协议网络拓扑结构图

Ⅰ. 查看各交换机的生成树协议状态

Switch0 上查看：

```
Switch0♯ show spanning-tree
VLAN0001
  Spanning tree enabled protocol ieee
  Root ID    Priority    32769
             Address     0005.5EDE.2E39
             This bridge is the root
             Hello Time  2 sec  Max Age 20 sec  Forward Delay 15 sec

  Bridge ID  Priority    32769  (priority 32768 sys-id-ext 1)
             Address     0005.5EDE.2E39
             Hello Time  2 sec  Max Age 20 sec  Forward Delay 15 sec
             Aging Time  20

Interface         Role  Sts Cost    Prio.Nbr  Type
---------------- ---- -- ------- -------------------------------
Fa0/2             Desg FWD 19      128.2     P2p
Fa0/3             Desg FWD 19      128.3     P2p
```

说明：

① 从上面可以看出，VLAN1 的根交换机的优先级为 32769，根交换机的地址为 0005.5EDE.2E39，且此交换机为根交换机。

②此交换机的两个端口 Fa0/2 和 Fa0/3 的端口角色是指定端口,端口状态为转发状态,端口路径成本为 19,端口优先级都为 128,端口编号分别为 2 和 3,端口类型为 P2p.

Switch1 上查看:

```
Switch1# show spanning-tree
VLAN0001
  Spanning tree enabled protocol ieee
  Root ID     Priority    32769
              Address     0005.5EDE.2E39
              Cost        19
              Port        1(FastEthernet0/1)
              Hello Time  2 sec   Max Age 20 sec   Forward Delay 15 sec

  Bridge ID   Priority    32769   (priority 32768 sys-id-ext 1)
              Address     0090.0CD7.BD22
              Hello Time  2 sec   Max Age 20 sec   Forward Delay 15 sec
              Aging Time  20


Interface           Role Sts Cost       Prio. Nbr Type
---------------- ---- --- ------- -------- --------------------
Fa0/1               Root FWD 19         128.1     P2p
Fa0/2               Altn BLK 19         128.2     P2p
```

说明:

①从上面可以看出,VLAN1 的根交换机的优先级为 32769,根交换机的地址为 0005.5EDE.2E39,且此交换机为根交换机。此交换机到根交换机的路径成本为 19,根端口为 Fa0/1。

②本交换机的优先级为 32769,交换机地址为 0090.0CD7.BD22。

③此交换机的二个端口 Fa0/1 和 Fa0/2 的端口角色分别是根端口和替代端口,端口状态分别为转发状态和阻塞状态,端口路径成本为 19,端口优先级都为 128,端口编号分别为 1 和 2,端口类型为 P2p。

Switch2 上查看:

```
Switch2# show spanning-tree
VLAN0001
  Spanning tree enabled protocol ieee
  Root ID     Priority    32769
              Address     0005.5EDE.2E39
              Cost        19
              Port        1(FastEthernet0/1)
              Hello Time  2 sec   Max Age 20 sec   Forward Delay 15 sec
```

```
Bridge ID   Priority      32769   (priority 32768 sys-id-ext 1)
            Address       0060. 478C. 561A
            Hello Time   2 sec   Max Age 20 sec   Forward Delay 15 sec
            Aging Time   20


Interface          Role  Sts Cost        Prio. Nbr Type
---------------- ---- --- ----------   -------- ----- ----------
Fa0/2              Desg FWD 19          128. 2     P2p
Fa0/1              Root FWD 19          128. 1     P2p
```

说明:

① 从上面可以看出,VLAN1 的根交换机的优先级为 32769,根交换机的地址为 0005. 5EDE. 2E39,且此交换机为根交换机。此交换机到根交换机的路径成本为 19,根端口为 Fa0/1。

② 本交换机的优先级为 32769,交换机地址为 0060. 478C. 561A。

③ 此交换机的两个端口 Fa0/1 和 Fa0/2 的端口角色分别是根端口和指定端口,端口状态都为转发状态,端口路径成本为 19,端口优先级都为 128,端口编号分别为 1 和 2,端口类型为 P2p。

Ⅱ. 现在将各交换机的生成协议设置为 rapid-PVST

```
Switch# spanning-tree mode rapid-PVST
```

Ⅲ. 将 Switch2 的 VLAN1 优先级设置为 4096

```
Switch2#  spanning-tree vlan 1 priority 4096
```

任务:

在执行完这条命令后,请各位同学再查看各交换机的生成树协议的情况,发现有什么变化没有? 现在 VLAN1 的根交换机还是 Switch0 吗?

提示:

在生成树协议中,选举根交换机的依据顺序为:

① 比较交换机的优先级,优先数小的为根交换机;

② 优先级数一样的情况下,比较交换机地址,交换机地址小的为根交换机。

8.1.5　实训任务

(1)某网络拓扑如图 8.1.2 所示:

如果现在各交换机处于默认配置下,任务如下:

① 查看各交换机的生成树协议的配置情况,找出生成树的根,记录各交换机到根的路径成本,以及端口角色,画出生成树。

② 如果上面的两台三层交换机都不是生成树的根,比如现在生成树的根为 Switch0,那么,对于网络的性能是否有影响? 如何将两台三层交换机之一设置为生成树的根? 有几种设置方法?

(2)现在某单位的网络拓扑如图 8.1.3 所示。

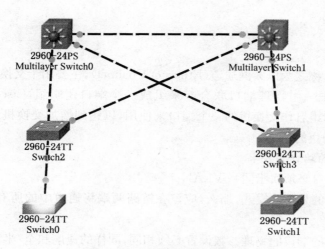

图 8.1.2　网络拓扑结构图

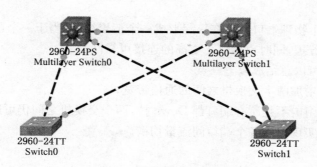

图 8.1.3　网络拓扑结构图

网络内的 VLAN 有 VLAN 1、VLAN 10、VLAN 20、VLAN 30、VLAN 40。其中 VLAN 1 是管理 VLAN。

任务：

① 请将生成树协议设置为 rapid-PVST；

② 将 VLAN 1、VLAN 10、VLAN 20 的生成树的根设置为 Multilayer Switch0，将 VLAN 30、VLAN 40 的生成树的根设置为 Multilayer Switch1。

③ 查看各交换机的生成树的配置情况，分别画出 VLAN 10、VLAN 30 的生成树。

8.2　端口聚合

本节内容

➤端口聚合

➤端口聚合的配置及应用案例

学习目标

➤理解端口聚合的基本概念及其工作机制

➤掌握 BGP 的配置及应用

8.2.1 端口聚合

1）端口聚合

端口聚合，Cisco 称之为以太网通道（Ethernet Channel），主要用于交换机之间连接。

端口聚合是指把一组物理端口联合起来组成一个端口逻辑组，Cisco 称之为 channel-group，并将这个逻辑组看作交换机的一个端口来使用，以达到增加交换机之间的通信带宽、实现冗余与负载均衡的目的。

2）对参与聚合的端口的要求

➤参与捆绑的端口必须属于同一 VLAN；

➤如果端口配置的是中继模式，那么，应该在链路两端将通道中的所有端口配置成相同的中继模式；

➤所用参与捆绑的端口的物理参数设置必须相同，同样的速度和全/半双工模式设置。lacp 要求端口只能工作在全双工模式下。

3）端口聚合的作用

端口汇聚是将多个物理端口聚合在一起形成一个汇聚组（相当于一个逻辑端口），以实现负荷在各成员端口中的分担，同时也提供了更高的连接可靠性。

端口聚合的优点可以总结成以下三点：

➤增加连接带宽：增加两个交换机之间的通信带宽；

➤增加冗余：只要组内不是所有端口都 Down 掉，两个交换机之间仍可通信；

➤实现负载均衡：实现组内各个端口间流量均衡。

4）端口聚合协议

Cisco 设备支持两种进行协商以太网通道的协议：

➤链路聚合控制协议（LACP）：即 IEEE802.3ad，Cisco 设备与非 Cisco 设备对接时使用；

➤端口聚合控制协议（PAgP）：Cisco 专有协议，只能在两台 Cisco 设备间使用。

8.2.2 端口聚合的配置命令及案例

1）创建端口聚合组

命令格式：

Switch(config)♯ interface port-channel 端口聚合组号

说明：

端口聚合组号：端口聚合组号，在模拟器中 2960 支持的范围为：1～6。不同交换机支持的范围可能会不同。并可在此聚合组的子模式下，指明聚合端口的端口类型，如 Trunk。

如在交换机上创建端口聚合组 1，命令为

Switch(config)♯ interface port-channel 1

2）将端口指定到 EtherChannel 组，并指定协议的协商模式（见表 8.2.1）

命令格式：

Switch(config)♯ interface 端口类型 端口号

Switch(config-if)♯ channel-group 组号 mode 工作模式

说明：

组号：即 EtherChannel 端口组的组号，不同型号的交换机支持取值范围不同。模拟器支持范围为 1～6。

工作模式:有 Auto、Desirable、Active、Passive、On 等五种。PAgP 协议只支持 Auto 和 Desirable 模式,LACP 协议支持 Active 和 Passive 模式。当使用 On 时,两端必须同时配置为 on 模式。

Auto:通过 PAgP 协商激活端口,被动协商,即不发送协商消息,只接收协商消息。物理链路的另一端必须是 Desirable。

Desirable:通过 PAgP 协商激活端口,主动协商,会发送协商消息,也会接收协商消息。物理链路的另一端的模式是 Desirable,或是 Auto。

Active:通过 LACP 协商激活端口,主动协商,会发送协商消息,也会接收协商消息。物理链路的另一端是 Active,或是 Passive。

Passive:通过 LACP 协商激活端口,被动协商,不发送协商消息,只接收协商消息。物理链路的另一端必须是 Active。

On:手工激活,物理链路两端模式必须都是 On,不使用链路聚合控制协议,因此无法自动监测物理链路另一端的状态。

表 8.2.1 端口聚合控制协议及端口工作模式配置

	LACP 协议		PAgP 协议			手工激活
	Active	Passive		Desirable	Auto	On
Active	√	√	Desirable	√	√	On	√
Passive	√	×	Auto	√	×		

如将端口 F0/1 加入到端口聚合组 1,协商模式指定为 active,命令为

Switch(config)# interface *f0/1*

Switch(config-if)# channel-protocol *LACP*

Switch(config-if)# channel-group *1* mode *active*

3) 配置某个端口进行端口聚合使用的协议(可选)

命令格式:

Switch(config)# interface 端口类型 端口号

Switch(config-if)# channel-protocol *LACP ｜ PAGP*

说明:

LACP 指链路聚合控制协议。尽量使用这种协议,因为它是通用标准。

PAGP 指端口聚合控制协议。

如将端口 F1/1 的聚合控制协议设置为 LACP,命令为

Switch(config)# interface *f 1 /1*

Switch(config-if)# channel-protocol *LACP*

4) 配置以太网通道负载均衡

命令格式:

Switch(config)# port-channel load-balance dst-ip｜ dst-mac｜ src-dst-ip｜ src-dst-mac｜ src-ip｜ src-mac

说明:

进行负载均衡的依据条件。

dst-ip：目的 IP 地址(Dst IP Addr)，对目的 IP 地址相同的包进行负载均衡。以下类推。

dst-mac：目的 MAC 地址(Dst Mac Addr)。

src-dst-ip：Src XOR Dst IP Addr。

src-dst-mac：Src XOR Dst Mac Addr。

src-ip：源 IP 地址(Src IP Addr)。

src-mac：源 MAC 地址(Src Mac Addr)。

如在以太网通道上采用基于目的 IP 地址的负载均衡，命令为

Switch(config)♯port-channel load-balance   dst-ip

5）查看以太网通道配置信息

（1）查看以太网通道配置信息

switch♯show etherchannel

（2）查看以太网通道负载平衡的配置

switch♯show etherchannel load-balance

（3）查看查看指定的 EtherChannel 包含的接口信息

switch♯show etherchannel port-channel

（4）查看摘要信息

switch♯show etherchannel summary

【配置举例】   交换机的端口带宽为 100Mbps，现要求将两台交换机之间的链路带宽增加为 200Mbps，拓扑如图 8.2.1 所示。

3560-24PS   3560-24PS
Multilayer Switch0   Multilayer Switch1

图 8.2.1   没有配置端口聚合前的连接状态

问题：

此时，上面的 4 个端口，为什么会有一个端口是橙色的呢？

端口为橙色，表明此端口处于阻塞状态。之所以会有一个端口是橙色的，这是生成树协议在起作用的结果。

我们可能通过端口聚合来达到上述的要求。

（1）Switch0 上的配置

　　Switch0(config)♯ interface port-channel *1*

　　Switch0(config)♯ interface range   *f 0 /1 - 2*

　　Switch0(config-if)♯ channel-group *1*   mode   *on*

（2）Switch1 上的配置

　　Switch1(config)♯ interface port-channel *1*

　　Switch1(config)♯ interface range   *f 0 /1 - 2*

　　Switch1(config-if)♯ channel-group *1*   mode   *on*

（3）完成上面的配置后，我们可以发现，交换机各端口的状态变为图 8.2.2 所示的情况。

图 8.2.2　配置端口聚合后的连接状态

> 问题：
>
> 　　我们并没有关闭生成树协议，但为什么此时上面的 4 个端口，都变成绿色了呢?

此时，两个交换机之间，相当于是一对逻辑端口相连接，不存在环路。

8.2.3　实训任务

某企业网络中采用双核心结构，网络拓扑结构如图 8.2.3 所示。现要将两台核心交换机之间通信带宽设置为 4Gbps，并且要求两台核心交换机之间的直连链路为 Trunk 链路。请作为网络高级工程师的你实现上述要求。

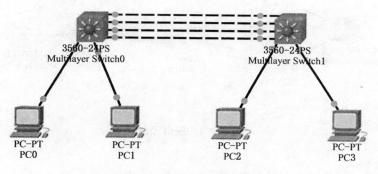

图 8.2.3　端口聚合拓扑结构图

8.3　路由冗余设计

本节内容

　　➢路由冗余及路由冗余协议

　　➢HSRP 配置及应用案例

　　➢VRRP 配置

学习目标

　　➢理解路由冗余的基本概念，以及路由冗余协议的工作机制

　　➢掌握 HSRP 的配置及应用

　　➢掌握 VRRP 的配置及应用

8.3.1 路由冗余及路由冗余协议

1) 路由冗余

在计算机网络中,为了实现通信的可靠性,很多设备是通过冗余配置来增加网络通信的可靠性的。当一套设备出现问题时,可以切换到另一套设备,这样可以让用户通信不会因为某个设备的故障而造成中断。

路由冗余,就是通过对网络中的路由器进行冗余配置,来保障路由出口的可靠性的。例如图 8.3.1 中,左边的网络有两个接入到与 Internet 的路由器,当其中一个出现故障时,可以切换到另一个,以保障网络与 Internet 之间通信的可靠性。

图 8.3.1 中,左边网络虽然通过两台路由器(即 Router0 与 Router1)建立了两条接入 Internet 的链路。但对于网内的某台电脑而言,只能设置一个默认网关,也即网内设备每次都是通过某一台路由器与 Internet 进行通信的,当这台路由器出现故障时,需要手工切换到另一台路由器。很明显,手工切换是一件麻烦的事情。路由冗余协议可以帮忙我们解决这个问题。

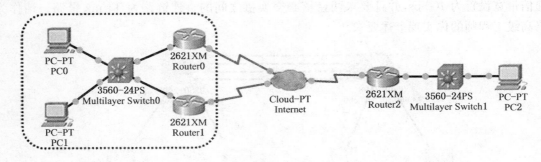

图 8.3.1　路由冗余

2) 路由冗余协议

路由冗余协议,是指用于解决局域网中配置的静态网关由于出现单点失效,而造成网络通信故障的路由协议。

为了解决单点路由失效问题,首先,要在网络配置多个路由器,让网络对外可以通过多个路由器形成多条路径。每个电脑的默认网关只有一个。路由冗余协议运行配置在多个路由器上,且将这些路由器构建成一个逻辑路由器组,并给逻辑路由器组指定一个虚拟 IP 地址。让每台电脑的默认网关配置为虚拟 IP 地址。路由冗余协议在路由器组内进行协调的协议,保障只要路由器组内只要还有一个路由器的状态是正常的,就能让内网与外网的连接不至于中断。

当前路由冗余协议主要有:HSRP(热备份路由器协议)、VRRP(虚拟路由器冗余协议)。

(1) HSRP(热备份路由器协议)

HSRP,即热备份路由器协议(HSRP:Hot Standby Router Protocol),是 Cisco 平台一种特有的技术,是 Cisco 的私有协议。

HSRP 将多台路由器组成一个"路由器组",用来模拟为一个虚拟的路由器,并给这个虚拟路由器赋给一个 IP 地址和虚拟 MAC 地址,HSRP 从这个路由器组中选择一台路由器作为活动路由器和一个备份路由器,并由活动路由器发送数据包。如果活动路由器因故障或发生某种情况失效后,备份路由器将成为新的活动路由器转发数据包。如果活动路由器与备份路由器都失效了,将从剩下的路由器中重新选举活动与备份路由器。从网络内的主机来看,网关并没有改变。这就是热备份的原理。

HSRP 路由器利用 Hello 包来互相监听各自的存在。当路由器长时间没有接收到 Hello 包时,就认为活动路由器故障,备份路由器就会成为活动路由器。

HSRP 协议利用优先级决定哪个路由器成为活动路由器。如果一个路由器的优先级比其他路由器的优先级高,则该路由器成为活动路由器。路由器的默认优先级是 100。在一个组中,最多有一个活动路由器和一个备份路由器。

（2）VRRP（虚拟路由器冗余协议）

VRRP,即虚拟路由器冗余协议（Virtual Router Redundancy Protocol,简称 VRRP）,国际上是由 IETF 提出的解决局域网中配置静态网关出现单点失效现象的路由协议,1998 年推出正式的 RFC2338 协议标准,最新的标准是 2005 年的 RFC3768。所以 VRRP 是一个国际标准协议,可用于所有厂商的设备上而不需要某个公司的授权。

VRRP 的运行机制与 HSRP 协议基本相同,但也有一些细小的差别。

➤VRRP 可以用一个接口的 IP 地址作为虚拟路由器的 IP 地址;

➤VRRP 状态比 HSRP 少。HSRP 有 6 种状态,VRRP 只有 3 种。

8.3.2 路由冗余协议 HSRP 的配置及案例

1）将路由器接口加入到备份路由器组中,并指定虚拟路由器的 IP 地址（必配）

命令格式:

Router(config-if)＃standby　组号 ip 虚拟路由器 IP 地址

说明:

组号:组号范围从 0 到 255,当组号没有指定时,默认为 0。

虚拟路由器 IP 地址:即代表备份路由器组的虚拟路由器的 IP 地址,网络中的其他主机的默认网关应该设为虚拟路由器的 IP 地址,此地址不能与路由器接口的真实地址相同。

2）设置 HSRP 接口的抢占权（必配）

命令格式:

Router(config-if)＃standby　组号 preempt

说明:

此参数能够保证优先级高的路由器失效恢复后,从较低优级的新活跃路由器（即原备份路由器）手中抢回转发权。此参数也保证当前优先级最高者为活动路由器。

3）设置 HSRP 接口的优先级（对于要指定活动路由器是必选的,对于其他默认即可）

命令格式:

Router(config-if)＃standby　组号 priority 优先级

说明:

优先级:设置范围从 0～255。默认情况下,优先级缺省值是 100。这时 MAC 地址最小的成为活动路由器。

当活动路由器失效后,备份路由器替代成为活动路由器,当活动和备份路由器都失效后,其他路由器将参与活动和备份路由器的选举工作。

优先级高的成为活动路由器,默认为 100,取值为 0～255。

优先级别相同时,接口 IP 地址高的将成为活动路由器。

4) 设置 HSRP 的接口追踪(可选)

命令格式:

Router(config-if)♯standby　组号 track　接口类型　接口号 优先级变化值

说明:

组号:组号范围从 0 到 255,当组号没有指定时,默认为 0。

接口类型:被跟踪的接口的类型。

接口号:被跟踪的接口号。

优先级变化值:当接口不可用时,路由器的 HSRP 优先级被降低的数值;当接口变化为可用时,路由器的优先级将被增加上该数值。默认为 10。

接口跟踪可使组内的路由器的优先级根据接口的可用性进行动态调整,如果活动路由器的接口被跟踪为不可用,路由器的优先级将会被调低,这样会主动地让出活动角色。接口跟踪一般用于双路由器双出口的情况。

如图 8.3.2 的网络中,如果先前的活动路由器是 Router0,当 Router0 跟踪发现右边的线路不可用时,会将自己的优先级降低,此时,Router1 就会抢过活动路由器的角色,进行数据转发。如果没有接口跟踪功能的话,由于在左边的局域网中,Router0、Router1 的状态都是正常的,备份路由器不可能抢占活动路由器的角色,在这种情况下,就会出现左右两个网络之间不能通信的情况。

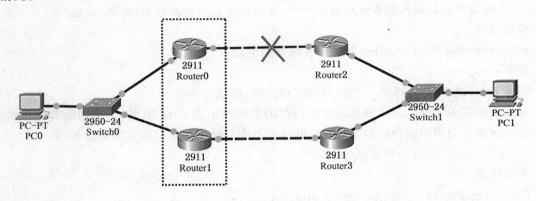

图 8.3.2　接口跟踪

5) 设置 HSRP 的计时器(可选)

命令格式:

Router(config-if)♯standby　组号 time　hello 呼叫间隔时间 保持时间

说明:

hello 呼叫间隔时间:表示路由器定时发送呼叫报文的间隔时间,以秒为单位。如果该参数没有在路由器上配置,它可能要从活动路由器上学习获得。默认值为 3 s。

保持时间:被接收路由器用来判断该呼叫报文是否合法,单位为秒,其值至少是呼叫时间的 3 倍。如果该参数没有配置,也同样可以从活动路由器上学习。活动路由器不能从等待路由器学习呼叫时间和保持时间,它只能继续使用从先前的活动路由器学习来的该值。默认值为 10 s。

hello 间隔定义了两组路由器之间交换信息的频率。Hold 间隔定义了经过多长时间后,没有收到其他路由器的信息,则活动路由器或者备用路由器就会被宣告为失败。配置计时器并不是越小越好,虽然计时器越小则切换时间越短。计时器的配置需要和 STP 等的切换时间相一致。另外,Hold 间隔最少应该是 Hello 间隔的 3 倍。

6) 设置 HSRP 的路由器认证(可选)

命令格式:

Router(config-if)♯standby　组号 authentication　密码

说明:

HSRP 认证可以防止网络中的恶意路由器加入到 HSRP 组中。

管理员可以通过在 HSRP 组中所有成员设备上配置认证字符串来启用 HSRP 认证。认证字符串的最大长度为 8 字节,默认关键字为 cisco。

7) 显示 HSRP 路由器状态

命令格式:

Router♯show standby ［接口类型 接口号］［组号］brief

说明:

此命令用来显示 HSRP 路由器状态。

8.3.3　HSRP 案例

【配置举例】　A 公司的网络拓扑结构、各设备的 IP 地址,如图 8.3.3 所示。

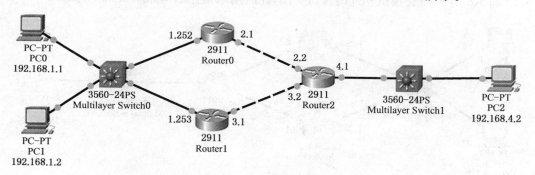

图 8.3.3　网络拓扑结构图

(1) 完成各设备的基本配置

三个 PC 上的 IP 地址、默认网关:

　　PC0 的默认网关是 192.168.1.252;

　　PC1 的默认网关是 192.168.1.253;

　　PC2 的默认网关是 192.168.4.1。

三个路由器的接口 IP 地址,默认路由:

　　Router0 上配置默认路由为 192.168.2.2;

　　Router1 上配置默认路由为 192.168.3.2;

　　Router2 上配置默认路由为 192.168.3.1。

(2) 网络连通性验证

① 分别从 PC0、PC1 上 ping PC2,看是否可以 ping 通。(如果配置正确,是通的)

② 切换到模拟状态,再次进行 1)的操作。并观察分别去往 PC2 的传输路径。并记录下来。

思考并操作验证:

此时,如果我们将 Router0 与交换机相连的接口关闭,PC0 还可以 ping PC2 吗?

(3) 在 Router0、Router1 上配置 HSRP

① 将 Router0 创建虚拟路由器组 1,配置虚拟地址、抢占模式,并将其设为活动路由器

Router0(config)# interface GigabitEthernet0/0

Router0(config-if)# standby 1 ip 192.168.1.254

Router0(config-if)# standby 1 priority 105　　　//优先级

Router0(config-if)# standby 1 preempt　　　//抢占模式

② 将 Router1 上创建虚拟路由器组 1、配置虚拟地址、抢占模式,并采用默认优先级

Router1(config)# interface GigabitEthernet0/0

Router1(config-if)# standby 1 ip 192.168.1.254

Router1(config-if)# standby 1 preempt

(4) 网络连通性验证

① 分别从 PC0、PC1 上 ping PC2,看是否可以 ping 通。(如果配置正确,是通的)

② 切换到模拟状态,再次进行 1)的操作。并观察分别去往 PC2 的传输路径。并记录下来。

③ 将 Router0 与交换机相连的接口关闭,此时网络拓扑结构如图 8.3.4 所示。

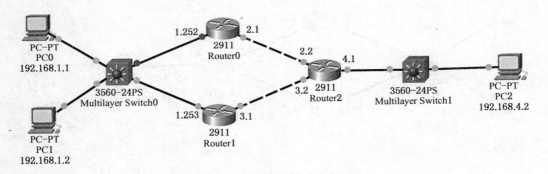

图 8.3.4　网络拓扑结构图

再次用 PC0 去 ping PC2,看是否可通。(可通)

查看数据包的路径,记录、并分析为什么会这样?

思考并验证:

如果我们再次将 Router0 与交换机相连的接口打开,传输路径又是怎样的?

(5) 将 Router0 与 Router2 相连的接口关闭(见图 8.3.5)

① 分别从 PC0 上 ping PC2,看是否可以 ping 通。(不通,分析原因)

② 当然,再次打开 Router0 与 Router2 相连的接口,再次从 PC0 上 ping PC2,看是否可以 ping 通,并观察传输路径。

(6) 配置接口追踪

在 Router0 上配置接口追踪。

Router0(config)# interface GigabitEthernet0/0

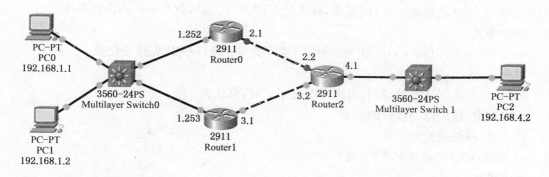

图 8.3.5　网络拓扑结构图

Router0(config-if)♯standby 1 track GigabitEthernet0/1　　//接口追踪

然后,重做第(5)步的内容,并分析原因。

8.3.4　VRRP 配置命令

1) 将路由器接口加入到备份路由器组中,并指定虚拟路由器的 IP 地址(必配)

命令格式:

Router(config-if)♯vrrp *group-number* ip *IP-address* secondary

说明:

group-number:组号范围从 0 到 255,当组号没有指定时,默认为 0。

IP-address:即代表备份路由器组的虚拟路由器的 IP 地址,网络中的其他主机的默认网关应该设为虚拟路由器的 IP 地址,与 HSRP 不同的是,此地址可以与路由器接口的真实地址相同。

secondary:标明是该虚拟路由器的次 IP 地址。

2) 设置 VRRP 接口的抢占权(必配)

命令格式:

Router(config-if)♯ vrrp group-number preempt　{delay [Delay-time] }

说明:

此参数能够保证优先级高的路由器失效恢复后,从较低优级的新活跃路由器(即原备份路由器)手中抢回转发权。此参数也保证当前优先级最高者为活动路由器。

其中参数 delay 的取值范围为 1~255 之间,如果不配置 delay 时间,那么其默认值为 0 s。

delay-time 为延迟抢占的时间,即从该路由器发现自己的优先级大于 MASTER 的优先级开始经过 delay-time 这样长的一段时间之后才允许抢占。

3) 设置 VRRP 接口的优先级(对于要指定活动路由器是必选的,对于其他默认即可)

命令格式:

Router(config-if)♯ vrrp group-number priority priority-value

说明:

priority-value:设置范围从 0 到 255。0 是系统保留给 ADVERTISEMENT 报文专,255 是保留给 IP 地址拥有者。只有当 VRRP 路由器的 IP 地址和虚拟路由器的接口相同时,则其优先级为 255。

4) 设置 VRRP 的接口追踪(可选,标准的 VRRP 不支持,但 Cisco VRRP 支持)

命令格式:

Router(config-if)♯vrrp　组号 track　接口类型　接口号 优先级变化值

说明:

组号:组号范围从 0 到 255,当组号没有指定时,默认为 0。

接口类型:被跟踪的接口的类型。

接口号:被跟踪的接口号。

5) 设置 VRRP 的计时器(可选)

命令格式:

Router(config-if)♯ vrrp group-number timers advertise vrrp-advertise-interval

说明:

adver_interval 为设置定时器 adver_timer 的时间间隔,MASTER 每隔这样一个时间间隔就会发送一个 advertisement 报文以通知组内其他路由器自己工作正常,其中参数 vrrp-advertise-interval 的取值范围为 0~254。

6) 设置 VRRP 的路由器认证(可选)

命令格式:

Router(config-if)♯vrrp 组号 authentication　密码

说明:

VRRP 认证可以防止网络中的恶意路由器加入到 VRRP 组中。

VRRP 支持明文密码验证以及无验证模式,设置 VRRP 组的验证字符串的同时也设定该 VRRP 组处于明文密码验证模式,VRRP 组成员必须处于相同的验证模式下才能正常通信。在同一个 VRRP 组中的路由器必须设置相同的验证口令。明文验证不能保证安全性,它是用来防止/提示错误的 VRRP 配置。

7) 显示 VRRP 路由器状态

命令格式:

Router♯show vrrp [接口类型 接口号] [组号] brief

说明:

此命令用来显示 VRRP 路由器状态。

8.3.5　实训任务

【背景描述】

A 企业业务需要互联网的支持,为了保障连网的可靠,采用了路由冗余,即配置了两个连接 Internet 的路由器,网络拓扑结构如图 8.3.6 所示。

【任务要求】

作为高级网络工程师的你,现在被要求完成以下任务:

(1) 使用路由冗余协议对网络进行配置,只要两台路由器有一台是好的,就可以让企业内部网络自动找到这台路由器,并通过此路由器上网。请实现并验证。

(2) 如果根据优先级将某台路由器设置为活动路由器,当此路由器与外网的连接出现问题时,会主动地让出活动路由器的身份。请实现并验证。

(3) 如果想要充分地利用设备,平时的网络流量分成两路上外网,即分别通过一个路由器

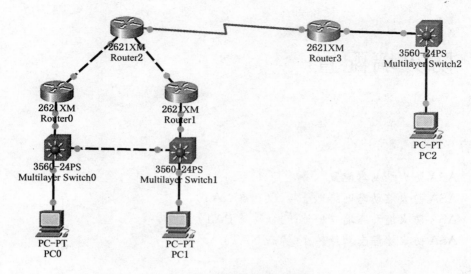

图 8.3.6　网络拓扑结构图

与外网连接;同时又要实现路由冗余,应该如何实现。请给出方案,并实现与验证。

9 防火墙配置

本章内容

学习目标

➢理解防火墙的工作机制,掌握防火墙的基本配置及应用

➢理解防火墙的动态地址转换的工作机制

➢掌握防火墙的动态地址转换的配置及应用

➢理解防火墙的端口地址转换的工作机制

➢掌握防火墙的端口地址转换的配置及应用

➢理解防火墙的静态地址转换的工作机制

➢掌握防火墙的静态地址转换的配置及应用

9.1 ASA 防火墙基本配置

本节内容

➢ASA 防火墙

➢ASA 防火墙的基本配置及案例

学习目标

➢理解 ASA 防火墙的基本概念及其工作机制

➢掌握 ASA 防火墙的基本配置及应用

9.1.1 ASA 防火墙

1) ASA 防火墙简介

2005 年 5 月,Cisco 推出适应性安全产品(Adaptive Security Appliance,ASA),即 ASA 系列的防火墙。ASA 系列防火墙作为 PIX 系列防火墙的替代产品出现的。ASA 系列防火墙在提供基本防火墙的功能之外,还提供了更多的安全特性,适用于在各种网络环境中使用,并且更加便于管理、监控和维护。

Cisco ASA 5500 系列自适应安全设备是能够为从小型办公室/家庭办公室和中小企业到大型企业的各类环境提供新一代安全性和 VPN 服务的模块化安全平台,并且可以根据客户对

防火墙、入侵防御(IPS)、Anti-X 和 VPN 的要求而特别定制安全服务。

2）ASA 产品系列介绍

适用于低端小型或分支办公室的防火墙:Cisco ASA 5505、Cisco ASA 5510、Cisco ASA 5512-X、Cisco ASA 5515-X 等。

适用于中型企业的防火墙:Cisco ASA 5520、Cisco ASA 5540 等。

适用于大型企业的防火墙:Cisco ASA 5550、Cisco ASA 5580 等。

9.1.2 ASA 防火墙的基本配置

1）设置主机名

命令格式:

CiscoAsa(config)♯ hostname 主机名

参数说明:

主机名:也就是设备名,默认为 ciscoasa。强烈建议为每个安全设备设立一个独特的主机名称,以方便在网络中对它们辨认与区别。

2）配置域名

命令格式:

CiscoAsa(config)♯ domain-name 域名

参数说明:

域名:网络设备通常都属于某一个域,此命令用于设置设备所在的域名。如果设备的主机名为 ASA001,域名设置为 ABC. com,那么此设备的全称域名为 ASA001. ABC. com。

3）设置密码

密码可分为远程登录密码和特权密码。ASA 防火墙的密码都是加密保存的。

远程登录密码命令格式:

CiscoAsa(config)♯ password 远程登录密码

参数说明:

远程登录密码:即 telnet 密码。

特权模式密码命令格式:

CiscoAsa(config)♯ enable password 特权模式密码

参数说明:

特权模式密码:即使用 enable 进入特权模式时的密码。

4）清空内存中的配置内容

将内存中的配置全部清除。也即将 running-config 的内容全部清空。

命令格式:

CiscoAsa(config)♯ clear config all

命令说明:

请注意此命令是在全局配置模式下面执行的。

5）清空启动配置文件

将启动配置文件的内容全部清空。也即将 startup-config 文件的内容全部清空。

命令格式:

CiscoAsa♯ write erase

命令说明：

请注意此命令是在特权配置模式下面执行的。

6）接口配置

防火墙的接口可分为数据传输接口和管理接口（控制口）。数据传输接口默认情况下都是关闭的。对于数据传输接口的主要配置是设置接口的名称、安全级别、IP 地址。

（1）接口名称配置

命令格式：

CiscoAsa(config-if)♯ nameif　接口名称

参数说明：

接口名称：防火墙用接口名称来标识和区别各个接口所连接网络的类型，比如，内部网络、外部网络、DMZ 区等。根据接口连接的网络，接口别名一般可设置为：inside、outside、dmz，它们分别表示内部接口、外部接口和非军事区接口。Cisco ASA 5520、5540 和 5550 系列都是默认将 GigabitEthnet 0/1 作为内部接口，5510 系列都是默认将 FastEthnet 0/1 作为内部接口。

我们发现如果某接口别名没有配置，则此接口不会自动出现在防火墙的直连路由中。

（2）安全级别配置

命令格式：

CiscoAsa(config-if)♯ security-level　安全级别

参数说明：

安全级别：安全级别的数值范围的 0～100。其中 0 安全级别最低，100 安全级别最高。使用 nameif 给接口设置别名时，系统会自动为接口分配一个预定义的安全级别，inside 安全级别为 100，其他为 0。一般情况下，我们可以将 dmz 接口的安全级别设置为 0～100 之间的某一个值。

安全级别反映了一个接口对另外接口的信任程度。如果某接口没有设置安全级别，它将不会在网络层作出任何响应。

默认情况下，只要满足 ACL、状态检测和 NAT 的要求，就允许流量从安全级别高的接口流向安全级别低的接口，比如，从内部接口向外部接口；当流量从安全级别低的接口流向安全级别高的接口时，必须再经过额外的检测和过滤。

Cisco ASA 允许多个接口的安全级别相同，如果想让相同级别的接口间能够相互通信，就需要在全局配置模式下，执行下面的命令：

CiscoAsa(config)♯ same-security-traffic　permit　inter-interfaces

（3）IP 地址配置

命令格式：

CiscoAsa(config-if)♯ ip　address　IP 地址　子网掩码

【配置举例】 Cisco ASA 防火墙接口 e0/1、e0/2 分别连接两个路由器 R1、R2，现将 ASA 的 e0/1 口的别名设置为 inside，安全级别为 100，IP 地址设置 192.168.1.1；将 ASA 的 e0/2 口的别名设置为 dmz，安全级别为 50，IP 地址设置 192.168.2.1；并检验 R1、ASA、R2 之间的连通情况。网络拓扑图如图 9.1.1 所示。

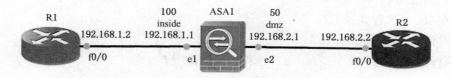

图 9.1.1　网络拓扑图

（1）在 ASA 上配置接口名称、安全级别、IP 地址

CiscoAsa(config)# interface e0/1

CiscoAsa(config-if)# nameif　inside

CiscoAsa(config-if)# security-level　100

CiscoAsa(config-if)# ip　address　192.168.1.1　255.255.255.0

CiscoAsa(config)# interface e0/2

CiscoAsa(config-if)# nameif　dmz

CiscoAsa(config-if)# security-level　50

CiscoAsa(config-if)# ip　address　192.168.2.1　255.255.255.0

（2）在路由器 R1 配置 IP 地址、默认路由

R1(config)# ip　route　0.0.0.0　0.0.0.0　192.168.1.1

R1(config)# interface　f0/0

R1(config-if)# ip　address　192.168.1.2　255.255.255.0

（3）在路由器 R2 配置 IP 地址、默认路由

R2(config)# ip　route　0.0.0.0　0.0.0.0　192.168.2.1

R2(config)# interface　f0/0

R2(config-if)# ip　address　192.168.2.2　255.255.255.0

（4）连通性检测

可以在 R1 上 ping 防火墙上的 e0/1 口的地址，在 R2 上 ping 防火墙上的 e0/2 口的地址。我们可以发现这两种操作的结果都是连通的。

如果在 R1 上 ping 路由器 R2 上 f0/0 接口的地址 192.168.2.2，能通吗？为什么呢？

（是不通的，防火墙默认是不允许 ICMP 的包穿过防火墙的。）

如何检测 R1、R2 之间是否可通呢？

为什么 ping 不通？
（1）ASA 默认只对穿越的 TCP 和 UDP 流量维护状态化信息；
（2）Inside 发起的 ICMP echo 包能抵达 outside，表示 outbound 流量默认放行的策略是有效的；
（3）返回的 ICMP echo-reply 包被防火墙丢弃，因为 inbound 流量默认是被决绝的；
（4）两种解决方案：一、ACL 放行；二、监控 ICMP 流量
命令一：access-list out extended icmp any any　　Access-group out in in outside
命令二：fixup protocol icmp

我们可以在 R2 上打开远程登录，然后从 R1 上可以登录到 R2 上。具体配置如下：

R2(config)# line　vty　0　4

R2(config-line)# password　abc

R2(config-line)# login

然后,在 R1 上远程登录 R2:

R1# telnet　192.168.2.2

命令执行结果如图 9.1.2 所示,查看远程登录的情况。

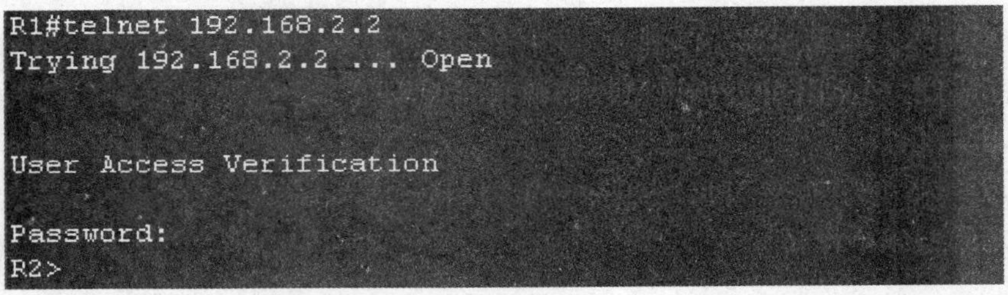

R1#telnet 192.168.2.2
Trying 192.168.2.2 ... Open
User Access Verification
Password:
R2>

图 9.1.2　R1 远程登录 R2

> **思考:**
> 在现在的状态下,如果在 R1 上开启远程登录,从 R2 上能远程登录到 R1 上吗?为什么呢?(默认情况下,只能是安全级别高的可以访问安全级别低的;反过来,则不可。)

9.1.3　实训任务

【背景描述】

A 公司现在为加强网络的安全性,在网络中新增了 Cisco ASA 防火墙,公司内部网络连接到防火墙的 e0/1 口,公司对外的服务器放在 DMZ 区,与防火墙的 e0/2 口相连,外部网络连接防火墙的 e0/0 口。

公司网络拓扑示意图如图 9.1.3 所示。R1、R2、R3 分别代表内部网络、DMZ 区、外部网络。

R2
f0/0
e0/2
R1
R3
f0/0
e0/1
e0/0
f0/0
ASA1

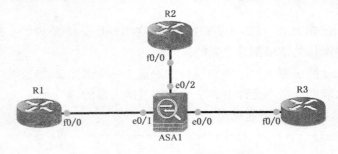

图 9.1.3　网络拓扑图

【任务要求】

若你是一名网络高级技术支持工程师,请你对防火墙进行基本的配置,设置各接口的别名、安全级别、IP 地址,并检测它们的连通性。

【实验中出现的一些问题】

(1) 设备接口没有打开,造成网络不通

将设备"start"后,红点会变成绿点,有些同学由于使用 Cisco Packet Tracer 的惯性,看到绿点就认为设备的接口已打开,其实在 GNS3 中,每个接口必须在接口子模式下手工输入 no shutdown 才能打开。

（2）接口配置相互错位混淆了，造成网络不通

将 e0/0 的配置写到 e0/1 上了，造成网络不通。

（3）没有配置接口的 nameif，造成网络不通

当接口没有配置 nameif 时，虽然配置了 IP 地址，但其接口却没有能加入到直连路由中，并由此造成网络不通。

9.2　ASA 防火墙动态网络地址转换（动态 NAT）

本节内容

>ASA 防火墙的地址转换

>ASA 防火墙的动态地址转换的配置及案例

学习目标

>理解 ASA 防火墙的地址转换及其工作机制

>掌握 ASA 防火墙的动态地址转换配置及应用

>掌握 ASA 防火墙的动态地址转换表的查看

9.2.1　ASA 防火墙的地址转换

1）ASA 防火墙的地址转换

地址转换是防火墙的一项重要功能，也可以说是一项必备的功能。当前，几乎所有的企业网络在连入 Internet 时，都要做 NAT。ASA IOS 7.0 之前，通过防火墙的流量默认必须是要做 NAT 的，否则，不能通过。

地址转换可以在一定程度上解决 IP v4 的地址紧张问题；可以隐藏内部网络，起到保护内部网络的作用。

2）ASA 防火墙支持的 NAT 类型

Cisco ASA 防火墙一共支持以下 5 种类型的地址转换，它们的配置方法互不相同。

>动态 NAT；

>动态 PAT；

>静态 NAT；

>静态 PAT；

>策略 NAT 或 PAT。

9.2.2　动态网络地址转换（动态 NAT）的配置及案例

ASA 防火墙的动态 NAT 配置比路由器的 NAT 配置需要的命令数目少，ASA 防火墙的动态 NAT 配置主要由以下两步组成：

>定义全局地址池；

>将全局地址池映射给本地地址。

1）定义全局地址池（Global）

命令格式：

global（外网接口）NAT_ID 起始 IP 地址-结束 IP 地址 netmark 子网掩码

参数说明：

外网接口：表示外网接口名称，一般为 outside。

NAT_ID 标识：其值为大于等于 1 的数字，0 有特殊用途。此 global 命令将与有相同 NAT_ID 的 nat 命令的配对进行地址转换。

起始 IP 地址-结束 IP 地址：NAT 的地址池，也即将被转成的 ip 地址范围。

子网掩码：表示与地址池的全局 IP 地址相对应的子网掩码。

2）将全局地址池映射给本地地址（NAT）

地址转换命令，将内网的私有 ip 转换为外网公网 ip。

命令格式：

nat （内网接口） NAT_ID 本地 IP 地址 子网掩码

参数说明：

内网接口：表示外网接口名称，一般为 outside。

NAT_ID：其值为大于等于 1 的数字，0 有特殊用途。此 nat 命令将与有相同 NAT_ID 的 global 命令的配对进行地址转换。

本地 IP 地址：将会被转换的本地 IP 地址。

子网掩码：表示与本地 IP 地址对应的子网掩码。

3）配置案例

【配置举例 1】 企业内网的网络地址为 192.168.1.0/24，现在通过动态 NAT 访问 Internet，已知分配给动态 NAT 的 IP 地址池为 200.2.2.20—200.2.2.39。现要在 ASA 防火墙上实现动态 NAT，并验证（见图 9.2.1）。

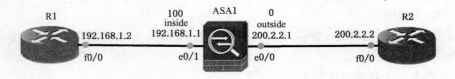

图 9.2.1 网络拓扑及设备参数

（1）ASA 防火墙、路由器等设备的基本配置

按图 9.2.1 建立拓扑，并按图示对各设备进行配置，并测试验证。

//在 ASA 上配置接口名称、安全级别、IP 地址

CiscoAsa(config)♯ interface e0/1

CiscoAsa(config-if)♯ nameif inside

CiscoAsa(config-if)♯ security-level 100

CiscoAsa(config-if)♯ ip address 192.168.1.1 255.255.255.0

CiscoAsa(config-if)♯ no shutdown

CiscoAsa(config)♯ interface e0/0

CiscoAsa(config-if)♯ nameif outside

CiscoAsa(config-if)♯ security-level 0

CiscoAsa(config-if)♯ ip address 200.2.2.1 255.255.255.0

CiscoAsa(config-if)♯ no shutdown

//在路由器 R1 配置 IP 地址、默认路由
　R1(config)♯ ip　route　0.0.0.0　0.0.0.0　192.168.1.1　　　//默认路由
　R1(config)♯ interface　f0/0
　R1(config-if)♯ ip　address　192.168.1.2　255.255.255.0
　R1(config-if)♯ no　shutdown

//在路由器 R2 配置 IP 地址、默认路由、设置远程登录口令
　R2(config)♯ ip　route　0.0.0.0　0.0.0.0　200.2.2.1
　R2(config)♯ interface　f0/0
　R2(config-if)♯ ip　address　200.2.2.2　255.255.255.0
　R2(config-if)♯ no　shutdown

　R2(config)♯ line　vty　0　4
　R2(config-line)♯ password　abc
　R2(config-line)♯ login

完成以上配置,可通过下面的操作,对上面的配置结果进行验证。

首先,从路由器 R1 上远程登录路由器 R2,以检测网络是否可通。

其次,在路由器 R2 上查看用户。可以看到当前有一个来自 192.168.1.2(路由器 R1)的远程登录。

请注意此处远程登录的源地址。稍后,会有与此对比的地方。

第三,在防火墙查看转换表。可以看到当前 NAT 转换表为空。

```
ciscoasa# sh xlate
0 in use, 0 most used
ciscoasa#
```

(2) 在 ASA 上定义全局地址池

CiscoAsa(config)♯ global　(outside)　1 200.2.2.20-200.2.2.39　netmark 255.255.

255.0

（3）将全局地址池映射到本地地址

CiscoAsa(config)♯nat　(inside)　1 192.168.1.0　255.255.255.0

请注意 NAT_ID 的匹配使用。上面的 global、nat 命令中,都使用了数字"1"作为 NAT 的标识。

（4）动态 NAT 验证

首先,从路由器 R1 上远程登录路由器 R2。

其次,在路由器 R2 上查看用户。可以看到当前有一个来自 200.2.2.20 的远程登录。

┌ **提问:**
┊　　为什么此时,同样从 R1 远程登录到 R2,但 R1 的地址却变成了 200.2.2.20 呢?
└

第三,在防火墙查看转换表。可以看到当前 NAT 转换表的内容。

```
ciscoasa# show xlate
1 in use, 1 most used
Global 200.2.2.20 Local 192.168.1.2
ciscoasa#
```

由上面转换表的内容可知,内部 IP 地址 192.168.1.2 被转换为 IP 地址 200.2.2.20。

【配置举例 2】　如果现在某企业网的内网有两个网段分别为 192.168.1.0/24 和 192.168.2.0/24,希望通过动态 NAT 上网,且网段 192.168.1.0/24 转换范围为 200.2.2.20—200.2.2.39,网段 192.168.2.0/24 转换范围为 200.2.2.40—200.2.2.59。如何实现呢?

（1）网络拓扑及设备基本配置

网络拓扑及设备基本配置与图 9.2.1 相同,并在此基础上,在路由器 R1 上添加一个环回地址 192.168.2.1/24。其他与例 1 的第一步完成相同。

//在路由器 R1 配置 IP 地址、默认路由

R1(config)♯ ip　route　0.0.0.0　0.0.0.0　192.168.1.1　　//默认路由

R1(config)♯ interface　f0/0

R1(config-if)♯ ip　address　192.168.1.2　255.255.255.0

R1(config-if)♯ no　shutdown

R1(config)♯ interface　loopback　0　　//设置回环口 0

R1(config-if)♯ ip　address　192.168.2.1　255.255.255.0

（2）在 ASA 上定义全局地址池

CiscoAsa(config)♯global　(outside)　1　　200.2.2.20—200.2.2.39　netmark 255.

255.255.0

　　　CiscoAsa(config)#global　(outside)　2　　　200.2.2.40—200.2.2.59　netmark 255.
255.255.0

（3）将全局地址池映射到本地地址

　　　CiscoAsa(config)#nat　(inside)　1　　192.168.1.0　255.255.255.0

　　　CiscoAsa(config)#nat　(inside)　2　　192.168.2.0　255.255.255.0

请注意 NAT_ID 是匹配使用的。

（4）动态 NAT 验证

Ⅰ. 在路由器 R1 上使用 192.168.1.2 为源地址远程登录路由器 R2

首先，从路由器 R1 上使用 192.168.1.2 为源地址远程登录路由器 R2。

完整命令为：

　　　R1(config)#　telnet　200.2.2.2　/source-interface　f0/0

参数说明：

source-interface：关键字，源接口。其后的 f0/0，是准备使用的 IP 地址所在的接口类型与编号，这里使用的 192.168.1.2 在路由器的 F 0/0 口。

```
R1#telnet 200.2.2.2 /sour f0/0
Trying 200.2.2.2 ... Open


User Access Verification

Password:
R2>
```

其次，在路由器 R2 上查看用户。可以看到当前有一个来自 200.2.2.20 的远程登录。

```
R2#sh users
    Line       User       Host(s)              Idle       Location
*  0 con 0                 idle               00:00:00
  162 vty 0                idle               00:01:23   200.2.2.20

    Interface  User                  Mode          Idle      Peer Address
R2#
```

然后，在 ASA 防火墙上查看 NAT 转换表

```
ciscoasa# sh xlate
1 in use, 1 most used
Global 200.2.2.20 Local 192.168.1.2
ciscoasa#
```

Ⅱ. 在路由器 R1 上使用 192.168.2.1 为源地址远程登录路由器 R2

首先，从路由器 R1 上使用 192.168.2.1 为源地址远程登录路由器 R2。

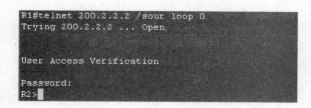

```
R1#telnet 200.2.2.2 /sour loop 0
Trying 200.2.2.2 ... Open


User Access Verification


Password:
R2>
```

192.168.2.1 是环回接口 loopback　0 的地址

其次,在路由器 R2 上查看用户。可以看到当前有一个来自 200.2.2.40 的远程登录。

```
R2#sh users
   Line       User          Host(s)              Idle      Location
*  0 con 0                   idle               00:00:00
 162 vty 0                   idle               00:01:32  200.2.2.40

   Interface  User                     Mode        Idle    Peer Address

R2#
```

然后,在 ASA 防火墙上查看 NAT 转换表

```
ciscoasa# sh xlate
2 in use, 2 most used
Global 200.2.2.20 Local 192.168.1.2
Global 200.2.2.40 Local 192.168.2.1
ciscoasa#
```

从上表可以看到,192.168.1.2 和 192.168.2.1 分别被转换为 200.2.2.20 和 200.2.2.40。

9.2.3　实训任务

【背景描述】

A 公司的企业网络通过 ASA 防火墙与外网相连,且公司企业网通过网络地址转换与 Internet 相连。具体设计如下:

➤内部网络:主要是公司员工使用,IP 地址为 192.168.1.0/24;

➤DMZ 区:主要放置公司对外的各种服务器,IP 地址范围 172.16.1.0/24;

➤外部网络:公司通过外部网络接口与 Internet 相连,公司分到的公用 IP 为 200.2.2.0/24。

【网络拓扑示意图】(见图 9.2.2)

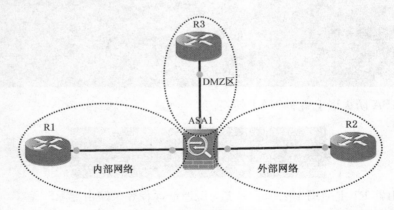

图 9.2.2　网络拓扑结构图

【任务要求】

(1) 内网访问 DMZ 动态转换到 172.16.1.200—172.16.100.250;

(2) 内网访问外网动态转换到 200.2.2.100—200.2.2.159 范围;

(3) DMZ 访问外网动态转换到 200.2.2.160—200.2.2.250 范围。

若你是一名网络高级技术支持工程师,请你完成上面的配置,并测试通过。

9.3　ASA 防火墙动态端口地址转换(动态 PAT)

本节内容

　　➤ASA 防火墙的端口地址转换

　　➤ASA 防火墙的端口地址转换的配置及案例

学习目标

　　➤理解 ASA 防火墙的端口地址转换及其工作机制

　　➤掌握 ASA 防火墙的端口地址转换配置及应用

　　➤掌握 ASA 防火墙的端口地址转换表的查看

9.3.1　ASA 防火墙端口地址转换 PAT

　　在网络地址转换(NAT)时,本地地址与全局地址是一对一地进行转换,也即如果内部有 10 个专用地址需要同时上网,那么,地址池中至少需要 10 个公用 IP 地址。换句话说,使用网络地址转换时,如果地址池中,只有 10 个全局地址,是没有办法让 11 个只有本地地址的 PC 同时通过网络地址转换的。所以动态 NAT 对于缓解公用 IP 地址不足的问题非常有限。

　　端口地址转换(PAT),将多个本地地址转换成一个单个的全局地址,同时将源端口号也会转换成一个指定的端口,并形成转换前的端口与转换后的端口对应表,此时主要通过端口来区分不同的网络连接。端口号长度为 16 位二进制位,可以有 65536 个端口号,即使有些端口(比如 0~1023)已经保留给特定的网络使用。还有 64000 多个端口,理论上,一个全局地址可以让 64000 多个本地地址进行地址转换。这样,可大大地缓解单位网络由于全局地址不足的上网问题。

　　需要特别指出的是,使用 PAT 时,虽然理论上一个全局地址可以让 64000 多个本地地址实现地址转换,但实际设备能够支持的往往小于这个理论数。

　　当前各单位内部员工访问 Internet,几乎都是使用 PAT 来实现地址转换的。

9.3.2　动态端口地址转换(动态 PAT)的配置及案例

　　ASA 防火墙的端口地址转换(PAT)的配置与网络地址转换步骤是一样的,唯一的区别是,端口地址转换(PAT)配置中,只需要指定一个全局地址就可以了,而不是指定一个全局地址池。所以,ASA 防火墙的端口地址转换(PAT)配置主要由以下两步组成:

　　➤定义一个全局地址(global);

　　➤将全局地址映射给本地地址(nat)。

　　1) 定义一个全局地址(Global)

命令格式:

global (外网接口) NAT_ID 全局地址 netmark 子网掩码

参数说明:

外网接口:表示外网接口名称,一般为 outside。

NAT_ID 标识:其值为大于等于 1 的数字,0 有特殊用途。此 global 命令将与有相同 NAT_ID 的 nat 命令的配对进行地址转换。

全局地址:这里只需要指定一个全局地址就可以了。

子网掩码:表示与地址池的全局 IP 地址相对应的子网掩码。

2）将全局地址映射给本地地址（NAT）

地址转换命令,将内网的私有 ip 转换为外网公网 ip。

命令格式:

nat　（内网接口）　NAT_ID　本地 IP 地址　子网掩码

参数说明:

内网接口:表示外网接口名称,一般为 outside。

NAT_ID:其值为大于等于 1 的数字。0 有特殊用途。此 nat 命令将于有相同 NAT_ID 的 global 命令的配对进行地址转换。

本地 IP 地址:将会被转换的本地 IP 地址。

子网掩码:表示与本地 IP 地址对应的子网掩码。

3）案例

【配置举例】　企业内网的网络地址为 192.168.1.0/24,现在通过端口地址转换（PAT）访问 Internet,已知分配给动态 NAT 的 IP 地址池为 200.2.2.8。现要在 ASA 防火墙上实现端口地址转换（PAT）,并验证。

Ⅰ. ASA 防火墙、路由器等设备的基本配置

按图 9.3.1 建立拓扑,并按图示对各设备进行配置,并测试验证。

图 9.3.1　网络拓扑及设备参数

//在 ASA 上配置接口名称、安全级别、IP 地址

CiscoAsa(config)♯ interface e0/1

CiscoAsa(config-if)♯ nameif　inside

CiscoAsa(config-if)♯ security-level　100

CiscoAsa(config-if)♯ ip　address　192.168.1.1　255.255.255.0

CiscoAsa(config-if)♯ no　shutdown

CiscoAsa(config)♯ interface e0/0

CiscoAsa(config-if)♯ nameif　outside

CiscoAsa(config-if)♯ security-level　0

CiscoAsa(config-if)♯ ip　address　200.2.2.1　255.255.255.0

CiscoAsa(config-if)♯ no　shutdown

//在路由器 R1 配置 IP 地址、默认路由

R1(config)♯ ip　route　0.0.0.0　0.0.0.0　192.168.1.1　　//默认路由

R1(config)♯ interface　f0/0

R1(config-if)♯ ip address 192.168.1.2 255.255.255.0
R1(config-if)♯ no shutdown

//在路由器 R2 配置 IP 地址、默认路由、设置远程登录口令
R2(config)♯ ip route 0.0.0.0 0.0.0.0 200.2.2.1
R2(config)♯ interface f0/0
R2(config-if)♯ ip address 200.2.2.2 255.255.255.0
R2(config-if)♯ no shutdown

R2(config)♯ line vty 0 4
R2(config-line)♯ password abcd
R2(config-line)♯ login

完成以上配置,可通过下面的操作,对上面的配置结果进行验证。
首先,从路由器 R1 上远程登录路由器 R2,以检测网络是否可通。

```
R1#telnet 200.2.2.2
Trying 200.2.2.2 ... Open

User Access Verification

Password:
R2>
```

其次,在路由器 R2 上查看用户。可以看到当前有一个来自 192.168.1.2(路由器 R1)的远程登录。

```
R2#sh users
    Line        User        Host(s)            Idle        Location
*  0 con 0                  idle               00:00:00
  162 vty 0                 idle               00:01:28  192.168.1.2

    Interface   User                 Mode           Idle    Peer Address
R2#
```

请注意此处远程登录的源地址。稍后,会有与此对比的地方。
第三,在防火墙查看转换表。可以看到当前 NAT 转换表为空。

```
ciscoasa# sh xlate
0 in use, 0 most used
ciscoasa#
```

Ⅱ. 在 ASA 上定义全局地址池
CiscoAsa(config)♯ global (outside) 1 200.2.2.8 netmark 255.255.255.0
Ⅲ. 将全局地址池映射到本地地址
CiscoAsa(config)♯ nat (inside) 1 192.168.0.0 255.255.0.0
请注意 NAT_ID 的匹配使用。上面的 global、nat 命令中,都使用了数字"1"作为 NAT 的标识。

Ⅳ. 端口地址转换(PAT)验证

① 从路由器 R1 上远程登录路由器 R2。

② 在路由器 R2 上查看用户。可以看到当前有一个来自 200.2.2.8 的远程登录。

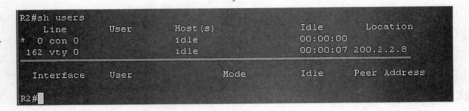

③ 在防火墙查看转换表。可以看到当前 PAT 转换表的内容。

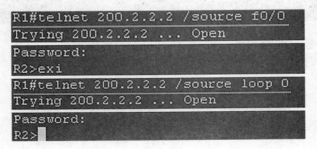

由上面的转换表的内容可知,当前转换表里有一条记录,转换类型为 PAT,内部网络的本地地址 192.168.1.2,端口为 31729,被转换为全局地址 200.2.2.8,端口为 1024。

Ⅴ. 在路由器 R1 上添加一个环回接口

R1(config)# interface loopback 0 　　　//定义一个回环接口

R1(config-if)# ip address 192.168.2.1 255.255.255.0

Ⅵ. 再次进行 PAT 检验

① 在路由器 R1 上分别以 192.168.1.2 和 192.168.2.1 为源地址,远程登录 R2。

```
R1#telnet 200.2.2.2 /source f0/0
Trying 200.2.2.2 ... Open

Password:
R2>exi
R1#telnet 200.2.2.2 /source loop 0
Trying 200.2.2.2 ... Open

Password:
R2>
```

② 在 ASA 防火墙上查看转换表

```
ciscoasa# sh xlate
2 in use, 2 most used
PAT Global 200.2.2.8(1027) Local 192.168.1.2(14389)
PAT Global 200.2.2.8(1028) Local 192.168.2.1(50138)
ciscoasa#
```

从转换表中,我们可以看到,本地地址 192.168.1.2 和 192.168.2.1 都被转换为全局地址

200.2.2.8,这两个连接转换的全局地址虽然相同,但端口是不一样的,192.168.1.2 的原端口为 14389,转换后的端口为 1027;192.168.2.1 的原端口为 50138,转换后的端口为 1028。

9.3.3 实训任务

【背景描述】

A 公司的企业网使用 ASA 防火墙与外网联系,现在 A 公司只获取了 8 个公用 IP 地址,200.2.2.0—200.2.2.7。公司内部使用专用 IP 地址。公司有 200 名员工,且公司业务的开展需要通过 Internet 与外界联系。

【任务要求】

若你是一名网络高级技术支持工程师,请你对 A 公司的 ASA 防火墙进行适当的配置,满足公司的业务需求。请给出方案,并配置实现。

9.4 ASA 防火墙静态地址转换(静态 NAT)

本节内容

➢ASA 防火墙的静态地址转换

➢ASA 防火墙的静态地址转换的配置及案例

学习目标

➢理解 ASA 防火墙的静态地址转换及其工作机制

➢掌握 ASA 防火墙的静态地址转换配置及应用

➢掌握 ASA 防火墙的静态地址转换表的查看

9.4.1 ASA 防火墙的静态地址转换

静态地址转换,就是将专用 IP 地址与公用 IP 地址进行固定的映射。一般当内网或 DMZ 区中使用专用 IP 地址的服务器想让外网的人访问时,就要将服务器的专用 IP 地址与全局 IP 地址做静态地址转换,这样方便外网用户的主动访问。

9.4.2 ASA 防火墙的静态地址转换配置及案例

ASA 防火墙的静态 NAT 配置,一般由以下三步组成:

➢配置静态地址转换;·

➢设置允许外网访问的策略;

➢将策略应用到接口上。

1)配置静态地址转换

命令格式:

static(内网接口,外网接口)全局 IP 地址 本地 IP 地址

参数说明:

内网接口:可以是内部网络接口或 DMZ 接口。

外网接口:表示外网接口名称,一般为 outside。

全局 IP 地址:被映射成的全局 IP 地址。

本地 IP 地址：专用 IP 地址，被映射的本地 IP 地址。

2）设置策略

通过 ACL 设置策略，让外网的主机可以访问被静态 NAT 的主机。

例：将 DMZ 区的某服务器静态映射成 200.2.2..2，要让外网的人可以访问此服务器。可设置以下的 ACL。

CiscoAsa(config)＃access-list　out　permit　ip　any　host　200.2.2.2

3）将策略应用到外网接口

CiscoAsa(config)＃ interface e0/0

CiscoAsa(config-if)＃ access-group out in interface outside

命令格式：

CiscoAsa(config-if)＃ access-group　ACL 列表名称　in　interface　外网接口名称

说明：

ACL 列表名称：就是前面定义的访问策略的 ACL 列表名称；

外网接口名称：外肉接口名称要与第一步中的外网接口名称一致。

如果已知防火墙的 ethernet 0/0 接口与外网连接，且此接口的名称为 outside，可使用以下的命令将第二步定义的策略 out 应用到此外网接口上：

CiscoAsa(config)＃ interface e0/0

CiscoAsa(config-if)＃ access-group　out　in　interface　outside

4）案例

【配置举例】 企业内网的网络地址为 192.168.1.0/24，通过 ASA 防火墙与外网相连，现假设想将内网中的 192.168.1.2 静态 NAT 为 200.2.2.8。网络拓扑及设备各接口的 IP 地址如图 9.4.1 所示。现要在 ASA 防火墙上实现静态 NAT，并验证。

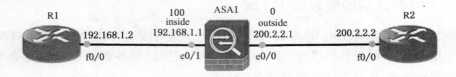

图 9.4.1　网络拓扑及设备参数

Ⅰ. ASA 防火墙、路由器等设备的基本配置

按图 9.4.1 建立拓扑，并按图示对各设备进行配置，并测试验证。

//在 ASA 上配置接口名称、安全级别、IP 地址

CiscoAsa(config)＃ interface e0/1

CiscoAsa(config-if)＃ nameif　inside

CiscoAsa(config-if)＃ security-level　100

CiscoAsa(config-if)＃ ip　address　192.168.1.1　255.255.255.0

CiscoAsa(config-if)＃ no　shutdown

CiscoAsa(config)＃ interface e0/0

CiscoAsa(config-if)＃ nameif　outside

CiscoAsa(config-if)＃ security-level　0

```
CiscoAsa(config-if)♯ ip  address  200.2.2.1  255.255.255.0
CiscoAsa(config-if)♯ no  shutdown
```

//在路由器 R1 配置 IP 地址、默认路由
```
R1(config)♯ ip  route  0.0.0.0  0.0.0.0  192.168.1.1      //默认路由
R1(config)♯ interface  f0/0
R1(config-if)♯ ip  address  192.168.1.2  255.255.255.0
R1(config-if)♯ no  shutdown
```

//在路由器 R2 配置 IP 地址、默认路由、设置远程登录口令
```
R2(config)♯ ip  route  0.0.0.0  0.0.0.0  200.2.2.1
R2(config)♯ interface  f0/0
R2(config-if)♯ ip  address  200.2.2.2  255.255.255.0
R2(config-if)♯ no  shutdown

R2(config)♯ line  vty  0  4
R2(config-line)♯ password  abc
R2(config-line)♯ login
```

完成以上配置,可通过下面的操作,对上面的配置结果进行验证。
首先,从路由器 R1 上远程登录路由器 R2,以检测网络是否可通。

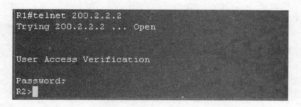

其次,在路由器 R2 上查看用户。可以看到当前有一个来自 192.168.1.2(路由器 R1)的远程登录。

请注意此处远程登录的源地址。稍后,会有与此对比的地方。
第三,在防火墙查看转换表。可以看到当前 NAT 转换表为空。

```
ciscoasa# sh xlate
0 in use, 0 most used
ciscoasa#
```

Ⅱ. 在 ASA 上配置静态 NAT

　　CiscoAsa(config)♯nat　(inside，outside)　200.2.2.8　192.168.1.2

请注意 insdie、outside、全局地址、本地地址的顺序。

Ⅲ. 配置策略，并将之应用到接口上

　　CiscoAsa(config)♯access-list　out　permit　ip　any　host　200.2.2.2

　　CiscoAsa(config)♯ interface e0/0

　　CiscoAsa(config-if)♯ access-group out in interface outside

Ⅳ. 静态 NAT 验证

此时，可以从路由器 R2 上远程登录路由器 R1。

9.4.3　实训任务

【背景描述】

　　A 公司的企业网为了保证网络安全，通过 ASA 防火墙连往外部网络。已知 A 公司的内部网络的 IP 地址为 192.168.1.0/24，DMZ 区的 IP 地址为 172.16.1.0/24；公司分得的公网 IP 地址为 202.2.2.2—202.2.2.6。其中 202.2.2.2 为 ASA 防火墙与外网的接口，现在公司将 DMZ 区中的服务器(IP 地址为 172.16.1.8)作为公司的对外 WWW 服务器，对外提供服务。

【任务要求】

　　若你是一名网络高级技术支持工程师。

　　(1) 请你根据公司要求，让外网可以通过 202.2.2.3 来访问此 WWW 服务器。

　　(2) 如果只开放此服务器的 80 端口，又将如何配置?

10 综合项目训练

本章内容

学习目标

➢掌握双核心网络涉及的关键技术

➢掌握网络冗余双出口设计及路由冗余协议的配置

➢掌握 VLAN、三层交换、链路汇聚、生成树协议、SVI 等的配置及应用

➢掌握动态路由协议、访问控制列表的应用及配置

10.1 双核心双出口网络设计

【实训目的】

(1) 熟练掌握双核心网络涉及的关键技术(生成树协议、链路聚合);

(2) 熟练掌握网络冗余双出口设计及路由冗余协议的配置。

【实训要求】

(1) 根据设计方案完成配置,并验证;

(2) 实训报告必须有完整的设计方案,主要的配置命令。

【实训任务】

【项目背景】

A 公司企业网络的拓扑结构如图 10.1.1 所示,内部划分为两个 VLAN,即 VLAN10、VLAN20。PC0、PC2 属于 VLAN10,PC1、PC3 属于 VLAN20。VLAN10 的 IP 地址范围:192.168.1.0/24,VLAN20 的 IP 地址范围:192.168.2.0/24。由于业务的需要,采用了双核心、双出口设计。

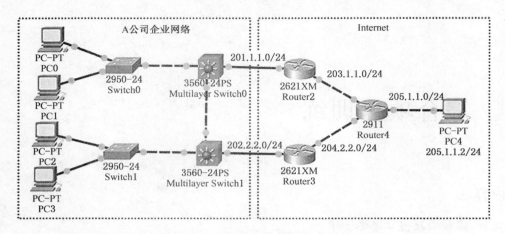

图 10.1.1　A 公司企业网拓扑结构

【任务要求】

（注意：请使用 Packet Tracer 6.2 版本的模拟器）

作为高级网络工程师的你，被要求完成上面网络的配置。具体任务如下：

任务 1：双核心、双出口负载均衡配置

要求以两个三层交换机为核心，进行双出口冗余路由（HSRP）配置，即 VLAN 10 的默认从上面的链路通过 PAT 与外网连接，VLAN 20 的默认从下面的链路通过 PAT 与外网连接。并要求配置接口追踪。请完成配置，并验证。

任务 2：在公司内部网络进行链路聚合和链路冗余配置

要求在两台三层交换机之间实现链路聚合以加大核心交换机之间带宽。

要求在二层交换机与三层核心交换机之间进行链路冗余配置，并配置生成树协议，且 VLAN 10 的生成树以上面的交换机为根；VLAN 20 的生成树以下面的交换机为根（见图 10.1.2）。

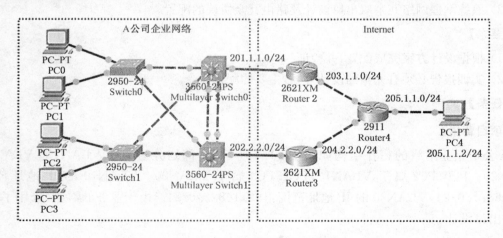

图 10.1.2　任务 2 的拓扑结构

【配置参考与提示】

任务 1：双核心、双出口负载均衡配置

（1）将拓扑中代表 Internet 部分与 A 公司企业网连通

假设拓扑中代表 Internet 部分的三台路由器使用 RIP 协议，请将 Internet 网络与公司两台三层交换机之间连通。

① 在两个三层交换机设置三层接口,并给三层接口配置 IP 地址

假设两个三层交换机都是 F0/3 口连接外部路由器。现将三层交换机的 F0/3 口设置为三层接口,并配置 IP 地址。(假设地址分别为 201.1.1.1/24、202.2.2.1/24)

② 设置各路由器上各接口的 IP 地址,并在各路由器上启用 RIP 协议

③ 设置 PC4 的 IP 地址(205.1.1.2)与默认网关,验证从 PC4 到两个三层交换机的三层接口之间的连通性。

(2)配置各 PC 的 IP 地址

PC0:192.168.1.1/24;PC1:192.168.2.1/24;

PC2:192.168.1.2/24;PC3:192.168.2.2/24。

(3)二层交换机的配置

① 在二层交换机上配置 VLAN 10、VLAN 20,并将相关的端口分别加入到相应的 VLAN 中。

② 将二层交换机通往三层交换机的端口配置为 Trunk。

(4)三层交换机上的配置

① 在两台三层交换机上都配置 VLAN 10、VLAN 20;设置 SVI 接口。

② 启动三层交换。

③ 配置默认路由,分别指向三层交换机连接的路由器的接口 IP。

思考:

此时,在 PC0 上 ping PC4,请求包可以到达 PC4,但响应包回不来? 为什么呢?

④ 在两台三层交换机上进行 PAT 配置。

上面的三层交换机的 NAT:

access-list 1 permit 192.168.0.0 0.0.255.255

ip nat pool natpool 201.1.1.1 201.1.1.1 netmask 255.255.255.0

ip nat inside source list 1 pool natpool overload

interface vlan10

ip nat inside

interface vlan20

ip nat inside

interface FastEthernet0/3

ip nat outside

完成此配置后,从 PC0 可以 ping 通 PC4 了。

思考:

为什么此时在 PC0 上 ping PC4,又能通了呢?

⑤ VLAN 的 HSRP 配置

上面的三层交换机：

interface vlan10

　ip address 192. 168. 1. 252 255. 255. 255. 0

　ip nat inside

　standby version 2

　standby 1 ip 192. 168. 1. 254

　standby 1 priority 105

　standby 1 preempt

!

interface vlan20

　ip address 192. 168. 2. 252 255. 255. 255. 0

　ip nat inside

　standby version 2

　standby 2 ip 192. 168. 2. 254

　standby 2 preempt

下面的三层交换机：

interface vlan10

　ip address 192. 168. 1. 253 255. 255. 255. 0

　standby version 2

　standby 1 ip 192. 168. 1. 254

　standby 1 preempt

!

interface vlan20

　ip address 192. 168. 2. 253 255. 255. 255. 0

　standby version 2

　standby 2 ip 192. 168. 2. 254

　standby 2 priority 105

　standby 2 preempt

思考：

　此时,如果我们将图中 Router2 与上面三层交换机相连的接口关闭的话,可以发现,PC0 就 ping 不通 PC4 了。为什么会这样呢？

怎么解决呢？答案就是配置接口追踪。

我们在上面的三层交换机 HSRP 的配置中增加一条接口追踪就可以了。

interface vlan10

　ip address 192. 168. 1. 252 255. 255. 255. 0

　ip nat inside

　standby version 2

　standby 1 ip 192. 168. 1. 254

standby 1 priority 105

standby 1 preempt

standby 1track fastethernet 0/3

当我们加上此条后，当 Router2 与上面的三层交换机相连的接口关闭后，PC0 向 PC4 的 ICMP 包会通过下面的三层交换机传向 PC4。

任务 2：在公司内部网络进行链路聚合和链路冗余配置

（1）在两个三层交换机之间配置链路聚合

Switch(config) # interface *端口类型 端口号*

Switch(config-if) # channel-group　*组号* mode on

（2）在交换机上配置生成树协议，并将两个三层交换机分别设置成 VLAN 10 和 VLAN 20 的根（通过设置优先级来实现）。

10.2　NAT 与 VPN 结合的网络设计

【实训目的】

（1）熟练掌握 VLAN、三层交换、链路汇聚、生成树协议、SVI 等的配置及应用；

（2）熟练掌握动态路由协议、访问控制列表的应用场景及配置

【实训要求】

（1）根据设计方案完成配置，并验证；

（2）实训报告必须有完整的设计方案，主要的配置命令。

【实训任务】

【项目背景】

某公司总部在北京，在上海有一个分部。北京总部有总经理办公室、财务部、技术部、销售部等，有对外的 Web 服务器。

如果网络的拓扑结构如图 10.2.1 所示。

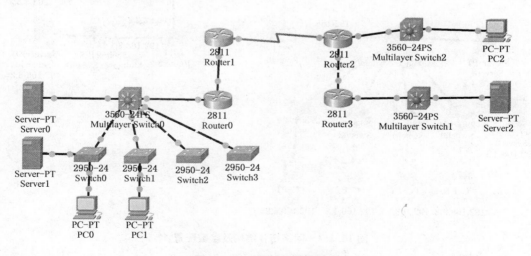

图 10.2.1　网络拓扑结构图

（1）北京总部

与 Router0 相连的三层交换机这一部分是北京总部的网络，Server0 是对外的服务器，与三层交换机相连的 Switch0 是财务部，Server1 是财务部的服务器，Switch1、Switch2、Switch3 分别与总经理办公室、技术部、销售部相连。

（2）上海分部

与 Router3 相连的三层交换机这一部分是上海分部的网络，Server2 是上海分部的服务器。

【网络要求】

（1）IP 规划与 VLAN 设计

（2）NAT 配置

北京总部内部采用私有 IP 地址，但要接入 Internet，且对外的 Web 服务器 Server0，要让一般用户可以从 Internet 访问。设分配给总部有多个公用 IP（200.0.0.0—200.0.0.15，Server0 对外的 IP 地址为 200.0.0.8）。

（3）ACL 访问控制要求

实现北京总部各部门间的网络的广播流量相互隔离，网络互通，但同时要求各技术部、销售部的计算机不能主动访问财务部的服务器与计算机。（提示：利用 VLAN 来进行广播流量的分隔，并通过三层交换机来实现 VALN 间的互连）

（4）在路由器上配置路由协议，使用网络可以互通。

（5）要求在北京总部与上海分部之间建立站点间的 VPN。

【配置参考与提示】

配置说明：

（1）图中各设备的 IP 地址配置成如图 10.2.2 所示。

（2）在总部的三层交换机 MS0 的 VLAN 划分与 SVI 接口的设置

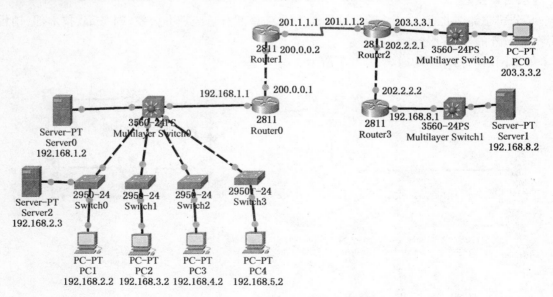

图 10.2.2　网络拓扑结构及参数配置

VLAN10：

➢包含的接口：与 Server0 相连的接口、与 Router0 相连的接口；

➢SVI：192. 168. 1. 254。

VLAN20：

➢包含的接口：与 Switch0 的接口；

➢SVI：192. 168. 2. 1。

VLAN30：

➢包含的接口：与 Switch1 的接口；

➢SVI：192. 168. 3. 1。

VLAN40：

➢包含的接口：与 Switch2 的接口；

➢SVI：192. 168. 4. 1。

VLAN50：

➢包含的接口：与 Switch3 的接口；

➢SVI：192. 168. 5. 1。

注：上述配置完成后，总部各 PC 之间可以相互通信。

（3）路由协议的配置

① 在三层交换机 MS0 上启动 RIP 协议，包括所有 VLAN 的网段；

② 在三层交换机上加一条默认路由：

0. 0. 0. 0   0. 0. 0. 0   192. 168. 1. 1

③ 在 Router0 上启动 RIP 协议，包括 192. 168. 1. 0 网段；

注：通过上述两步后，三层交换机与 Router0 之间通过 RIP 交换路由信息。让 Router0 得到各 VLAN 的路径。

④ 在 Router0、Router1、Router2、Router3 上启用 OSPF 协议，其中各路由器上的 OSPF 包括的网段如下：

Router0：200. 0. 0. 0

Router1：200. 0. 0. 0、201. 1. 1. 0

Router2：201. 1. 1. 0、202. 2. 2. 0、203. 3. 3. 0

Router3：202. 2. 2. 0

注：第 4 步完成后，各路由器之间可以相互 ping 通。

（4）Router0 上的 NAT 配置

access-list 101 deny ip 192. 168. 0. 0   0. 0. 255. 255 192. 168. 8. 0   0. 0. 0. 255

access-list 101 permit ip 192. 168. 0. 0   0. 0. 255. 255 any

ip nat inside source list 101 interface FastEthernet0/1 overload

ip nat inside source static 192. 168. 1. 2   200. 0. 0. 8

interface FastEthernet0/0

ip nat inside

interface FastEthernet0/1

ip nat outside

注：做完上述配置后，从 PC0（203. 3. 3. 2）上可以 ping 通 200. 0. 0. 8，此时 200. 0. 0. 8 也就

是 Server0。

(5) Router3 上做 NAT 配置

access-list 101 deny ip 192.168.8.0　0.0.0.255 192.168.0.0　0.0.255.255

access-list 101 permit ip 192.168.8.0　0.0.0.255 any

ip nat inside source list 101 interface FastEthernet0/0 overload

interface FastEthernet0/0

ip nat outside

interface FastEthernet0/1

ip nat inside

(6) Router0 上的 VPN 配置

access-list 111 permit ip 192.168.0.0　0.0.255.255 192.168.8.0　0.0.0.255

crypto isakmp policy 10

encr 3des

hash md5

authentication pre-share

crypto isakmp key 2046 address 202.2.2.2

crypto ipsec transform-set tim esp-3des esp-md5-hmac

crypto map tom 10 ipsec-isakmp

set peer 202.2.2.2

set transform-set tim

match address 111

interface FastEthernet0/1

crypto map tom

ip route 192.168.8.0 255.255.255.0　200.0.0.2

(7) Router3 上的 VPN 配置

access-list 111 permit ip 192.168.8.0　0.0.0.255 192.168.0.0　0.0.255.255

crypto isakmp policy 10

encr 3des

hash md5

authentication pre-share

crypto isakmp key 2046 address 200.0.0.1

crypto ipsec transform-set tim esp-3des esp-md5-hmac

crypto map tom 10 ipsec-isakmp

set peer 200.0.0.1

set transform-set tim

match address 111

interface FastEthernet0/0

crypto map tom

ip route 0.0.0.0 0.0.0.0 202.2.2.1

注:在(6)、(7)中的 VPN 配置完成后,可以从 PC2 上 ping 通 192.168.8.2。

（8）站点间的 VPN 的验证

将 Packet　Tracer 由实时（Realtime）模式切换到模拟（Simulation）模式，在北京总部的 PC1(192.168.2.2)上 ping 上海分部的 Server1(192.168.8.2)，查看数据包的传输过程。

① 将 Packet　Tracer 由实时（Realtime）模式切换到模拟（Simulation）模式，如图 10.2.3 所示。

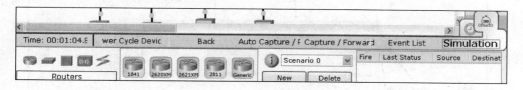

图 10.2.3　模拟器的模拟模式

② 在北京总部的 PC1(192.168.2.2)上 ping 上海分部的 Server1(192.168.8.2)。在模拟模式下，数据包的传输可以由 Capture/Forward 进行单步控制。每按一下 Capture/Forward，包便会传送一步（见图 10.2.4）。

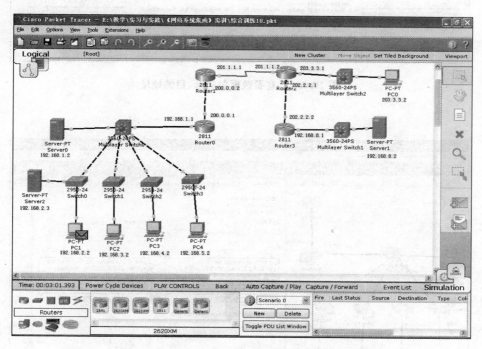

图 10.2.4　模拟模式下数据包的传输

③ 查看一下此包从 PC1 发出时的信息：源 IP 地址：192.168.2.2，目的 IP 地址：192.168. 8.2（见图 10.2.5）。

④ 当此数据包传到 Router0 时，再查看一下此包的进入与传出的情况。可以发现进入时源 IP 地址：192.168.2.2，目的 IP 地址：192.168.8.2。而传出时，源 IP 地址：200.0.0.1，目的 IP 地址：202.2.2.2（见图 10.2.6）。

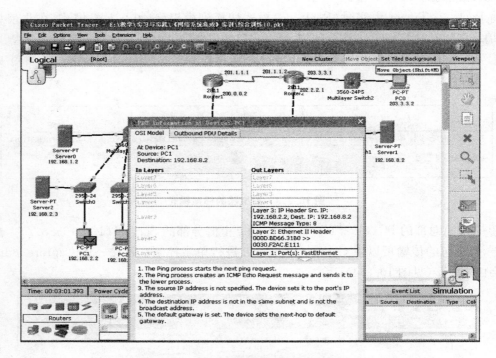

图 10.2.5　查看数据包的源、目的地址

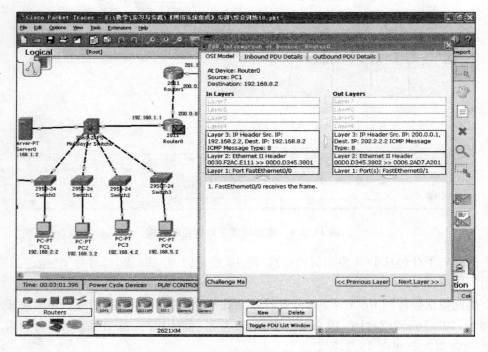

图 10.2.6　进、出路由器数据包的变换

⑤ 当此包传到 Router3 时,再看一下此包的信息,发现又变回来了(见图 10.2.7)。

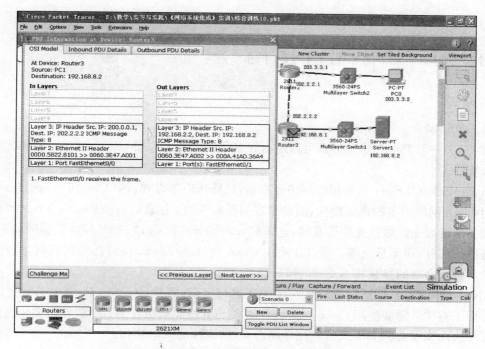

图 10.2.7　进、出目的网络路由器数据包的变换

(9) 总结

基于 NAT 的 VPN 的关键点:

① ACL 的设置

➤NAT 的 ACL 用来设置需要通过 NAT 外出访问 Internet 的流量。

➤VPN 的 ACL 用来设置需要通过 VPN 加密的流量。

上面二者不能有交叉,否则会出现问题。

② 静态/默认路由的设置

➤三层交换机 MS0:ip route 0.0.0.0　0.0.0.0　192.168.1.1

➤Router0:ip route 192.168.8.0　255.255.255.0　200.0.0.2

➤Router3:ip route 0.0.0.0　0.0.0.0　202.2.2.1

附录　GNS3 配置指南

1) GNS3 简介

GNS3 是一款具有图形化界面可以运行在多平台（包括 Windows，Linux，MacOS 等）的网络虚拟软件。

Cisco Packet Tracer 是常用的网络模拟器，其操作简单直观。但 Cisco Packet Tracer 并不是使用 Cisco 网络设备的真实映像，而是通过编程实现的。因此，Cisco Packet Tracer 对网络设备及设备配置命令的数量支持都有限，也即 Cisco Packet Tracer 支持的网络设备的命令只是相关设备的一部分，而不是全部。所以在使用 Cisco Packet Tracer 进行模拟实现时，经常会遇到输入的命令或命令的参数其不支持的情况。

GNS3 使用 Cisco 网络设备的真实映像来进行实验，解决了 Cisco Packet Tracer 的问题。但正是由于 GNS3 需要使用 Cisco 网络设备的 IOS（IOS 是有版权的），所以在做实验之前，需要准备好相应网络设备的 IOS 文件。比如路由器、防火墙的 IOS 文件。

2) 安装 GNS3

登录 GNS3 网站，下载最新版的 GNS3 安装文件，执行安装。

（说明：GNS3 的安装文件放在代码托管网络 github.com 上，但现在此网站已被防火长城所屏蔽。大家可以在网上搜索查找其他的下载地点，下载安装。）

3) 配置路由器的 IOS（以 GNS3 0.87 为例）

(1) 进入路由器 IOS 设定窗口

在 GNS3 中打出"Edit"下的"IOS images and hypervisors"。进入路由器 IOS 的配置窗口（见图附 1）。

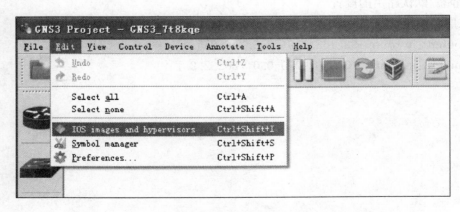

图附 1　进入 IOS 配置

(2) 指定路由器 IOS 文件，并保存

路由器的 IOS，可以从网上下载获得，并事先存放在指定的文件夹内。操作顺序如图附 2 所示。

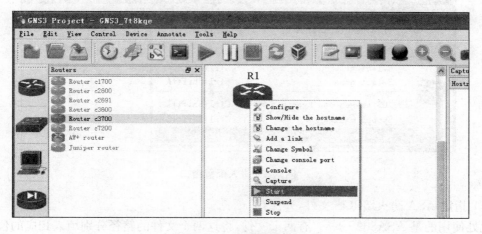

图附 2　设置路由器的 IOS

（3）启动路由器，计算并保存路由器的 idle PC 值

点击最左侧的路由器，并在出现的 Routers 列表中选择已设定了 IOS 文件的路由器，将之拖动到工作区中。右击路由器，在弹出菜单中选择并点击"Start"，启动路由器，如图附 3 所示。

图附 3　启动路由器

启动路由器后，再次右击路由器，在弹出菜单中选择并点击"Idle PC"，计算 Idle PC 值，并保存，如图附 4 所示。（此举是为了减少 CPU 的占用率。根据经验，每次启动一个路由器时，都可计算一下 Idle PC，直接选用计算后显示的那个值就可以。）

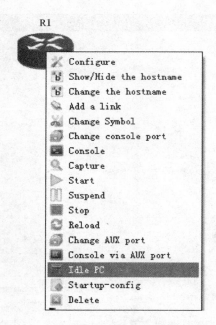 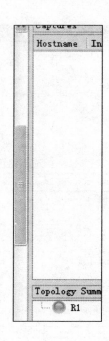

图附 4　计算 Idle PC,并保存

4) 配置 ASA 防火墙的 IOS

(1) 进入防火墙 IOS 设定窗口

在 GNS3 中打出"Edit"下的"Preferences",进入配置窗口,如图附 5 所示。

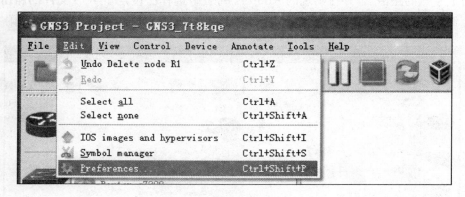

图附 5　进入配置窗口

(2) 指定 ASA 防火墙 IOS 文件,并保存。

此处使用的是 ASA802－K8。有两个文件,将这两个文件的路径分别填入相应的位置。具体配置如下:

Identifier name:asa802－k8－sing(自己填名称,但不能是中文)

RAM:256(使用默认的 256)

Number of NICs:6(网卡数量,默认是 6)

NIC model:e1000(网卡类型,默认是 e1000)

Qemu Options:－hdachs 980,16,32 － vnc :1 (手动输入)

Initrd:G:\GNS3\Fw\ASA\Run\asa802－k8－sing.gz (编译文件路径)

Kernel：G：\GNS3\Fw\ASA\Run\asa802 – k8. vmlinuz（内核文件路径）

Kernel cmd line：auto console＝ttyS0，9600n8 nousb idel＝noprobe bigphysarea＝16384 hda＝980，16，32（关键，否则无法 telnet）

输入完后，点击保存（见图附 6）。

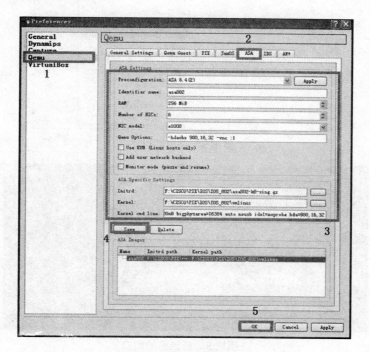

图附 6　配置 ASA IOS 参数

5）ASA802 单模式初始化

（1）启动，并登录 ASA 802（见图附 7、图附 8）

打开 GNS3，从左侧拖出 ASA firewall，选择 asa802 – k8 – sing（前面填的 Identifier name）；启动运行 ASA5；Console 登录到 ASA 802 上。

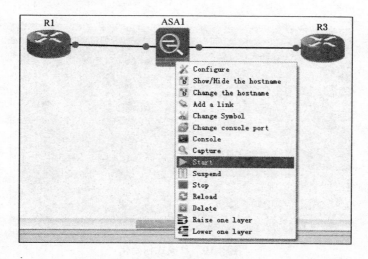

图附 7　启动防火墙

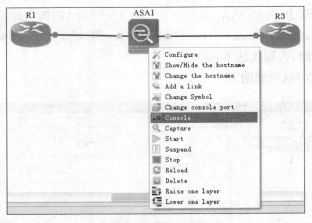

图附 8　登录防火墙

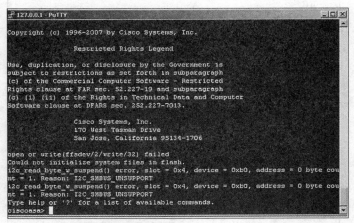

图附 9　登录后的窗口

回车后,此时的提示符是"♯"号(见图附 9)。

(2) 单模式初始化

执行单模式初始化命令。

命令:/mnt/disk0/lina_monitor

如图附 10 所示,出现 ciscoasa>提示符,说明已经进入了单模式中,可以进一步对防火墙进行配置了。

图附 10　单模式初始化

(当 ASA 工作在单模式时,不能配置虚拟防火墙)

参 考 文 献

[1] 谢希仁. 计算机网络[M].6 版. 北京:电子工业出版社,2013
[2] 石炎生,郭观七. 计算机网络工程实用教程[M]. 北京:电子工业出版社,2012
[3] 胡友彬,陈俊华. 网络工程设计与实验教程[M]. 北京:电子工业出版社,2010
[4] 高峡,陈智罡,袁宗福. 网络设备互连学习指南[M]. 北京:科学出版社,2009
[5] 邓秀慧. 路由与交换技术[M]. 北京:电子工业出版社,2012
[6] 沈鑫剡. 路由和交换技术[M]. 北京:清华大学出版社,2013
[7] 张国清. 网络设备配置与调试项目实训[M]. 北京:电子工业出版社,2012
[8] 刘晓辉,肖铁岭. 交换机·路由器·防火墙[M].2 版. 北京:电子工业出版社,2014
[9] 易建勋,姜腊林,史长琼. 计算机网络设计[M].2 版. 北京:人民邮电出版社,2013
[10] 杨威. 网络工程设计与系统集成[M].2 版. 北京:人民邮电出版社,2010